纺织服装类"十四五"部委级规划教材

尚装服装讲堂

服装立体裁剪 I
（修订版）

Draping
The Complete Course

崔学礼　著

东华大学 出版社·上海

尚装服装讲堂·服装立体裁剪Ⅰ/崔学礼著.--2版.--上海：东华大学出版社，2024.2

ISBN 978-7-5669-2323-3

Ⅰ.①尚… Ⅱ.①崔… Ⅲ.①立体裁剪 Ⅳ.①TS941

中国国家版本馆CIP数据核字(2024)第013993号

责任编辑　谢　未

装帧设计　彭利平

YMH01182190

刮开涂层，微信扫码后
按提示操作

扫描此二维码，激活绑定
获取本书配套免费数字资源

尚装服装讲堂·服装立体裁剪Ⅰ（修订版）

SHANGZHUANG FUZHUANG JIANGTANG FUZHUANG LITI CAIJIAN Ⅰ

著　　者：崔学礼

出　　版：东华大学出版社

（上海市延安西路1882号　邮政编码：200051）

出版社网址：dhupress.dhu.edu.cn

天猫旗舰店：http://dhdx.tmall.com

营销中心：021-62193056　62373056　62379558

印　　刷：上海万卷印刷股份有限公司

开　　本：889mm×1194mm　1/16

印　　张：18.25

字　　数：456千字

版　　次：2024年2月第2版

印　　次：2024年2月第1次印刷

书　　号：ISBN 978-7-5669-2323-3

定　　价：109.00元

作者简介

崔学礼，毕业于天津美术学院服装设计专业，从事服装设计与制版工作20余年，曾任国内多个一线服装品牌设计总监、技术总监，同时受聘于多所高校担任服装设计研究生企业导师，期间师从国内外多位服装制版和立裁名师，博采国内外学院和知名教师的优点。2008年起由其主创的教学团队"尚装服装讲堂"面向社会进行服装设计和制版的教学，更多地服务于服装设计技术从业者、高校服装专业教师和学生，以及社会爱好者，受到了国内各服装企业和学员的认可和好评，其间带领团队研创了"尚装服装制版原型"并获得了"尚装原型模版"国家专利。为让更多学习者更高效地学习，崔学礼老师及其团队倾注十余年的时间对专业教学资源进行整理，面向社会出版了尚装服装讲堂服装平面制版、服装立体裁剪系列书籍。

教学理念：

- 好的教学要深入而浅出，把复杂的技术内容简单化、形象化；
- 服装设计、制版、工艺的学习要相结合，先技术再艺术，先功法后心法，泰豆驾车，心意贯穿马志；
- 服装样版既要 "合理"又要"合情"，"合理"即版型结构的功能性问题，"合情"是审美问题，动手实践与思考要高度统一，完美结合！

本书介绍：

《尚装服装讲堂·服装立体裁剪Ⅰ（修订版）》是立体裁剪的基础篇，它适用于服装专业学生、行业从业者自学使用及院校教师作为基础教材使用。本书在编写过程中力求每个要点都标注清楚；每个步骤之间的连带关系都交代明确；每个手法、动作都能清晰地展现给读者，能让使用此书的人看得清楚，学得高效。

本书的姊妹篇《服装立体裁剪Ⅱ》与《服装立体裁剪Ⅲ·拓展创意款式立裁》更加深入和系统地展示了各种款式变化及立裁手法，如能在这三本书的基础上坚持学习，持续训练，逐渐领会立裁的技巧与造型规律，便能有效地提升设计师与制版师的造型技术与设计能力。

· 目 录 ·

本书使用说明

P6   本书使用说明

1 基础中

P10   人体结构 制图

P12   常用服装术语

P14   工具与材料

P16   立体裁剪与平面

P18   人台标线

P24   手臂制作

P36   人台补正

P40   大头针使用技巧

P44   烫布与画线

3 基础领型

P122   基本立领

P132   衬衫领

P144   夹克领

P152   弧线领

P162   西服领

4 基础

P178

P192

P208

的基础

明 部位名称

版的比较

2 基 础 衣 身

P48　　　箱式上衣原型

P62　　　抽活褶原型

P76　　　A型衣身

P92　　　上衣原型收省1

P100　　上衣原型收省2

P106　　五开身紧身立裁

袖型

装一片袖

装两片袖

肩两片袖

5 基 础 裙 型 与 裤 型

P226　　H型西装裙

P238　　小A裙

P246　　太阳裙

P256　　四开身紧身裤

P268　　紧身牛仔裤

P288　　合体西裤

P289　　高腰直筒裤

P290　　高腰裙裤

本书使用说明

序号、名称及此章所讲授的
主要内容

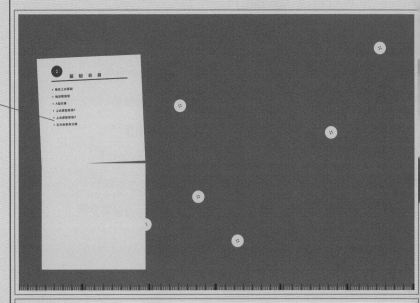

概括介绍此部分学习的内容
与学习重点, 及在学习前要
准备的材料与工具

提前准备坯布, 如此图方式
画好辅助线并标注好文字

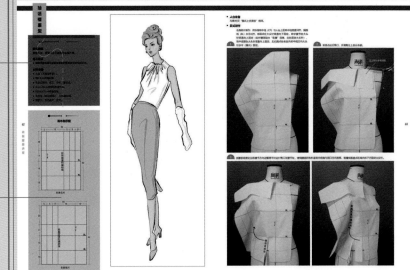

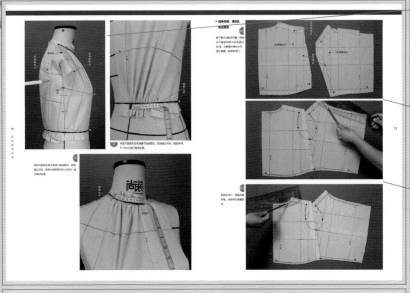

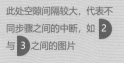

此处空隙间隔较大，代表不同步骤之间的中断，如 **2** 与 **3** 之间的图片

此处空隙间隔较小，代表同一步骤中各图片的连续

同一步骤的分步骤之间空隙因排版、构图及所表达的内容决定了图片之间空隙的大小，例如 **2-1** 与 **2-2** 之间的图片

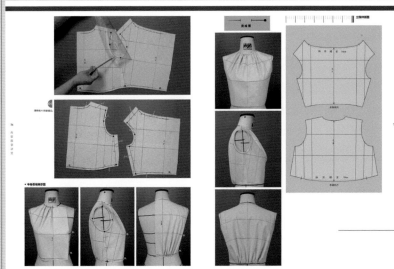

每款案例的最后部分会出现"完成图"与"立裁样版图"，它提醒读者需要制作完整样衣来确认造型，并对照版型图来确认立裁的严谨程度

立体裁剪学习
方法与注意事项

1 基础中的基础

- 人体结构 制图说明 部位名称
- 常用服装术语
- 工具与材料
- 立体裁剪与平面制版的比较
- 人台标线
- 手臂制作
- 人台补正
- 大头针使用技巧
- 烫布与画线

人体主要基准点

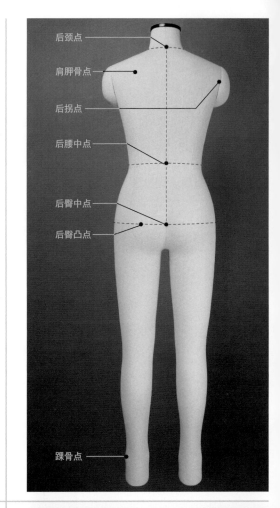

侧颈点
（肩颈点）
肩端点
前颈点
前拐点
胸点
（BP点）
前腰中点
侧腰点
前臀中点
臀侧点
会阴点
髌骨点

后颈点
肩胛骨点
后拐点
后腰中点
后臀中点
后臀凸点
踝骨点

人体主要基准线

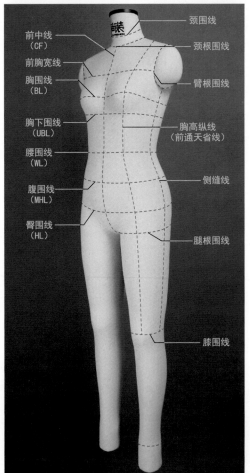

颈围线
颈根围线
臂根围线
胸高纵线
（前通天省线）
侧缝线
腿根围线
膝围线

前中线
（CF）
前胸宽线
胸围线
（BL）
胸下围线
（UBL）
腰围线
（WL）
腹围线
（MHL）
臀围线
（HL）

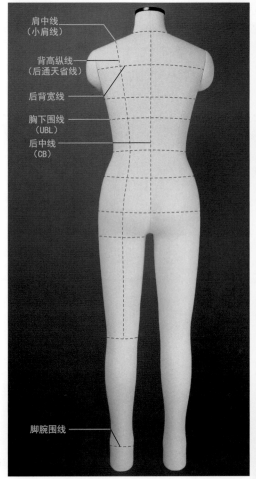

肩中线
（小肩线）
背高纵线
（后通天省线）
后背宽线
胸下围线
（UBL）
后中线
（CB）
脚腕围线

尚装服装讲堂

微信扫码
观看视频讲解

• 制图说明

名称	形式	主要用途
轮廓线（粗黑实线）	——————	结构图的最终轮廓线
辅助线（灰细实线）	——————	结构变化的过程基础线
缝纫针迹线（黑点实线）	··················	某部位有明线（工艺）缉缝的位置线
经向	↕↕↕	衣片版型的方向与经纱一致
等分		某线段若干等份
抽褶（碎褶）		某部位在工艺制作中将面料抽褶固定
直角		两线相交产生的夹角为90°，水平线与垂直线对应的直角原则上不用作直角标记
刀口、钉眼	T | + ⌐	裁片边缘部位用在操作中对称、对位的标记
扣位	⊕	衣身版型中扣子的位置
扣眼位	⊢⊣ ◁	衣身版型中扣眼的位置
剪刀	✄	某部位须剪开、打开的部位
省道转移合并		某部位须打开并在其他部位合并
褶裥		以中心线为轴心，两侧面料重叠后，对称倒向中心线

• 服装常用部位的英文缩写

部位	代号	说明	部位	代号	说明
胸围	B——Bust Girth	胸围的缩写	前颈点	FNP——Front Neck Point	前颈点的缩写
胸下围	UB——Under Bust	胸下围的缩写	后颈点	BNP——Back Neck Point	后颈点的缩写
腰围	W——Waist Girth	腰围的缩写	肩端点	SP——Shoulder Point	肩端点的缩写
腹围	MH——Middle Hip	腹围的缩写	袖窿弧长	AH——Arm Hole	袖窿弧长的缩写
臀围	H——Hip Girth	臀围的缩写	头围	HS——Head Size	头围的缩写
胸围线	BL——Bust Line	胸围线的缩写	领围	N——Neck Girth	领围的缩写
腰围线	WL——Waist Line	腰围线的缩写	前中心线	CF——Central Front Line	前中心线的缩写
腹围线	MHL——Middle Hip Line	腹围线的缩写	后中心线	CB——Central Back Line	后中心线的缩写
臀围线	HL——Hip Line	臀围线的缩写	肩宽	S——Shoulder Width	肩宽的缩写
肘位线	EL——Elbow Line	肘位线的缩写	袖长	SL——Sleeve Length	袖长的缩写
膝围线（中裆线）	KL——Knee Line	膝围线的缩写	衣长	L——Body Length	衣长的缩写
胸点	BP——Bust Point	胸点的缩写	裤（裙）长	T(S)L——Trousers(Shirt) Length	裤（裙）长的缩写
侧颈点（肩颈点）	SNP——Side Neck Point	侧颈点的缩写	背长	BAL——Back Length	背长的缩写

• 纱向

"纱向"是指纺织品在制作过程中纱线的方向。成品纺织布料与布边相同方向的纱向是经纱，与布边垂直方向的纱向是纬纱。在服装行业中裁剪用版的每一片都标有该裁剪片的经纱，纱向符号"←→"或"←—"。

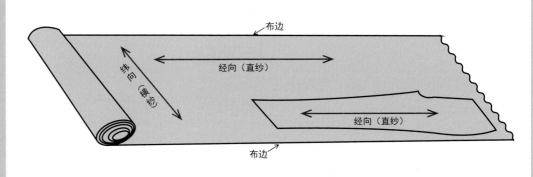

• 刀口、钉眼

"刀口、钉眼"是服装裁片上的对位、定位、对称的标记。"刀口"一般标在裁片的边缘部位，如腰线对位刀口、绱袖对位刀口、绱领对位刀口、裙裤省位刀口等；"钉眼"一般标在裁片的内部，如口袋位置钉眼、省尖位置钉眼等。

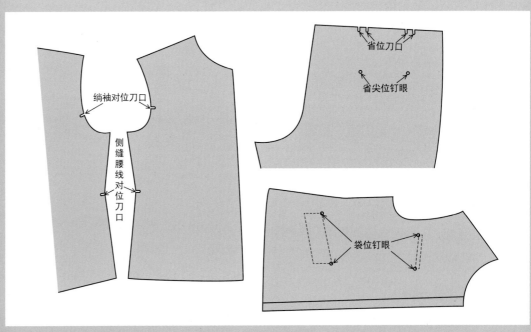

• 过面（挂面）

"过面"是指服装上衣、前门襟里面与衣身相同的面料部分（特殊配色用料除外）。

"过面"在服装上的使用方式有两种：

（1）绱过面：在缝制过程中，过面是单独的裁片，与衣身前门襟缝合后翻转到前门襟里面。

（2）连过面：裁片的前门襟止口与过面是连在一起的一块布，缝制过程中，将过面部分按止口线翻转烫到门襟里面。连过面的前门襟止口一般都是直线状。

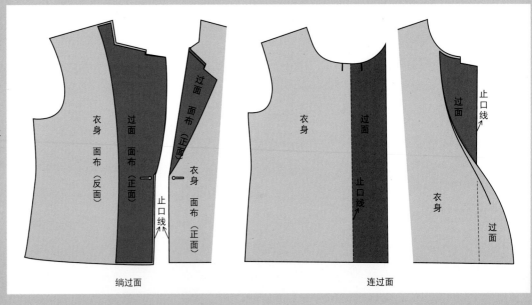

尚装服装讲堂

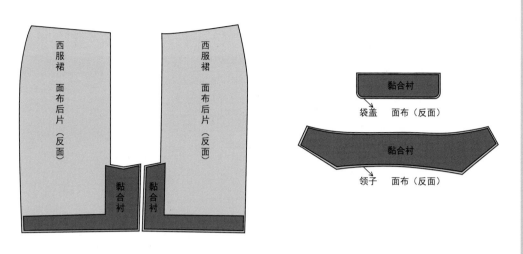

● 衬布

"衬布"是服装工艺中内在的辅料，它在服装中起到筋骨和支撑的作用，会使面料更挺括。

"衬布"一般使用在操作中容易出现质量问题的部位，通过敷贴"衬布"来保证产品质量。服装衬布多种多样，可根据面料的不同、款式品种的不同，酌情选择不同的衬布。针对初学者而言，以黏合衬为例：黏合衬有无纺黏合衬和有纺黏合衬两种，可根据面料和部位的不同选择不同的黏合衬。黏合衬使用的部位有：上衣——前衣片、过面、领子、袋盖、衣身袋位、袖口、袖山等；下装——裙摆、裙开衩、裙腰、裤腰、袋口、开嵌、裤片袋位等。

● 缩缝

"缩缝"（吃缝）是缝制工艺中缉缝的一种。指两层衣片用平缝机缉缝在一起时，其中一片是平铺的，而另一片则根据工艺要求在适当的部位缉缝出皱状。

● 归拢、拔开

"归拢"是缝制工艺中熨烫工艺的一种，是让裁片通过熨斗加热加湿后同时用熨斗挤压裁片的某个部位，使其纱线收缩变形后与人体凹进部位相符，同时也可使所对应的部位凸起，然后冷却定型，成衣更加符合人体，符合造型要求。

"拔开"也是缝制工艺中熨烫工艺的一种，是让裁片通过熨斗加热加湿后同时右手用熨斗压住裁片某个部位的一端，左手抓住裁片某个部位的另一端用力拔拉，使裁片某部位纱线拉开变形与人体凸起部位相符，同时也可使所对应的部位凹进，然后冷却定型，以确保成衣更加符合人体及造型要求。

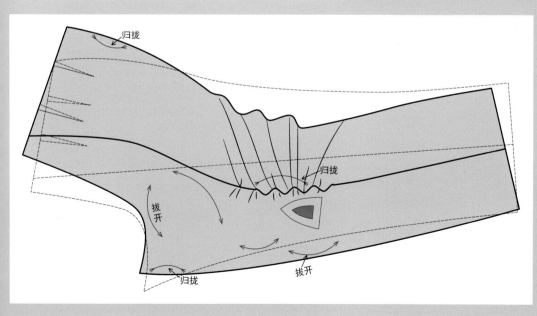

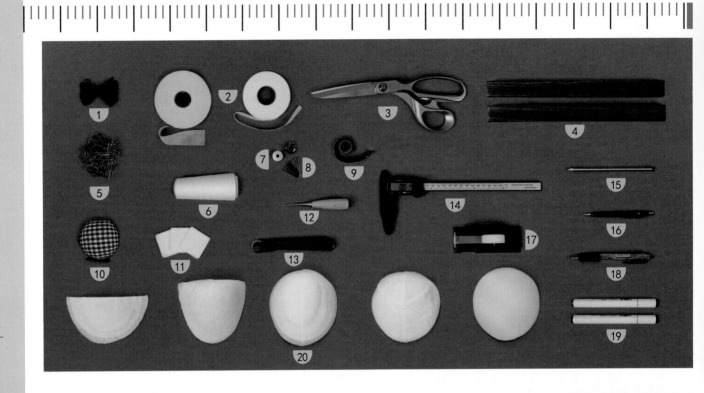

1 标记线（棉织带）：一种用于在人台上确定设计线的、规格为0.3cm左右的棉织带。

2 黏合衬嵌条：用于粘合坯布的有效衬布（有纺衬布），有1cm与3cm宽（白色）；分为直纱与斜纱。

3 剪裁用剪刀：10~20cm长，用不锈钢制成，专业用于裁剪布料。

4 镇尺：用于压布或纸，使布与纸平铺时不移动。

5 大头针（专业立裁针）：直径为0.5mm的细长如丝绸般光滑的不锈钢针，很容易刺在坯布上。

6 缝纫线（涤沦线）：白色、蓝色和红色60号缝纫线。

7 梭芯与梭皮：缝纫机配件，用于缠绕缝纫线，是缝纫机底线部分。

8 缝纫机针：缝纫机配件，使用在缝纫机上的专用针。

9 皮尺：用于测量人台、坯布及人体尺寸等的150cm细长软尺。

10 针包：用于放置大头针，里侧有橡皮筋，可以将橡皮筋套在手腕上使用。

11 画粉：4cm小片方形，用于在布料上作标记线。

12 锥子：用于在面料或皮革等上打眼的尖头金属工具。

13 滚轮：用于在纸样分割线上作对位标记或在多层纸作同一条标记线。

14 游标卡尺：是一种测量长度、内外径、直径尺寸的量具，用于测量颈根与臂根等的宽度。

15 铅笔（4B）：用于在纸或坯布上作标记、修线条、画版。

16 自动铅笔（0.5mm）：用于绘制较细线条，通常在纸样上使用。

17 胶带座与胶带：固定连接纸样，临时连接坯布裁片时使用。

18 圆珠笔（三色）：用于在纸或坯布上绘制线条作标记，红色为直纱，蓝色为横纱，黑色为版型轮廓线。

19 马克笔（记号笔）：本身含有墨水，有粗与细的笔头，通常用于在坯布上作记号。

20 垫肩：垫肩是为了服装的外形轮廓及体型补正而使用的。根据垫肩的形状、厚度分为很多种类，应根据设计、用途来选择相应的垫肩。

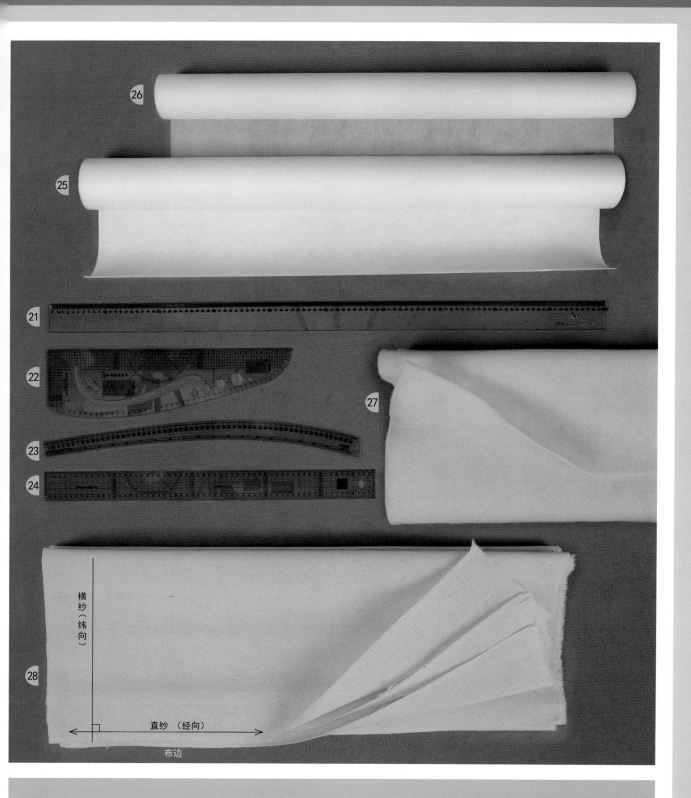

横纱（纬向）

直纱（经向）

布边

---

21 直尺：长度为100cm的长尺。

22 多功能尺：一种专门绘制领子、袖窿、袖山、圆形底摆，测量垂直水平、角度等线条的工具。

23 大刀尺：绘制较长弧线的尺子。

24 推版尺：5cm×60cm，内部有0.5～1cm方格，是画线加放缝份、测量（直线、弧线）的理想工具。

25 制版纸（白牛皮纸）：一种白色（半透明）绘图纸。

26 无纺布：立体裁剪或样衣制作时代替面料的代用布（50～70g重）。

27 肩棉：0.5～1.6cm厚的合成棉，多用于人台补正。

28 白坯布：除了一些特殊的面料，用实际面料进行立体裁剪相对较少，大多使用坯布（平纹）。根据组织的密度、厚度的不同，白坯布有很多种类，可根据服装类型及服装廓型来选择不同厚度的白坯布。

其他　熨烫工具　　　　可烫笔
　　　裁剪台　　　　　有粘合作用的标线
　　　缝纫机

立体裁剪与平面制版的比较

获得服装版型的方法有两种：立体裁剪与平面制版，现在我们以制作篮球版型为例对两种方法进行比较与分析。

一、立体裁剪

1 确定球体分割线为版型断缝线。

2 将白坯布随球体表面围裹，以分割线为断缝线用大头针固定并描点，确认印记。

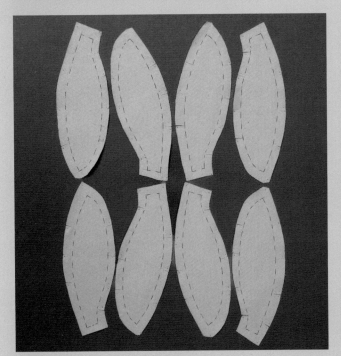

3 将描好点的各裁片展开铺平。

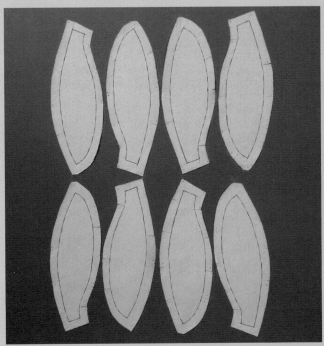

4 将描好点的各裁片进行线条归纳与弧顺，并复制此轮廓，此轮廓即"篮球版型"。

5 将归纳好的各裁片进行缝制，穿着于篮球上，检查是否合体、平顺，如有缺陷应对其调整，并对版型进行修正。

立体裁剪方法优缺点分析

优点：直观、容易理解，一旦掌握了方法便能进行其他造型的立裁。

缺点：对动手能力要求高，虽易理解，但实践中由于观察力与操作能力的欠缺，会遇到许多问题。

提高方法：由易到难、循序渐进、多做多练；练习数量增多，质量自然提高。

按照标准男子比赛用球举例：圆周为76cm，计算半圆长为38cm，计算八分之一圆周长为9.5cm。

二、平面制版

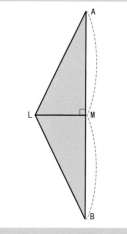

1 垂直绘制一条半圆长38cm的线段AB，中点为M，由M向左水平绘制八分之一圆周长9.5cm到L点，连接A、L、B。

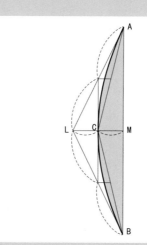

2 作A到B的三角形等分法抛物线。

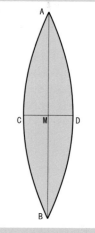

3 以AB为对称轴复制弧线ACB，得到弧线ADB。

17

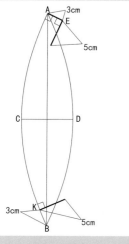

4 由A点作左侧弧线的垂直线长3cm止于E点，由E点作线段AE的垂线，此线为参考线，长5cm，由B点向C点量取3cm，作$\overset{\frown}{BC}$的垂线参考线长5cm，垂足为K。

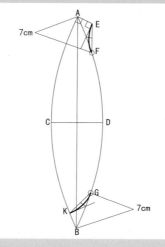

5 由A向D点量取7cm为F点，连接EF作抛物线，由B向D点量取7m为G点连接KG作抛物线。

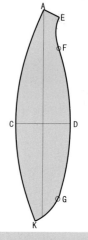

6 以A、E、F、D、G、K、C围成的图形做两两对称裁片一共八片。

平面制版方法优缺点分析

优点：线条精准，如能严格按照教材绘制图形，可以获得比较规范的版型。

缺点：不直观，比较抽象，较难理解平面与立体的关系，学习后容易忘记。

提高方法：将绘制好的版型缝制成成品，对平面与立体的各部位进行比较，理解平面与立体的关系；并适当配合立裁训练，提升二维与三维之间转换关系的认知。

款式描述

初学立裁可以在给人台标线的过程中训练对垂直、平行的观察能力及动手操作能力，理解标线中横向线（如胸围线、胸下围线）和竖向线（如前、后通天省线、前、后小刀线）是区分人体的交界线，是人体的结构转折面；通过标线对人体的结构与各部位名称有初步的了解。

练习重点

- 自圆点处往下作铅垂线（圆点为腹凸、臀凸）。
- 所有部位公式均为参考，各部位尺寸均可调，最终以既美观又便于分割为准（深刻而全面地了解标线需要结合立体裁剪的操作，在动手过程中及获得版型结果后的对照体验才能逐渐理解标线的意义）。
- 进行标线时要从各个角度观察人台与标线。
- 净胸围82～88cm号型人台最小袖窿深13cm，袖窿宽11cm（此高度和宽度与人体臂根有关）。

材料准备

- 人台（不限定号型）
- 皮尺、推版尺、三角板
- 宽0.3cm黑色纯棉织带15m左右（本书中使用红色与蓝色织带目的是使读者易于区分）。
- 专业立裁大头针、剪刀。

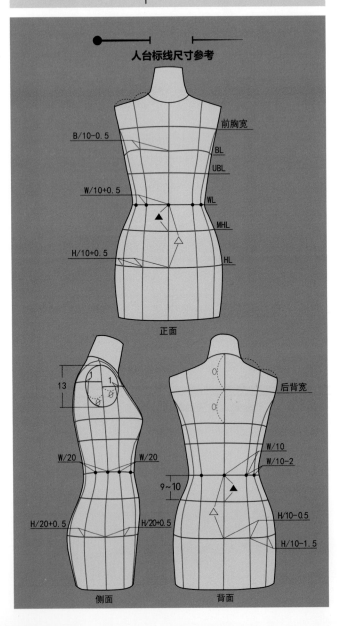

人台标线尺寸参考

前胸宽
B/10-0.5
BL
UBL
W/10+0.5
WL
▲
MHL
△
H/10+0.5
HL

正面

13

W/20　　W/20

H/20+0.5　　H/20+0.5

侧面

后背宽
W/10
W/10-2
9～10
▲
△
H/10-0.5
H/20+0.5
H/10-1.5

背面

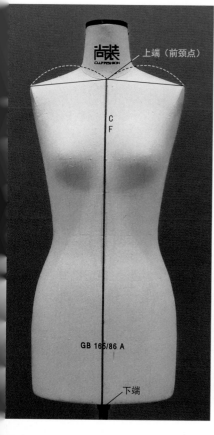
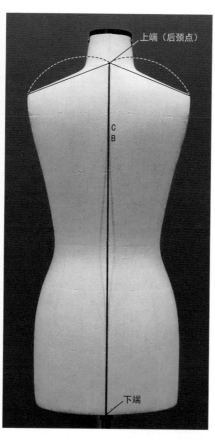

上端（前颈点）

C
F

GB 165/86 A

下端

上端（后颈点）

C
B

下端

● 前、后中心线

1-1

CF、CB的确定：用皮尺分别量取前、后肩的宽，找到各自的中点，然后从中点往下作铅垂线。注意标线端点处的用针，"靠近上端针尖向下固定，靠近下端针尖向上固定"，确定完前后中标线后退到远处观察其是否垂直地平线，是否需要进行调整，确认无误后用大头针将前、后中标线固定好。

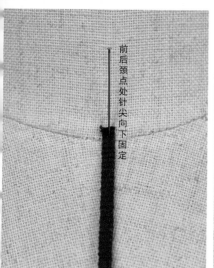

前后颈点处针尖向下固定

前后颈点处固定完成

1-2

针法示意图。

下端针尖向上固定

下端固定完成

1-3

针法示意图。

- **臀围线（HL）**

先在腰部最细处确定前腰节（中）点，由找到的前腰节（中）点位置向下量20～22cm定臀围线的高度，由此高度为参考，水平标出臀围线，用大头针将标线与人台固定，注意横向标线端点处的用针，"靠近左端针尖向右固定，靠近右端针尖向左固定"。

2-1

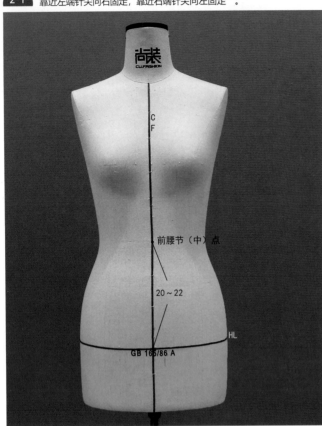

前腰节（中）点

20～22

HL

GB 165/86 A

2-2 针法示意图（横向标线开端与结束的大头针固定方法）。

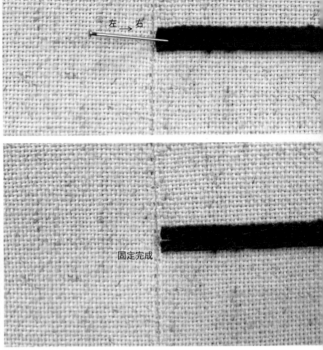

左 → 右

固定完成

2-3 大头针固定纵向与横向标线相交处的放大图。

纵向与横向标线
交叉处别针方法

纵向或横向标线
的别针方法

- **腰围线（WL）**

腰围线为人体腰部最细处，由臀围线与后中线、前中线的交点向上分别量20～22cm，一圈连接圆顺即为腰围线，腰围线标记完成后从侧面观察前高后低。

3

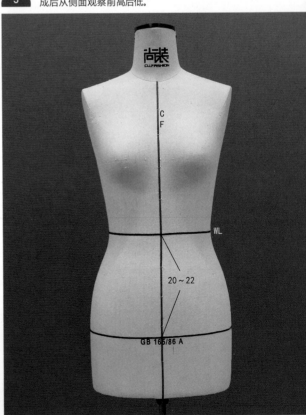

WL

20～22

GB 165/86 A

- **腹围线（MHL）**

4 腹围线经过腹部的凸起部位，是面与面的转折处（由腰围线向下9～10cm），腹围线在视觉上与腰围线平行。

- **胸围线（BL）**

5 胸部最凸处为胸点，测量左右两个胸点至腰围线垂直距离相等，并以同样距离在后身后腰围线向上至肩胛骨区域垂直确认两点，经过这四个点并修顺线条后为胸围线。

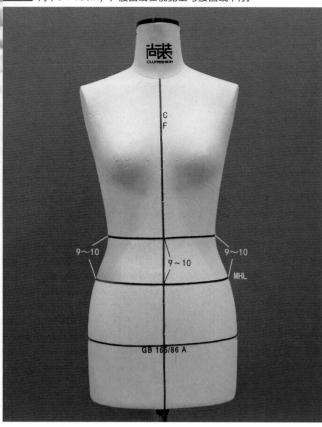

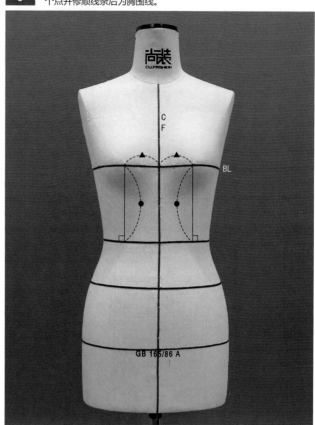

- **胸下围线（UBL）**

6 参照标记腹围线的方法标记胸下围线，距离胸围线约6～7cm，该线经过胸部与体腔交界面，视觉上与胸围线平行，前、后中与侧缝处胸下围线至胸围线距离相等。

- **后背宽线与前胸宽线**

7 在后中线上量取后颈点至胸围线距离的一半，以此为高度标记后背宽线，后背宽线在视觉上保持水平即可。将后背宽线至胸围线距离复制到前身上，标记方法与标记后背宽线相同。

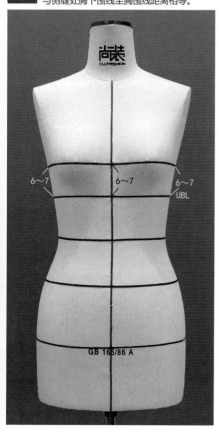

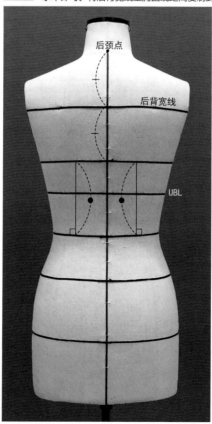

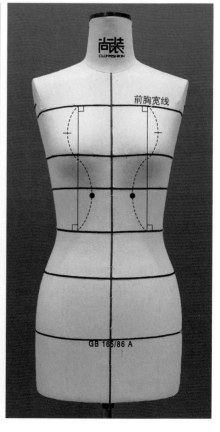

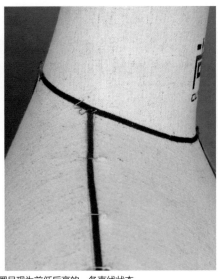

- **领圈线** 沿颈根标记一圈，从侧面看领圈呈现为前低后高的一条直线状态。

- **小肩与侧缝线**

  确定肩颈点（领圈/4向后移动1～1.5cm）、肩端点（前后躯干交界线与肩部袖窿交界线的交点处）、侧腰点（W/4后移0.5～1cm），将以上三点连接弧顺，由侧腰点向下作铅垂线，此线为流畅的一条线。

- **前、后通天省线**

  与侧缝线相同，前、后通天省线为通畅连顺的一条线，经过人体各个面的结构转折处，以美观且合理为标准，可参照"人台标线尺寸参考"的数据进行校正与调整。

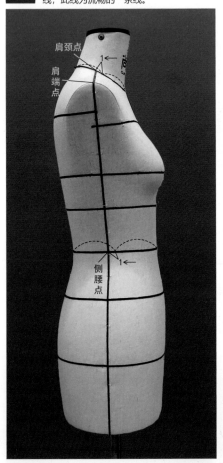

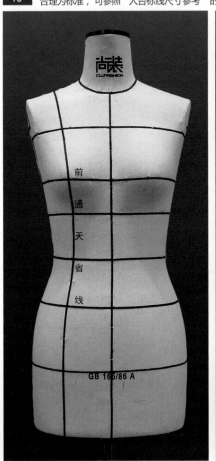

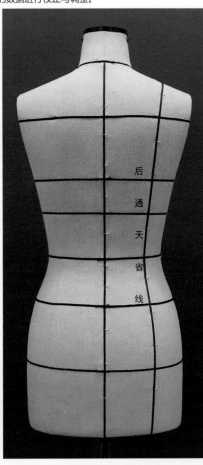

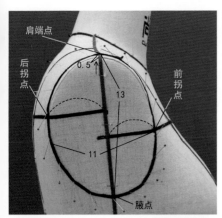

 11

● 袖窿弧线（AH）

经过四个点，标出袖窿圈；四个点的位置分别为：肩端点往里移动0.5cm,袖窿深点（腋点）自肩端点高度下降13cm（最浅袖窿深点，即最浅的腋点），前胸宽与后背宽处各自经过体腔转折面（前后拐点），控制宽度为11cm，侧缝将整个袖窿宽度平分，注意大头针固定标线的方法。

 12

● 前、后小刀线

对前、后小刀线进行标记时可以参照"人台标线尺寸参考"所给的公式，也可以根据自己对人体结构的理解与感觉来定，最终要求各片结构美观且合理，大小比例恰当。

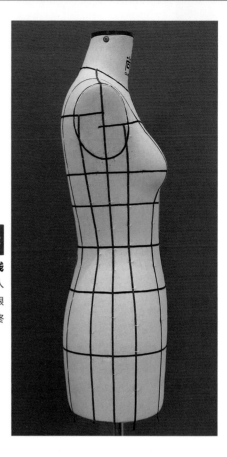

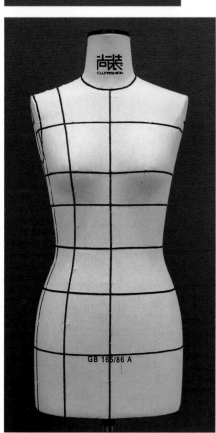

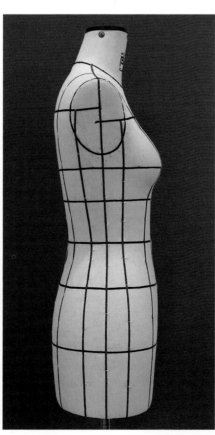

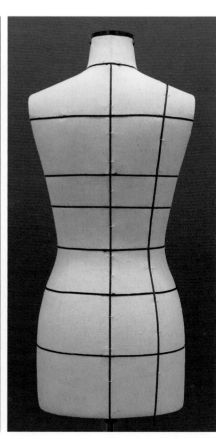

款式描述

通过制作手臂的过程了解手臂的结构特点与袖子的造型规律。

练习重点

- 用手缝针绷缝明线（红、蓝两色线），了解手臂用布的丝道特性。
- 内胆填充缝制，了解手臂立体结构特点。
- 外皮和袖山头底板缝制，了解手臂与袖山的装配关系。

材料准备

- 75cm×100cm纯棉坯布。
- 白、红、蓝缝纫线各一轴。
- A4硬纸板一张。
- 天然棉花0.15kg左右（0.5kg棉花可做三只手臂）。
- 专业立裁大头针、剪刀。
- 人台（160/84A、165/86A、165/88A）。
- 推版尺、多功能尺、大刀尺、皮尺。

手臂样版图

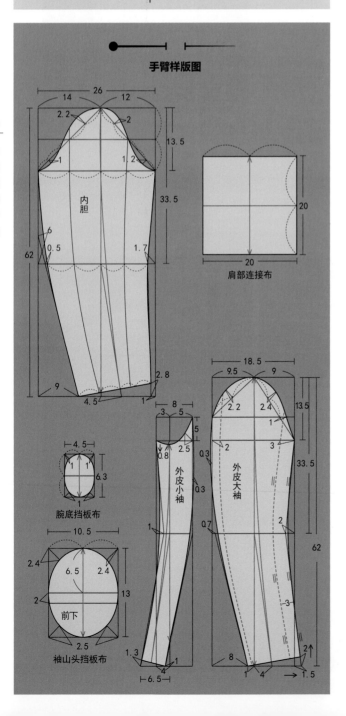

内胆

肩部连接布

腕底挡板布

袖山头挡板布

外皮小袖

外皮大袖

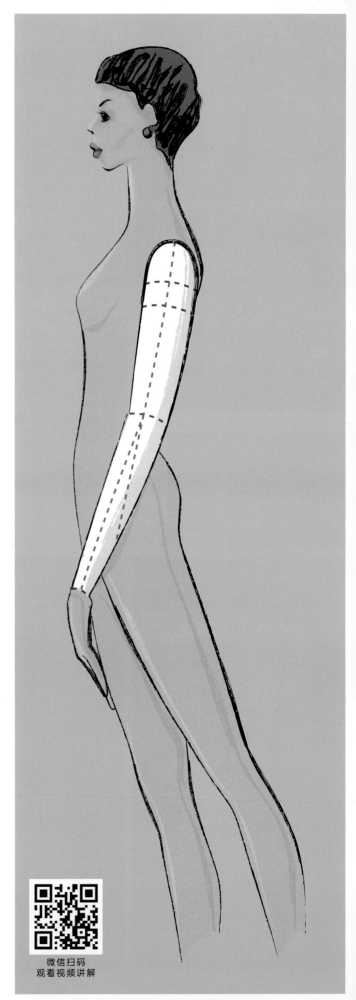

• 人台准备

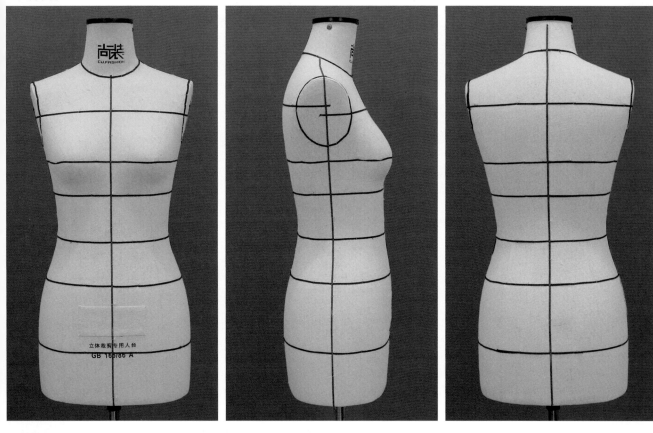

• 手臂制作

1-1 绘制完样版之后，取净样版在白坯布上拓印，而且如图所示放好缝份。
将放好缝份的各裁片进行裁剪并如图中所示位置进行结构线的明线绷缝（注意红色为直纱，蓝色为横纱，此线为八股缝纫线）。

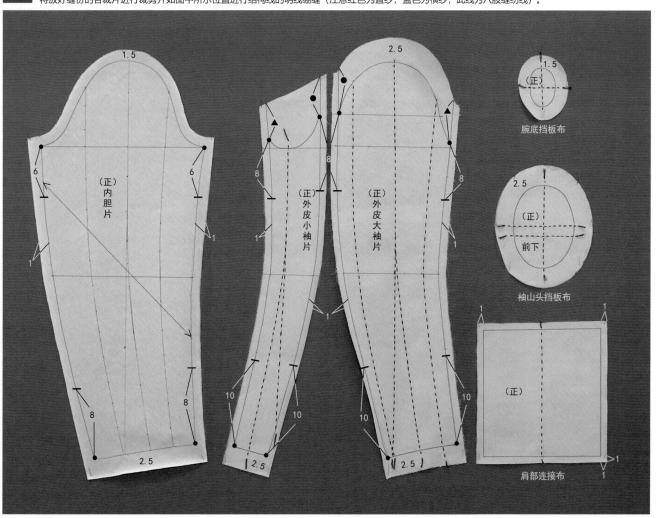

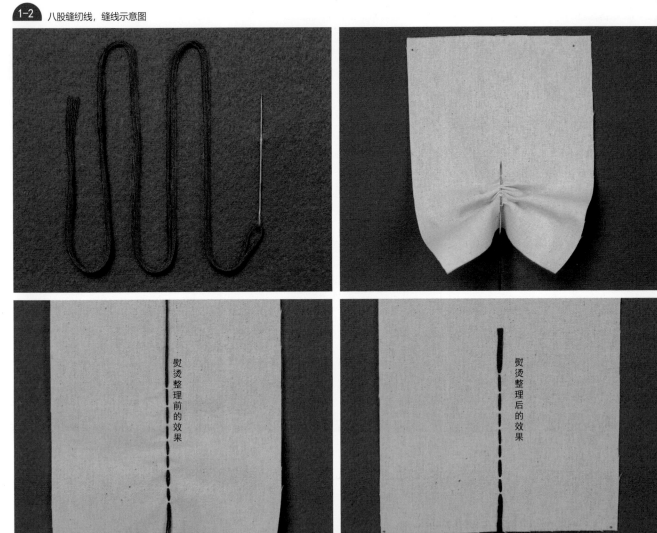

熨烫整理前的效果

熨烫整理后的效果

2

取适量的棉花（0.15kg）展开后，将内胆面平放在棉花上，用剪刀粗略裁出棉花内胆的样版形状。

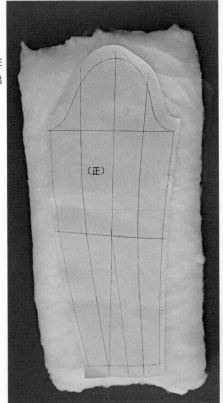

（正）

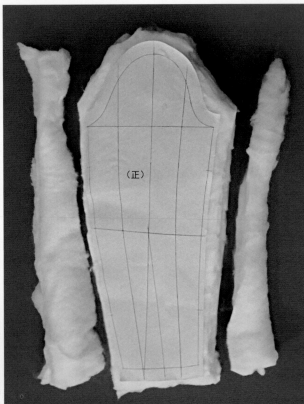

（正）

3 将裁好的棉花裁片与内胆反面平放，并把剪下的长条状棉花如图填至中间。

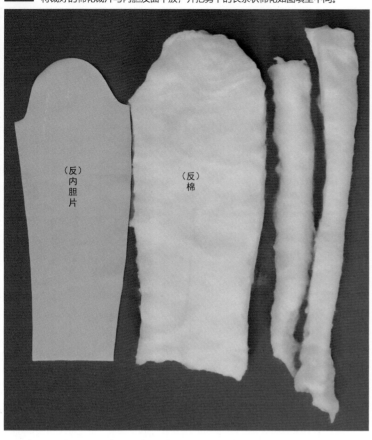
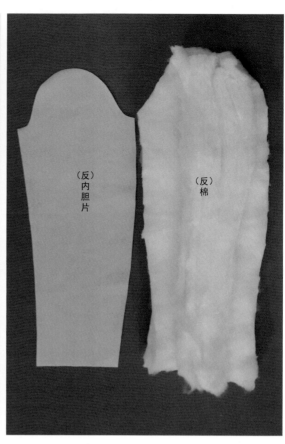

4 将棉花边缘向中间裹紧并用大头针固定，调整手臂弯势并观察手臂的松紧状态以及粗细是否合适，确认无误后，用针线将棉花内胆大针码缝合（随缝合，随将大头针取下）。

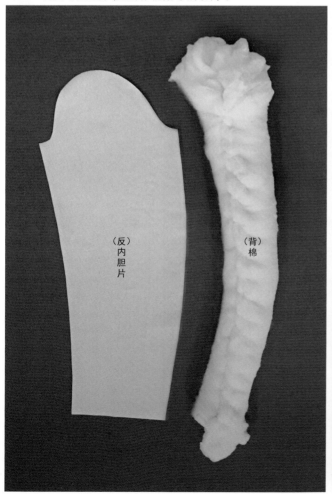
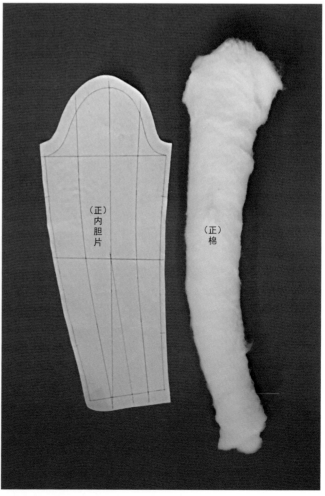

5

将缝好的棉花翻至正面，内胆裁片面向上放在缝好的棉花内胆上，沿内胆裁片用大头针将坯布与棉花固定后，将棉花内胆翻至背面向上，将手臂内缝用大头针假缝，确认造型无误后，用手缝针将手臂内缝线缝好（随缝合，随将大头针取下），并减掉部分上下端多余的棉花。

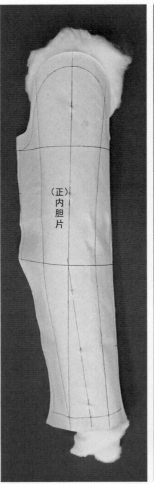

（正）内胆片

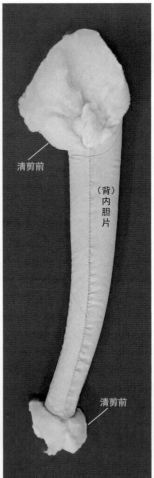

清剪前

（背）内胆片

清剪前

清剪后

（背）内胆片

清剪后

6

将绷缝完的明线外皮熨烫平整，并对大片进行归拔，然后用缝纫机将外皮袖缝线进行缝合，内部缝份做分缝熨烫处理。

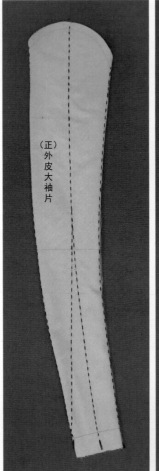

（正）外皮大袖片

（背）外皮小袖片

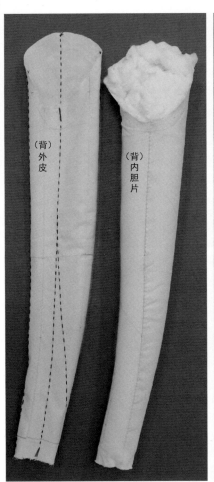

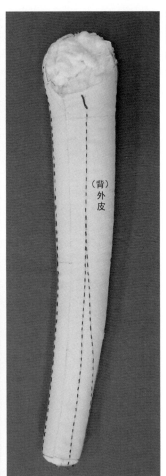

7

如图所示将缝好的外皮套到内胆上。

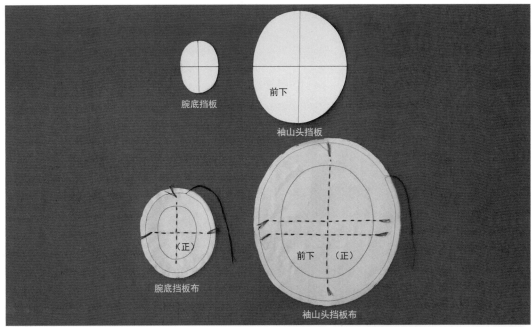

8

用手缝针将袖山头与腕底挡板的裁片紧裹在硬挡板上。

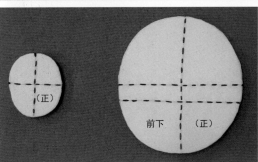
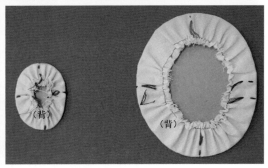

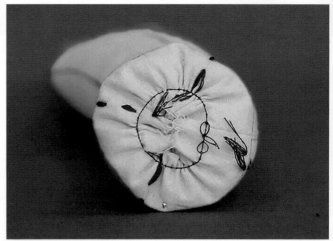

9

将手腕处多余棉花向内塞至净线处，并对缝份进行抽缩处理；然后将手腕挡片与
手臂如图所示对齐绷缝线后用大头针假缝；确认造型无误后用手缝针绷缝。

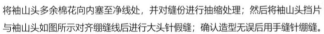

将袖山头多余棉花向内塞至净线处，并对缝份进行抽缩处理；然后将袖山头挡片
与袖山头如图所示对齐绷缝线后进行大头针假缝；确认造型无误后用手缝针绷缝。

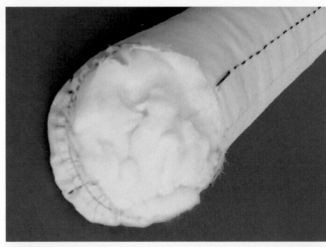

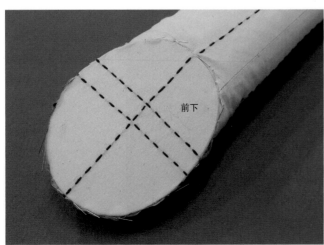

前下

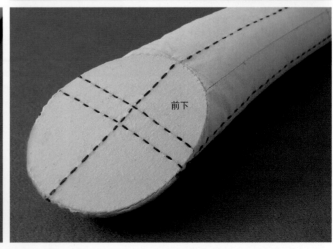

前下

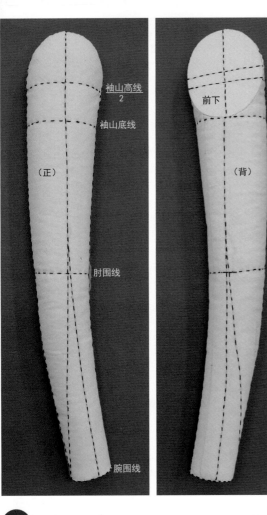

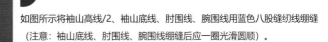

如图所示将袖山高线/2、袖山底线、肘围线、腕围线用蓝色八股缝纫线绷缝
（注意：袖山底线、肘围线、腕围线绷缝后应一圈光滑圆顺）。

袖山高线
2

袖山底线

（正）

前下

（背）

肘围线

腕围线

12 将手臂用大头针与人台进行假缝固定，注意袖山头挡板部分应贴合。

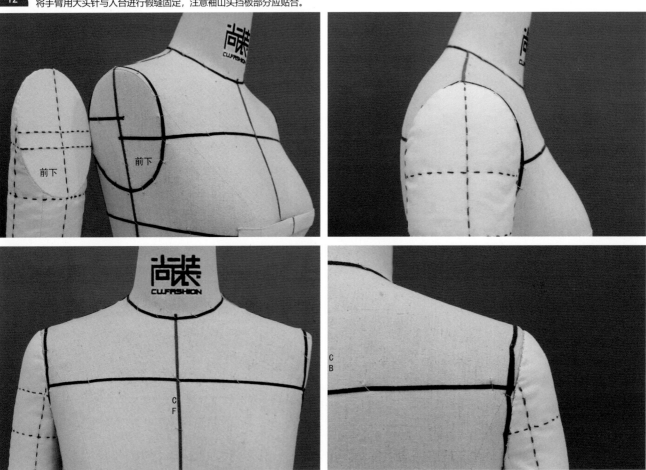

前下 前下

C
F

C
B

肩部连接布对折扣净缝合好后,如图所示将肩部连接布放在手臂与人台衔接的适合位置。

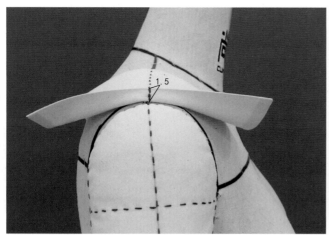

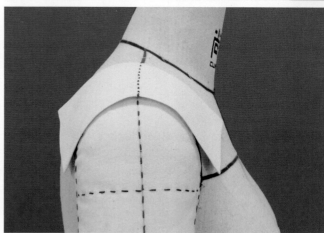

用大头针将肩部连接布与手臂进行假缝。

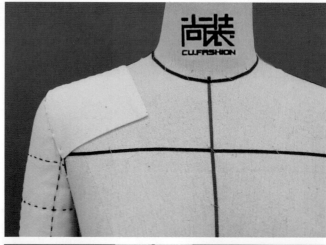

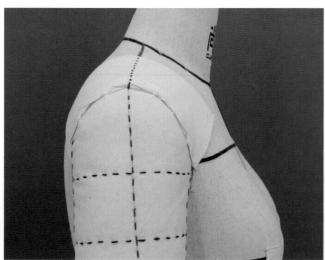

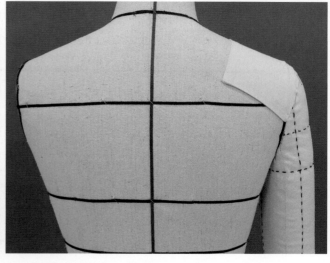

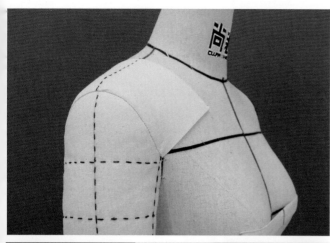

15

假缝确认无误后用手缝针绷缝该部位。

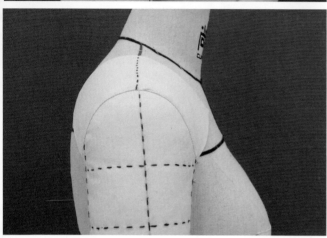

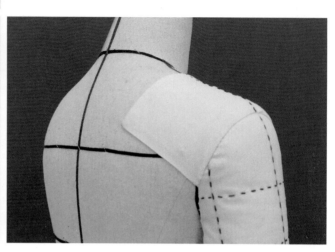

16

将手臂取下，用手缝针绷缝内部衔接部分。

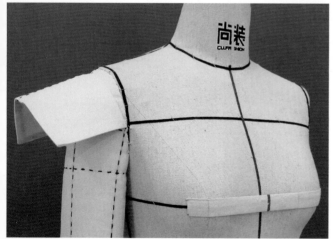

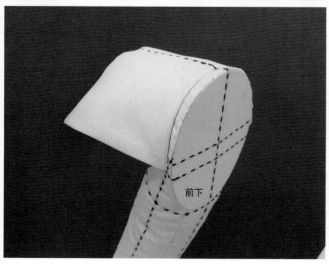

前下

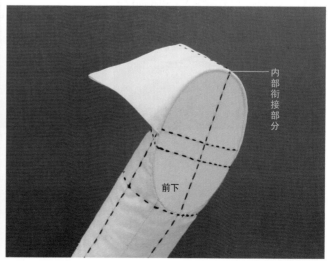

内部衔接部分

前下

17 在臂根处用蓝色八股缝纫线绷缝。

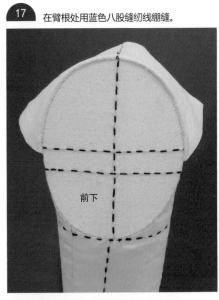

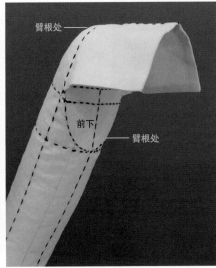

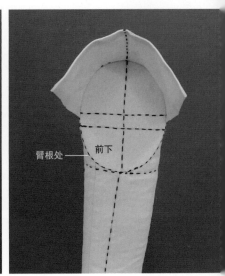

完 成 图

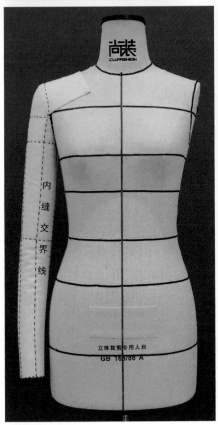

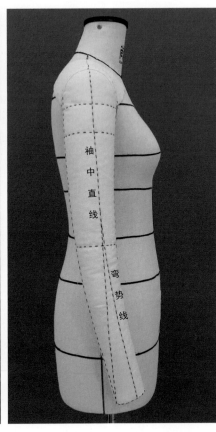

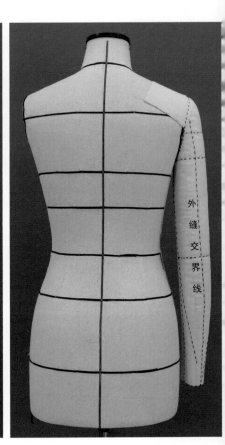

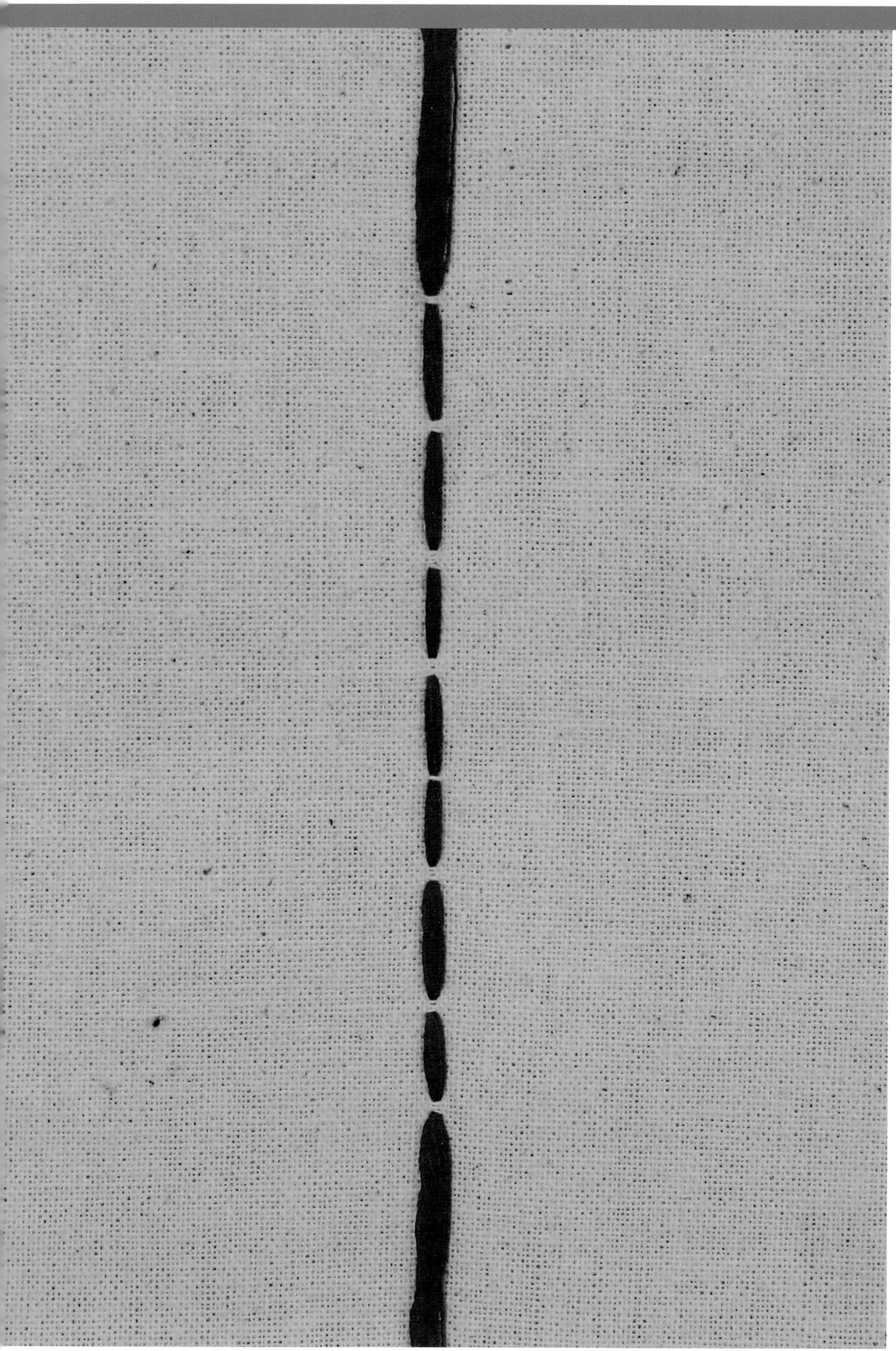

款式描述

人台补正是在某一号型的人台上用垫肩、肩棉等材料进行增补，以达到塑造特殊体型的目的；或是在制作某部位极具造型感的细节的时候会将其局部进行补正。

练习重点

- 观察人台与目标体型之间的各部位差异（锻炼观察能力）。
- 随形体变化使用材料修增补正（锻炼动手能力）。

材料准备

- 垫肩10~40对（因补正体型差异，数量可调）。
- 肩棉1m（因补正体型差异，数量可调）。
- 白色缝纫线、缝纫手针、大头针。
- 推版尺、多功能尺、皮尺。

微信扫码
观看视频讲解

- **人台准备**

选择使用与需要补正的模特尺寸相近似的人台。

1 将人台放于模特旁，将人台腰围线与模特腰线调至同一水平线。测量人台与模特的各部位尺寸并记录之间的差异。

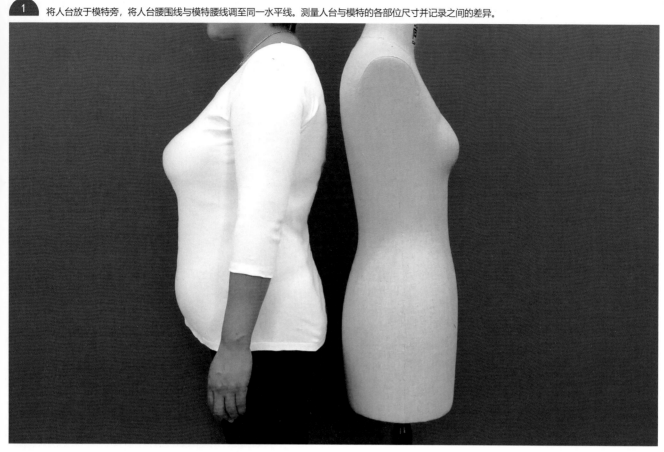

2 对比人台与模特，利用垫肩补正人台胸部、腹部与臀部等差别较大部位。

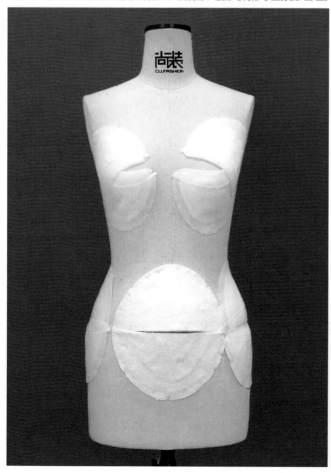
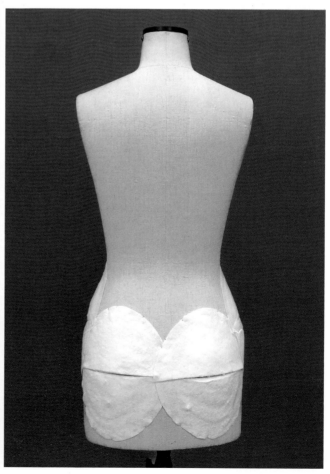

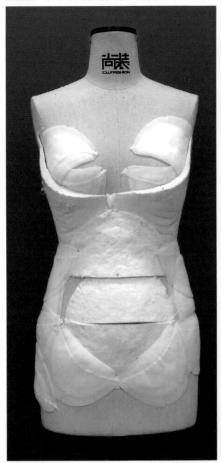
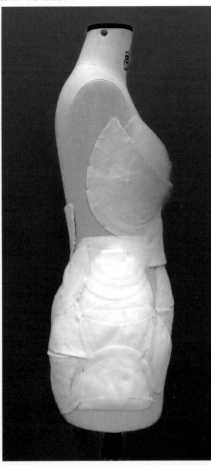
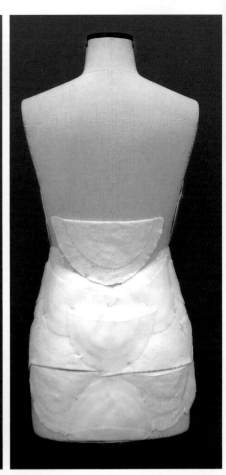

完成图

补完后的成品要求：

● 各部位尺寸与模特相对应
  部位一致。

● 各部位造型应与模特相同
  （或近似）。

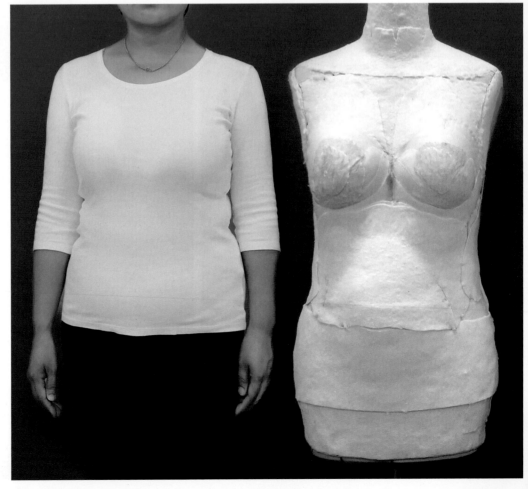

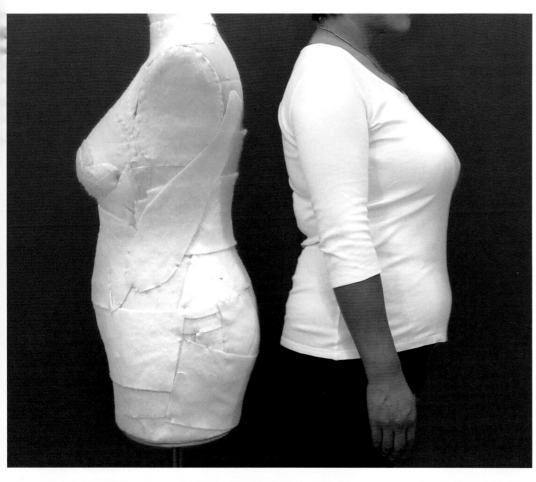

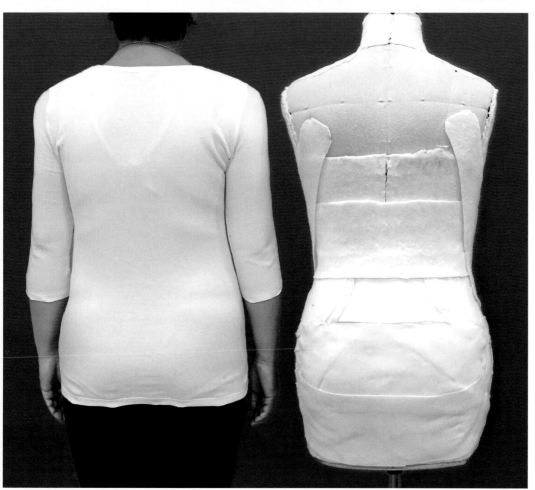

学习目的

合理使用大头针帮助我们高效、便捷地进行立裁，并获得完美的造型。

学习注意事项

- 注意观察并模仿图中大头针扎入坯布或人台的长度，以及两端外需大头针的长度（或一端），注意观察并模仿图中大头针扎入坯布或人台的部位、方向及次序。

- 针法大至可分为两种类型：一、制作立裁过程中使用的针法，此种针法随着制作过程的深入进行会逐渐取下（拔下）大头针。二、假缝针法，此种针法使用在如当领子立裁完成后对领子进行假缝，假缝后确认造型是否理想（当某个局部完成后使用的针法）；或为整件立裁做假缝，这种针法有代替缝纫线的作用。通常情况下立裁过程中使用的针法与假缝针法会交替进行。

材料准备

- 人台（不限定号型）。
- 30cm×30cm纯棉坯布。
- 专业立裁针、剪刀。

● **制作立裁过程中使用的针法**

1-1 交叉针：使用在需要牢固固定的部位。

1-2 点针：针尖扎入0.5cm，使坯布与人台固定，此种针法使用较多。

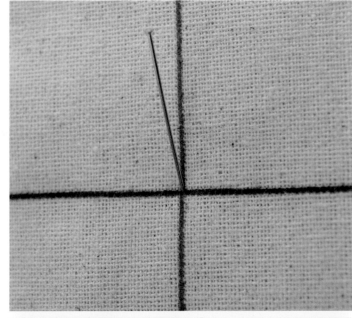

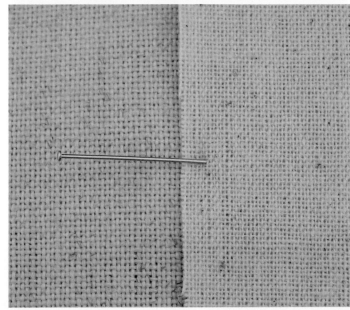

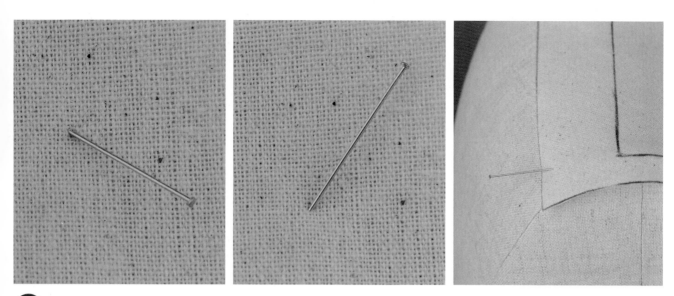

1-3 完全扎入坯布与人台的点针：此种针法是为了便于布料覆盖在上面，此时下面的大头针不会影响造型。

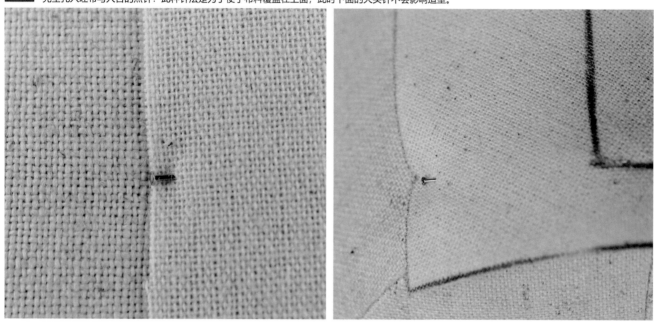

1-4 重叠针：用于固定坯布与人台，或固定上下两片坯布时使用。

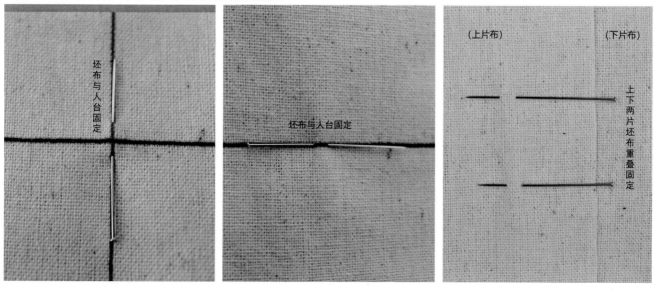

坯布与人台固定

坯布与人台固定

（上片布）　　　　（下片布）

上下两片坯布重叠固定

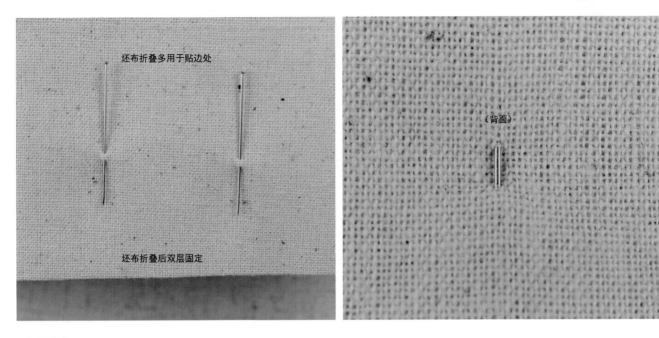

坯布折叠多用于贴边处

坯布折叠后双层固定

〈背面〉

● 假缝针法

2-1 折叠针：上片布折叠放在下片布上，如图所示用大头针固定折叠的边缘，折叠的边缘为完成线。

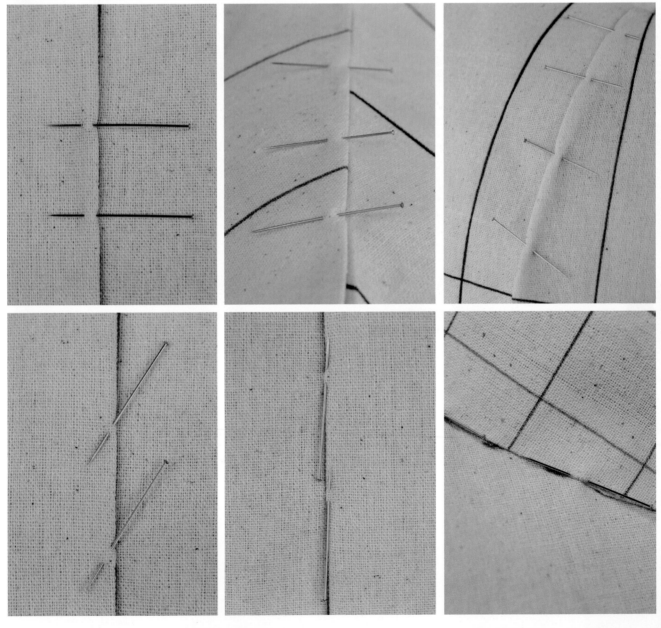

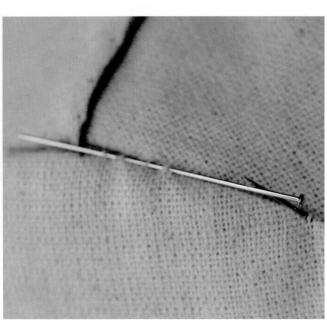

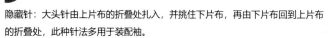

2-2

隐藏针：大头针由上片布的折叠处扎入，并挑住下片布，再由下片布回到上片布的折叠处，此种针法多用于装配袖。

注：在实际立裁中通常使用平头的大头针，在本书中使用圆头珠针是便于观看者看清针迹。在本套书中出现 "↓" "↑" "→" "←" 符号的部位为大头针固定部位。

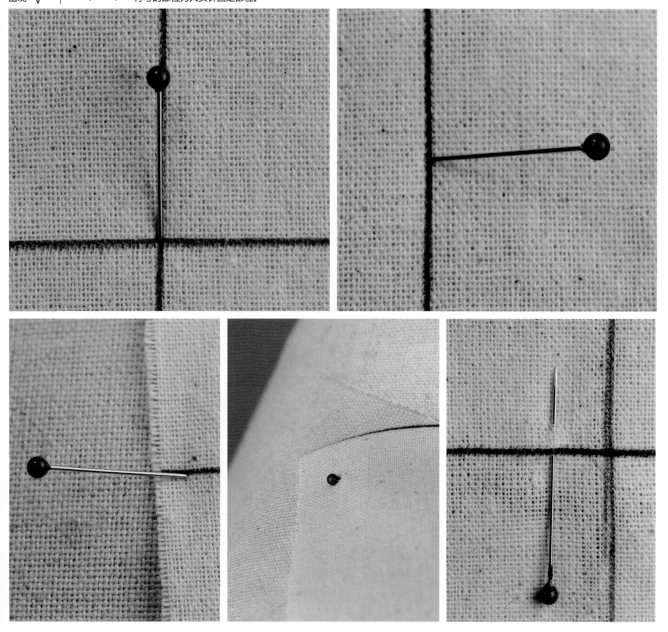

烫布

将坯布预缩整烫，最终使坯布平坦，有一定的挺括度，便于后期进行立裁操作。

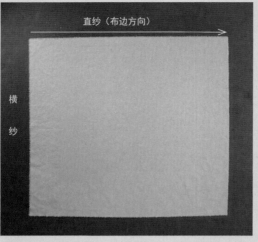
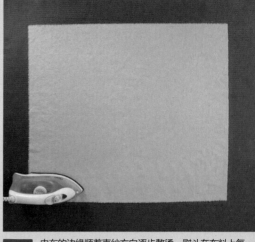

① 将坯布平铺在烫台上将直纱与横纱调整垂直平行；在布的表面喷上如雾气般的水珠，使坯布浸入水分。

② 由布的边缘顺着直纱方向逐步整烫，熨斗在布料上每一处停放的时间与压力要一致。

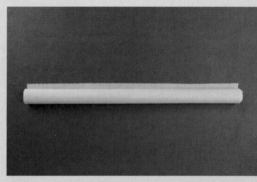

③ 如烫台面积较小，可以在熨烫的过程中将熨烫完的坯布部分圈成筒状。

④ 熨烫完成后将坯布完全圈成筒状，将其用大头针固定在人台上或放置于适合地方存放（不易弄皱的地方）。

测量人台尺寸

测量人台后中线区域的各部位尺寸为画布准备数据。

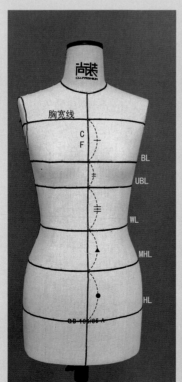
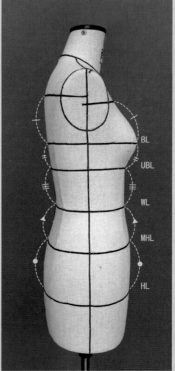
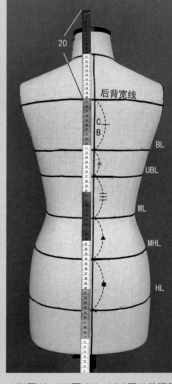

由后背宽线沿后中向上预留20cm，在后中线（CB）上分别测量后背宽线至BL、BL至UBL、UBL至WL、WL至MHL、MHL至HL的距离。

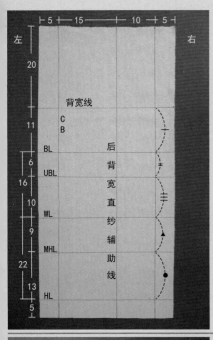
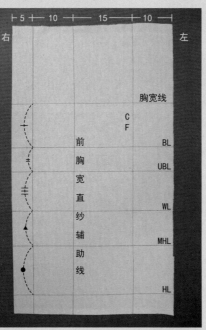

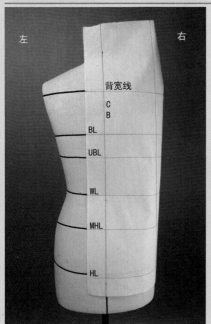
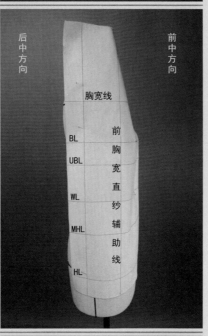

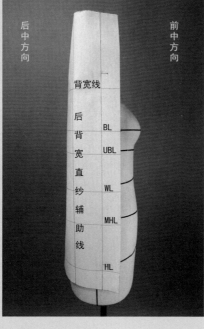

- **画线**

  如图所示在整烫好的坯布上，直纱用红色线，横纱用蓝色线画出各辅助线；其中胸宽（或背宽）线至BL、BL至UBL、UBL至WL、WL至MHL、MHL至HL的距离与人台相对应的部位相同。

- **各辅助线在立裁中的作用**

- 前中线（CF）至布边缘（10cm），此宽度可将坯布放在左BP点上坯布不会出现塌陷。

- 前中线（CF）向右15cm为前胸宽直纱辅助线，此线在前侧面可以起到观察直纱垂直的作用；此线向右10cm的垂直线。同样也是起到观察垂直的作用。

- 由前中线（CF）分别向右15cm、10cm、5cm共同构成了基础布宽度，此宽度是由具体款式决定的，如做量感较大的款式（胸围松量大），可将其中的5cm加大或在此基础上多画出几份5cm的量。

45

- 后片后中线（CB）至布边缘5cm，后背相比前胸平坦，5cm余布是能够满足平铺固定在人台上的。

- 后片后中线（CB）向右15cm、10cm、5cm画的垂直线，其作用与使用方式与前片相对应的部位相同。

- 前片与后片横向的背宽线（胸宽线）、BL、UBL、WL、MHL、HL与人台标线相对应，便于观察横纱的水平；且这些线都是人台的转折面，具有观察上的典型性。

- HL向下的5cm长度可根据具体款式（衣长）调节。

- 背宽线（胸宽线）向上20cm的余布量可以满足对领口的塑造，如有特殊款式要求可以适量延长尺寸。

注：学习立裁的过程中借助人台标线、坯布画线来提醒操作者布料纱向的平衡；未来随着专业水平的提高，在人台与坯布上只画出（标注）前后中心线即可。

2 基础衣身

- 箱式上衣原型

- 抽活褶原型

- A型衣身

- 上衣原型收省1

- 上衣原型收省2

- 五开身紧身立裁

款式描述

箱式（H型）上衣原型，胸围线保持水平，胸省指向前中，肩胛骨省指向小肩。

练习重点

- 准确且合理地塑造胸省与肩胛骨省。
- 注意控制前后量感的平衡。

材料准备

- 人台（不限定号型）。
- 宽0.3cm纯棉织带。
- 专业立裁针、剪刀。
- 80cm×60cm纯棉坯布。
- 3cm×22cm纯棉坯布直纱条。
- 马克笔（或4B铅笔）、三色圆珠笔。
- 推版尺、多功能尺、皮尺。

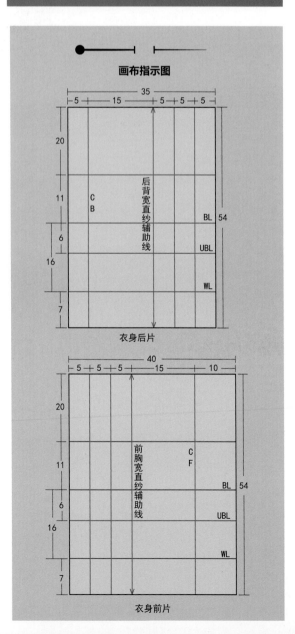

画布指示图

衣身后片

衣身前片

微信扫码
观看视频讲解

- **人台准备**

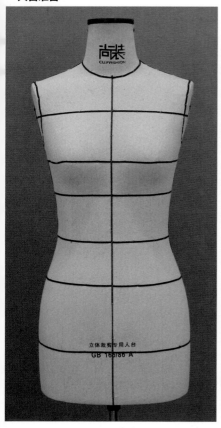 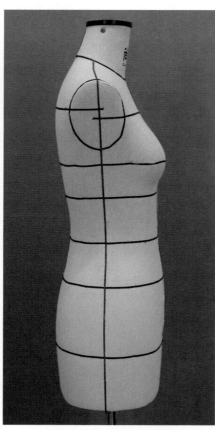 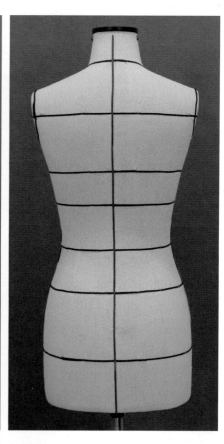

在两个胸点之间使用大头针或缝纫线固定一个直纱条，以免做立裁时两胸之间面料发生凹陷，并在直纱条上画出对应的胸围线与前中线。

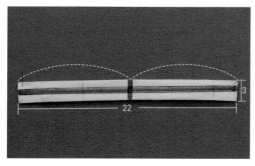

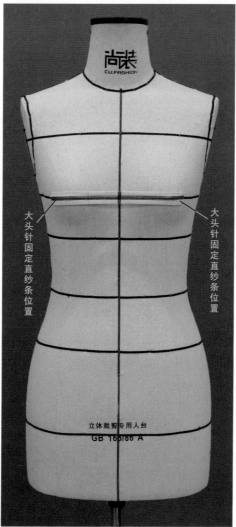

● 款式制作

衣身前片制作：将衣身前中线（CF）与人台上的前中线竖直对齐，胸围线（BL）水平对齐，前颈点处大头针竖直向下固定，前中底摆处大头针竖直向上固定，左右胸点处各自向前中线方向大头针水平(横向)固定。

1-1

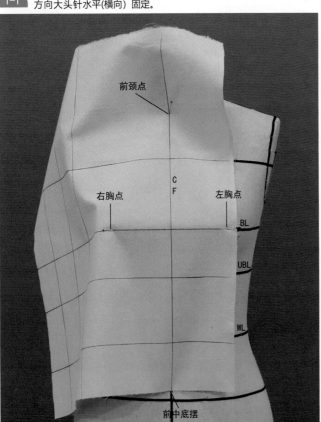

1-2 针法示意图（点针）。

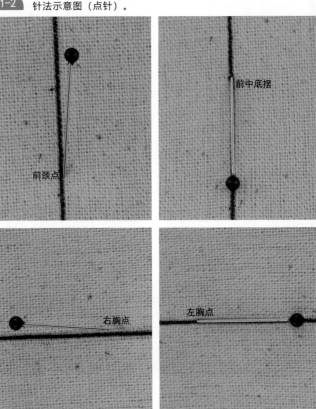

将余布往侧缝方向围裹，保持胸围线（BL）水平，前胸宽直纱辅助线垂直；胸省余量推至前中方向，用大头针自上而下固定肩颈点与肩头袖窿转折部位，大头针水平向前中方向固定胸围腋下部位。

2-1

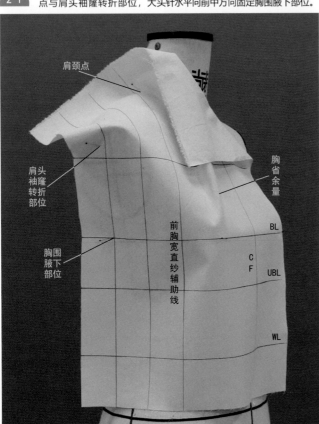

2-2 针法示意图（点针）。

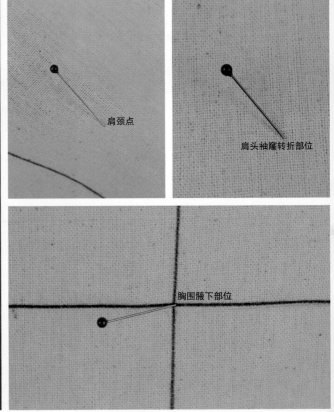

3–1 沿颈根围由肩颈点往前颈点方向1.5～2cm为间距均匀地打剪口，剪出前领口并留1cm余量清剪余布,将胸省余量推至前中胸围线区域并使用大头针自上而下固定新的前颈点。

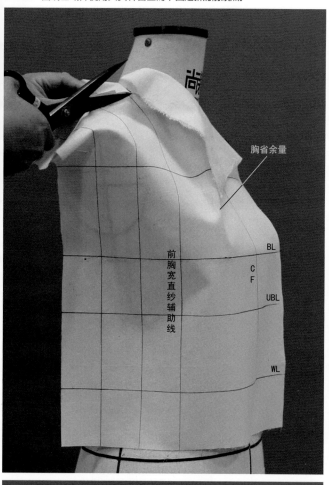

胸省余量

前胸宽直纱辅助线

BL
C
F
UBL

WL

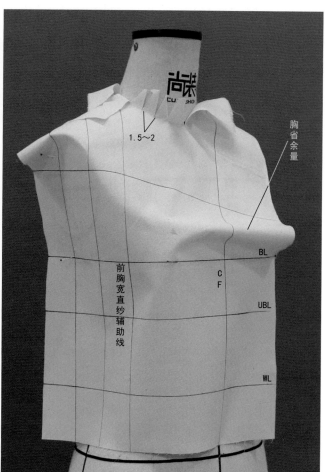

1.5～2

胸省余量

前胸宽直纱辅助线

BL
C
F
UBL

WL

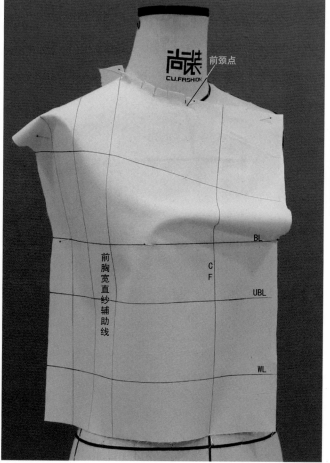

前颈点

前胸宽直纱辅助线

BL
C
F
UBL

WL

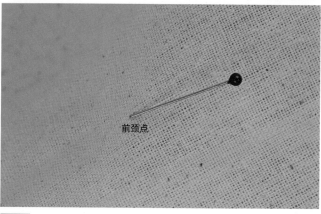

前颈点

3–2 针法示意图（点针）。

4-1 将胸围线处的余量做成胸省，放置在前中胸围线上，并用大头针固定。

4-2 针法示意图（折叠针）。

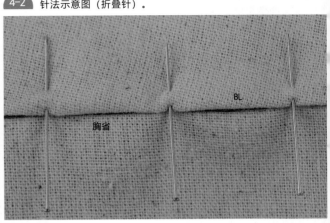

右胸点　BL
胸省
C F
UBL
WL

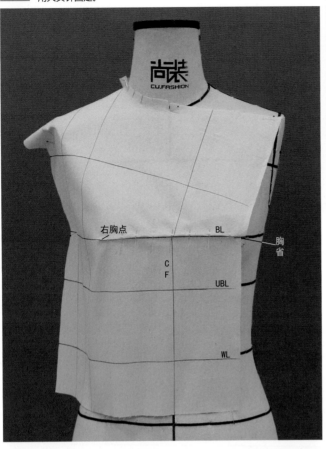

5-1 对侧缝及小肩描点并清剪余布（小肩与侧缝留3cm余量），将肩颈点与胸围腋下部位大头针移向余布边缘，在肩端点余布处固定大头针，并将三处大头针扎入人台中。

5-2 针法示意图（点针）。

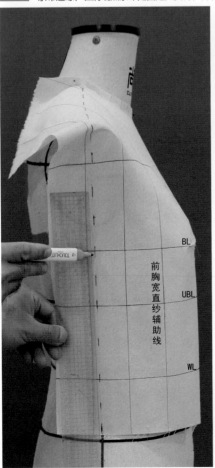

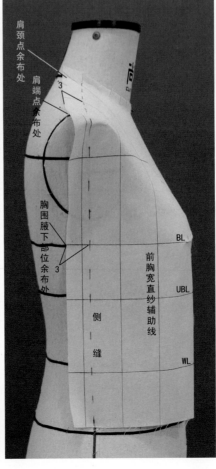

肩颈点余布处
肩端点余布处
胸围腋下部位余布处
3
3
前胸宽直纱辅助线
侧缝
BL
UBL
WL

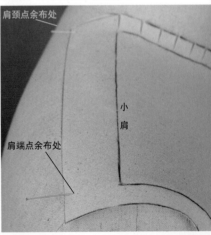

肩颈点余布处
小肩
肩端点余布处

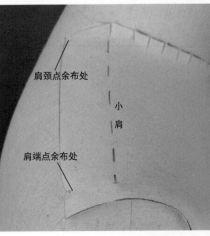

肩颈点余布处
小肩
肩端点余布处

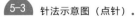 **5-3** 针法示意图（点针）。

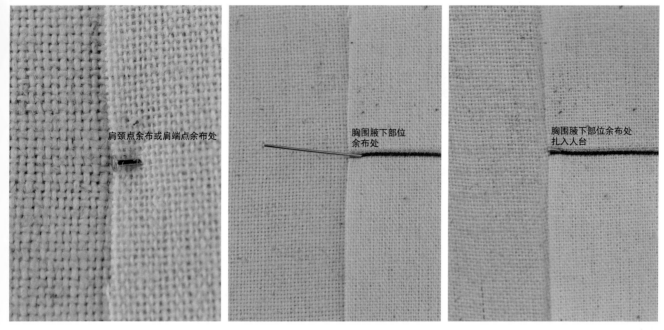

肩颈点余布或肩端点余布处

胸围腋下部位
余布处

胸围腋下部位余布处
扎入人台

衣身后片制作：将衣身后中线（CB）与人台上的后中线竖直对齐，确保其他各辅助线的水平与垂直，并与人台标线相对应；后颈点处大头针竖直向下固定，后中底摆处大头针竖直向上固定，左肩胛骨点区域向后中线方向大头针水平（横向）固定。

6-1

 6-2 针法示意图（点针）。

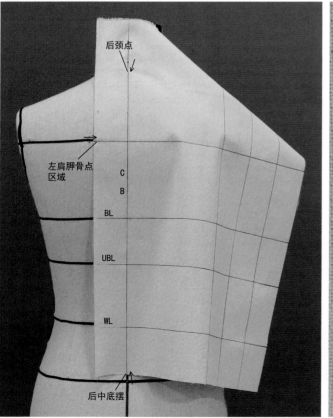

后颈点

左肩胛骨点
区域

C
B

BL

UBL

WL

后中底摆

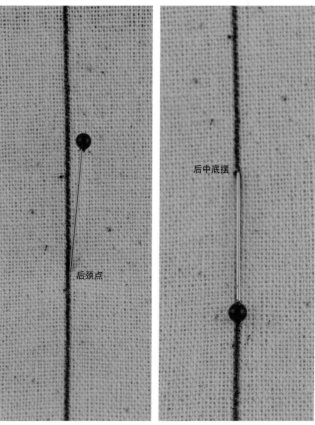

后颈点

后中底摆

7-1 沿颈根围由后颈点往肩颈点方向1.5～2cm为间距均匀打剪口，剪出后领口，并留1cm余量清剪余布。在肩颈点处用大头针自上而下将面料与人台固定。

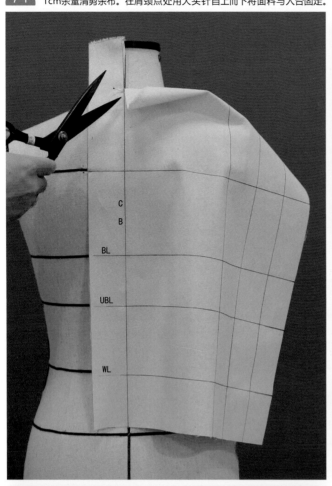

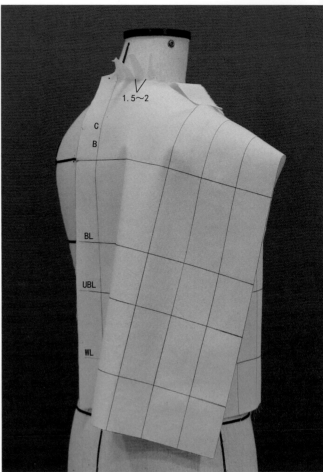

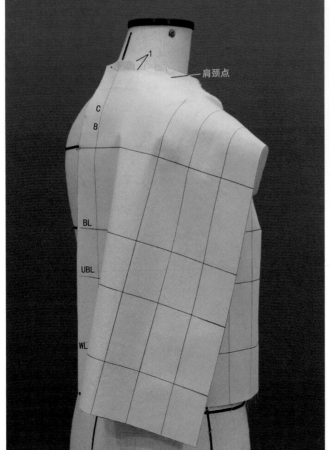

7-2 针法示意图（点针）。

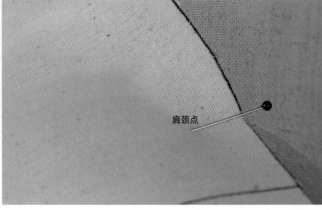

8-1 在胸围线水平后背宽直纱辅助线垂直的基础上，将余布绕至侧缝方向；袖窿部位用大头针水平向后中线方向固定，将所有肩胛骨余量推至小肩/2方向，准备做成肩胛骨省。

8-2 针法示意图（点针）。

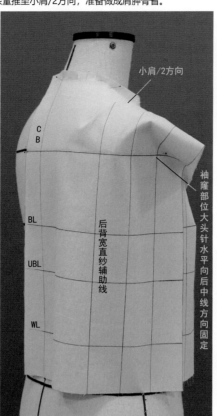

肩胛骨余量

C B

BL

UBL

WL

后背宽直纱辅助线

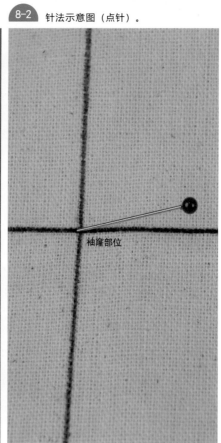

小肩/2方向

C B

BL

UBL

WL

后背宽直纱辅助线

袖窿部位大头针水平向后中线方向固定

袖窿部位

9-1 将肩胛骨省调整好并用大头针固定。

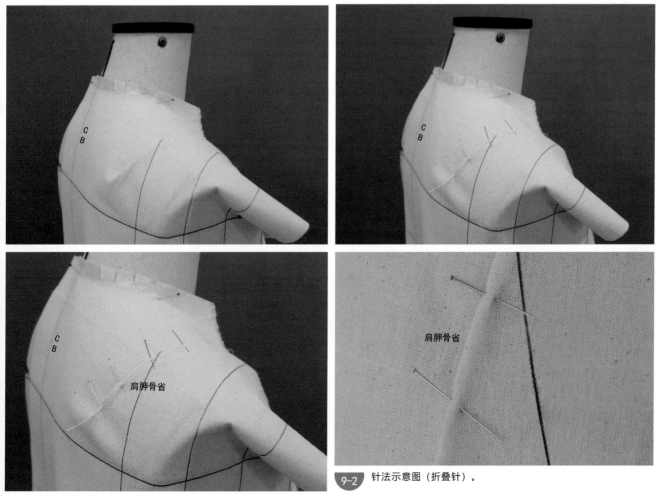

C B

C B

C B

肩胛骨省

肩胛骨省

9-2 针法示意图（折叠针）。

10-1 如图所示对后片小肩线（肩缝线）进行反向刮折，留3cm余量清剪余布，内扣大头针假缝。

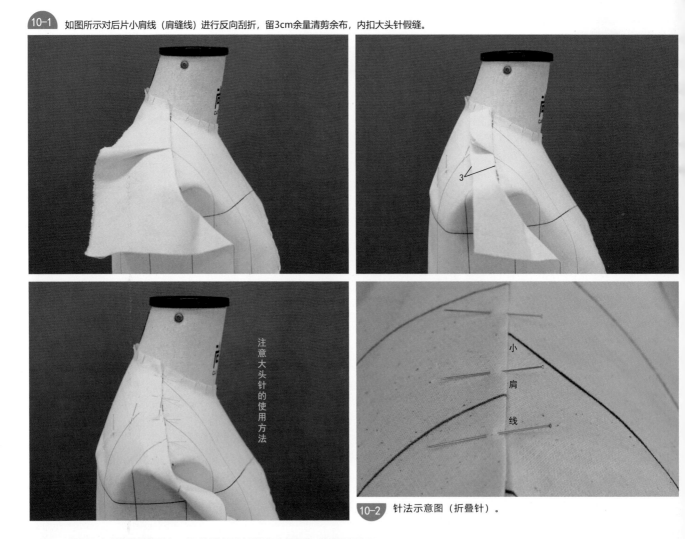

注意大头针的使用方法

10-2 针法示意图（折叠针）。

小肩线

11-1 留3cm余量清剪侧缝余布，并对其进行反向刮折和内扣假缝（为便于操作可在后背宽袖隆处打剪口）。

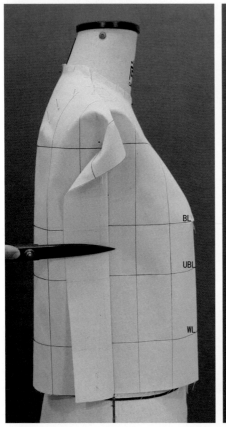

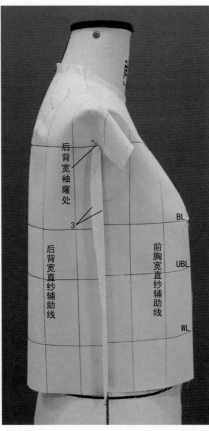

后背宽袖隆处

3

后背宽直纱辅助线

前胸宽直纱辅助线

BL

UBL

WL

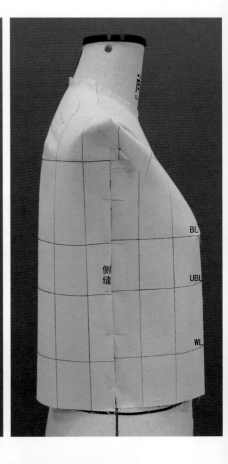

侧缝

BL

UBL

WL

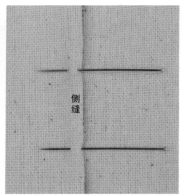

 针法示意图
（折叠针）。

侧缝

• **各部位描点**

12 描点部位有：前后领口线、前后小肩线、前中线、袖窿弧线（按人台标线上的袖窿弧线描点）、前后侧缝线、腰围线、前胸省及肩胛骨省。

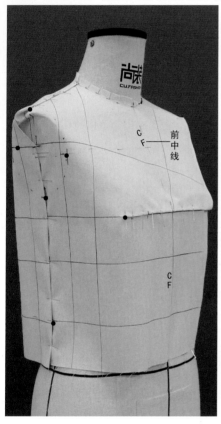

前中线

CF

CF

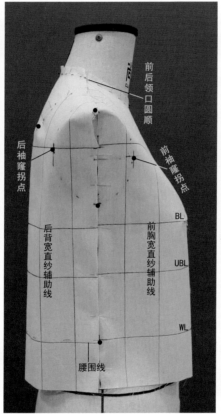

前后领口圆顺

后袖窿拐点

前袖窿拐点

后背宽直纱辅助线

前胸宽直纱辅助线

BL

UBL

WL

腰围线

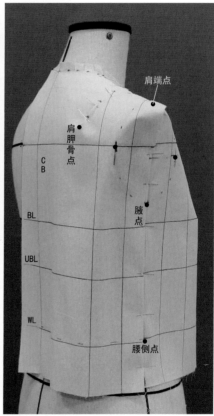

肩端点

肩胛骨点

CB

BL

UBL

WL

腋点

腰侧点

• **线条修顺、熨烫及清剪整理**

13

将裁片取下后，先将能确定造型的结构线修好，如胸省与肩胛骨省线、前中线、侧缝线及前小肩线，然后将肩胛骨省大头针假缝后修顺后小肩线。

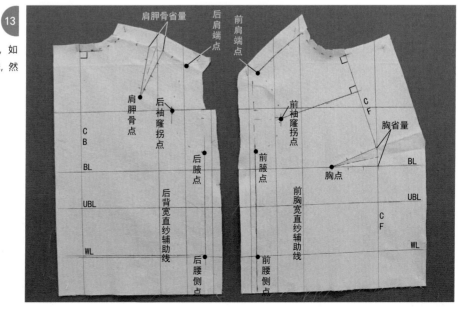

肩胛骨省量

后肩端点

前肩端点

肩胛骨点

后袖窿拐点

前袖窿拐点

胸省量

CB

BL

UBL

WL

后腋点

后背宽直纱辅助线

后腰侧点

前腋点

前胸宽直纱辅助线

前腰侧点

CF

胸点

BL

UBL

CF

WL

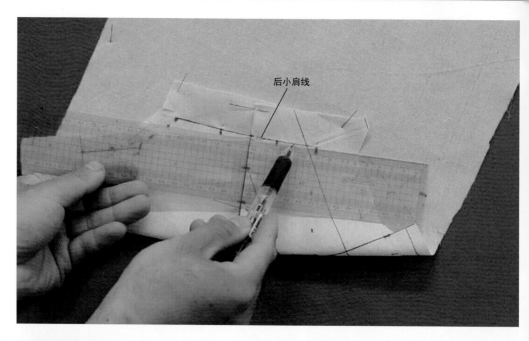

后小肩线

尚
装
服
装
讲
堂

14

将前后小肩线用大头针假缝
后，分别修顺领口与袖窿部分
结构线。

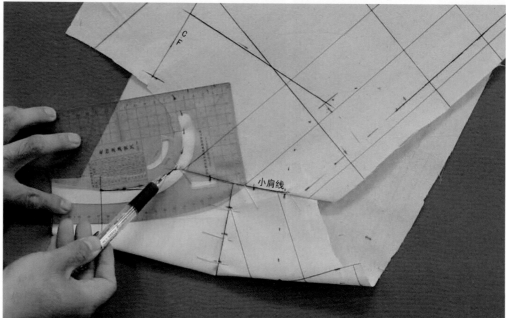

CF

小肩线

CF

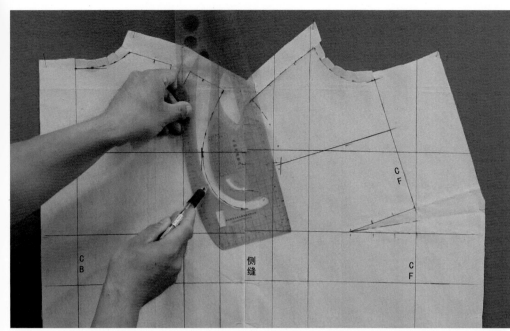

将前后侧缝用大头针假缝，分别修顺袖窿弧线与下摆结构线（腰围线WL），如图所示肩胛骨点向后中方向作水平线，向下作垂直线；前后袖窿拐点与胸点（BP）向下作垂直线。注:新增加的辅助线是为了便于观察纱向的垂直与平行（弧顺袖窿时需经过前后肩端点、前后袖窿拐点、前后腋点）。

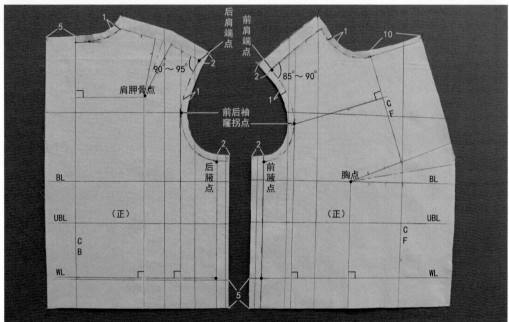

后肩端点　前肩端点
90°~95°　85°~90°
肩胛骨点
前后袖窿拐点
后腋点　前腋点　胸点
BL　　　　　　　　　　　BL
UBL　（正）　　　（正）　UBL
C　　　　　　　　　　CB　　　　　　　　　　F
WL　　　　　　　　　　WL
CF
CB
CF

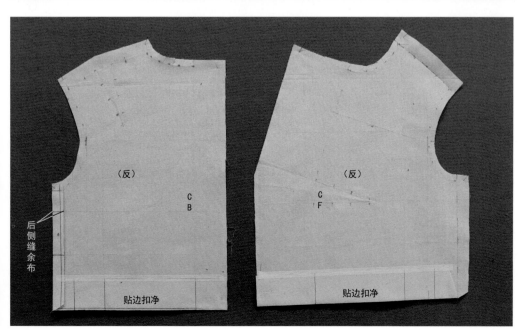

各裁片结构线修顺完成之后对裁片进行熨烫整理,WL以下余布（贴边）扣净,后片侧缝余布扣净,注意大头针的使用方法。

（反）　C　B

（反）　C　F

后侧缝余布

贴边扣净　　　贴边扣净

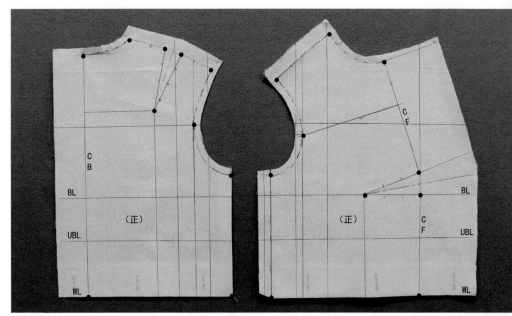

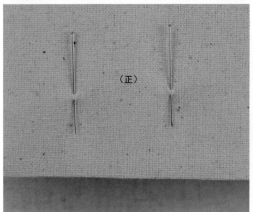

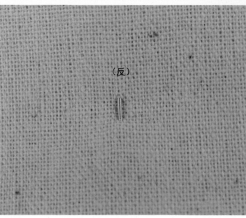

16-2

针法示意图
（重叠针）。

- **半身假缝完成效果**

注：大头针假缝时，后侧缝压前侧缝，后小肩压前小肩。

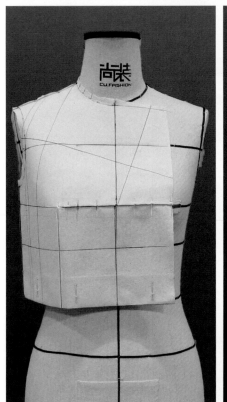

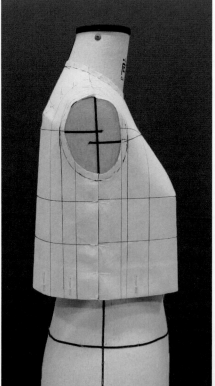

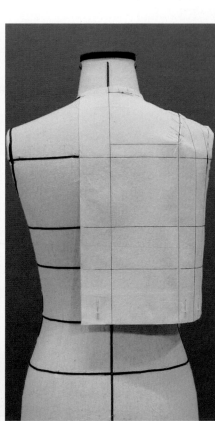

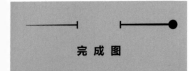

完 成 图

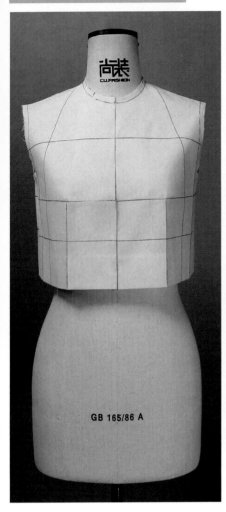

GB 165/86 A

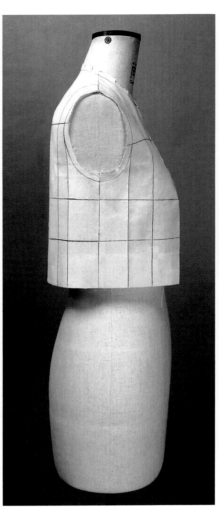

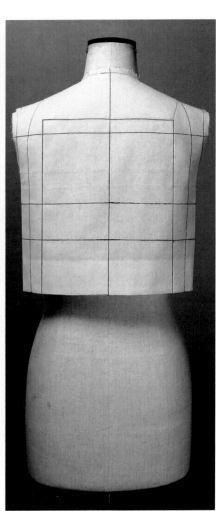

立裁样版图

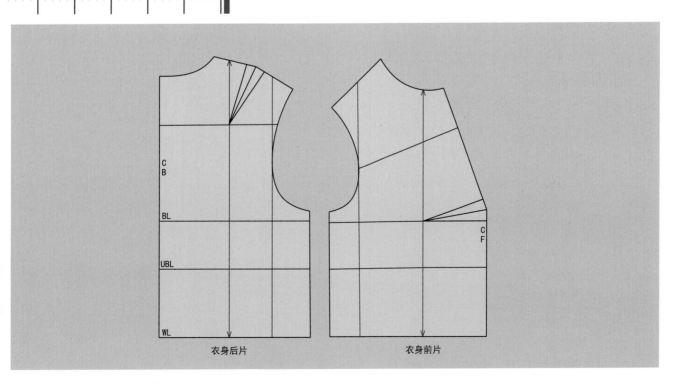

C B

BL

UBL

WL

C F

衣身后片   衣身前片

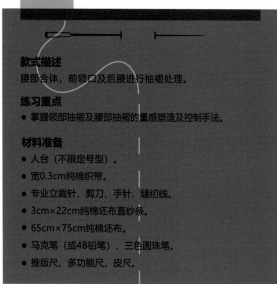

款式描述

腰部合体，前领口及后腰进行抽褶处理。

练习重点

● 掌握领部抽褶及腰部抽褶的量感塑造及控制手法。

材料准备

● 人台（不限定号型）。
● 宽0.3cm纯棉织带。
● 专业立裁针、剪刀、手针、缝纫线。
● 3cm×22cm纯棉坯布直纱条。
● 65cm×75cm纯棉坯布。
● 马克笔（或4B铅笔）、三色圆珠笔。
● 推版尺、多功能尺、皮尺。

画布指示图

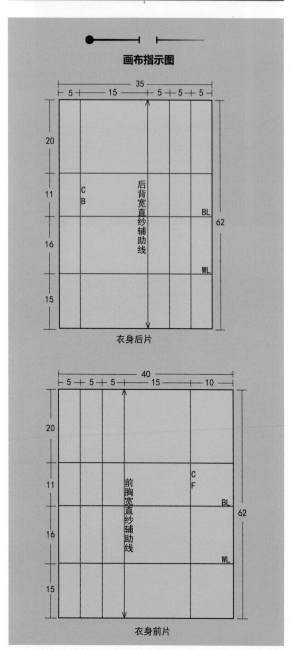

衣身后片

衣身前片

- **人台准备**

  与第49页"箱式上衣原型"相同。

- **款式制作**

1 衣身前片制作: 将衣身前中线(CF)与人台上的前中线竖直对齐, 胸围线(BL)水平对齐, 前颈点处大头针竖直向下固定, 前中腰节处大头针竖直向上固定(如作腰部贴合"收腰"效果, 此处固定大头针), 前中底摆处大头针竖直向上固定, 左右胸点处各自向前中线方向大头针水平(横向)固定。

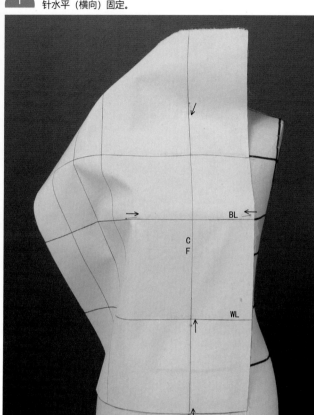

2 前颈点处打剪口, 并清剪左上部分余部。

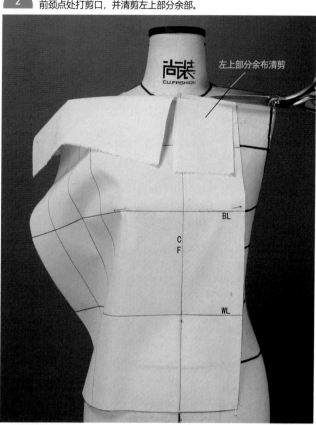

3 由腹部底摆处沿前腰节方向边整理平伏边打剪口至腰节处, 使侧腰部的布料逐渐向前胸与领口方向推移, 袖窿侧面腋点区域向斜下方固定大头针。

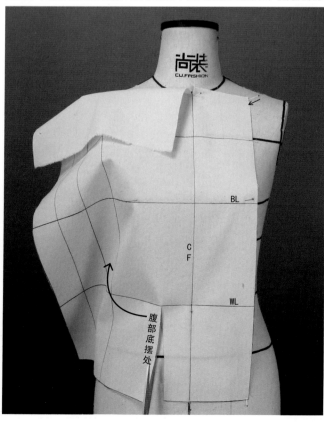

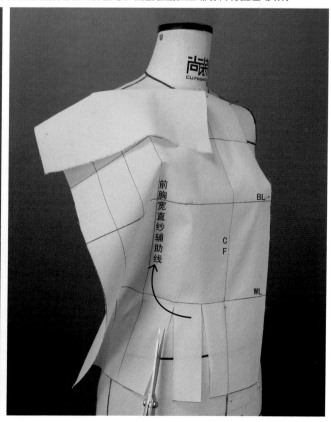

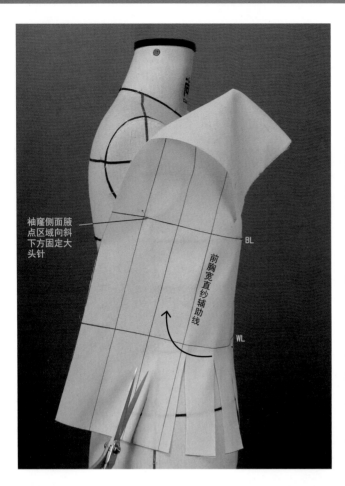

袖窿侧面腋点区域向斜下方固定大头针

前胸宽直纱辅助线

BL

WL

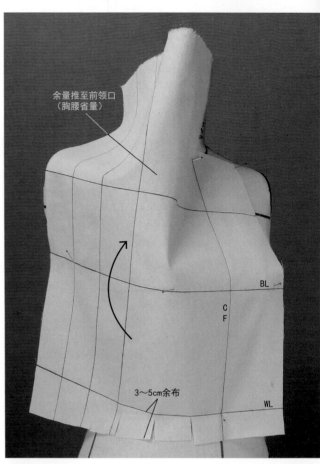

余量推至前领口（胸腰省量）

BL

C F

3～5cm余布

WL

4 清剪前腰节处多余缝边距人台腰节留3~5cm余布，观察并确保前腰部平伏，贴体，将余量推至前领口处，此量为胸腰省量。

5 将胸腰省量推至领口处后确认前腰平伏在侧缝腰节区域，水平向前中方向（横向）固定大头针，将大头针完全扎入人台并清剪余布，留3~4cm缝份，整理肩部面料平伏后在肩端点与肩颈点处向斜下方固定大头针。

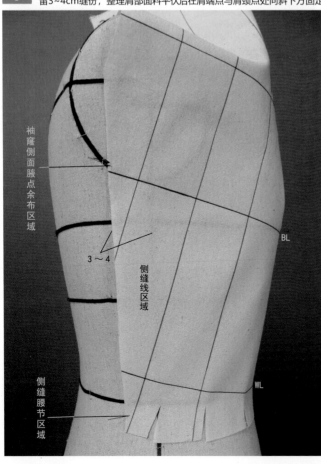

袖窿侧面腋点余布区域

3～4

侧缝线区域

BL

WL

侧缝腰节区域

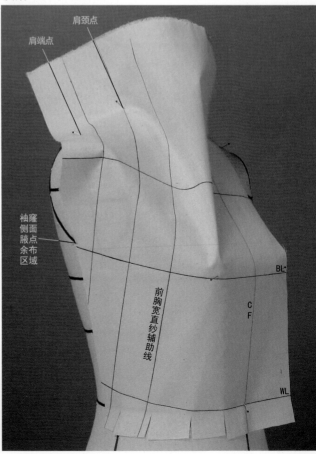

肩颈点

肩端点

袖窿侧面腋点余布区域

前胸宽直纱辅助线

BL

C F

WL

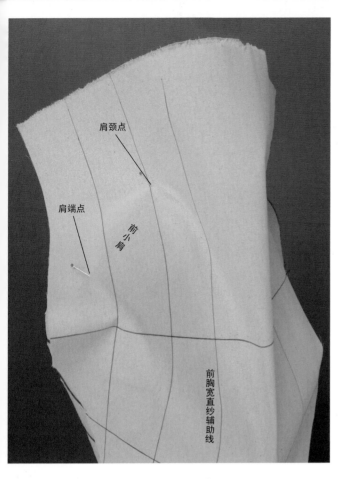

将胸腰省量均匀分化为领口褶量并用大头针固定，由颈根向上留 1.5~2cm余布，前小肩向后留3cm余布进行清剪。

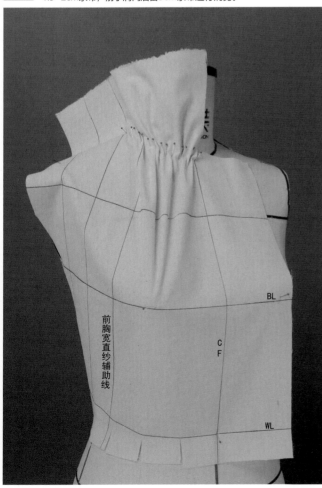

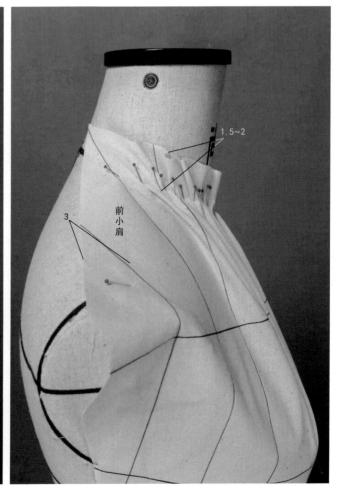

将大头针移至前小肩与侧缝处布的边缘并使大头针全部扎入人台，对前小肩与侧缝描点。

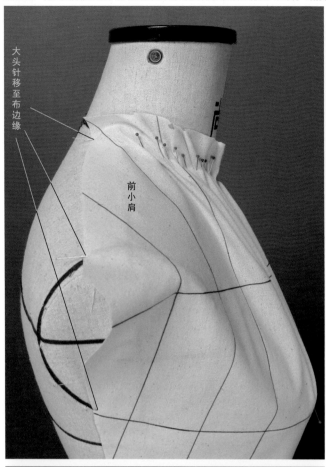

大头针移至布边缘

前小肩

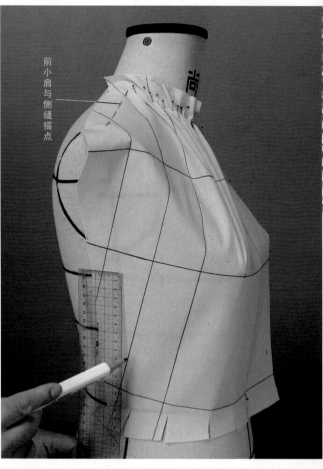

前小肩与侧缝描点

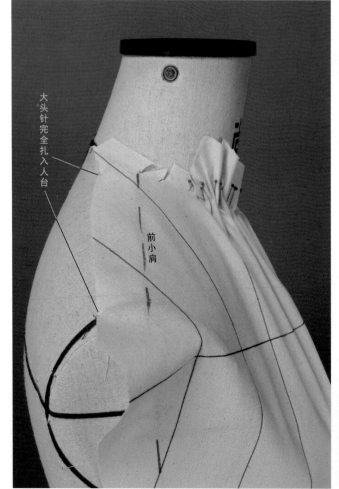

大头针完全扎入人台

前小肩

8 用标线沿颈根围出新的领口造型，使其光滑圆顺，对其进行描点处理。

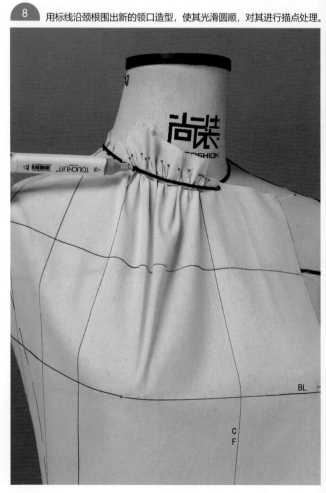

BL

C
F

衣身后片制作：将衣身后中线（CB）与人台上的后中线竖直对齐，确保其他各辅助线的水平与垂直，并与人台标线相对应；后颈点处与后中和后背宽线交点处用大头针竖直向下固定，后腰中点（如作腰部贴合"收腰"效果，此处固定大头针）与后中底摆处大头针竖直向上固定，左肩胛骨点区域向后中线方向大头针水平（横向）固定，在后颈点处打剪口，清剪后中领口部位多余缝边。

9

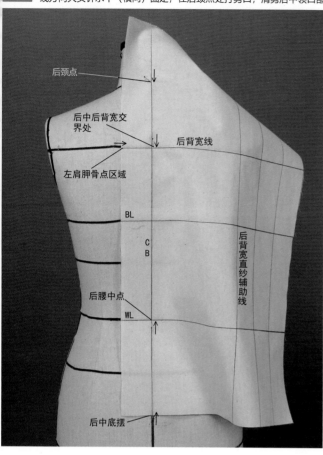
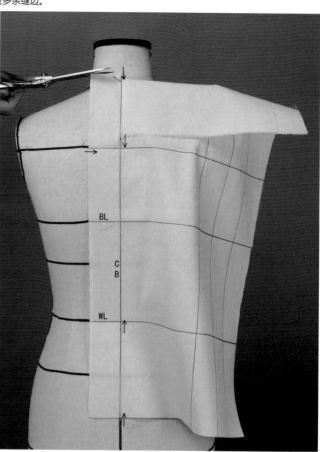

沿颈根围由后颈点往肩颈点方向均匀打剪口，剪出后领口，并在肩颈点向后下方固定大头针，将面料与人台固定，观察整体效果是否平伏。

10

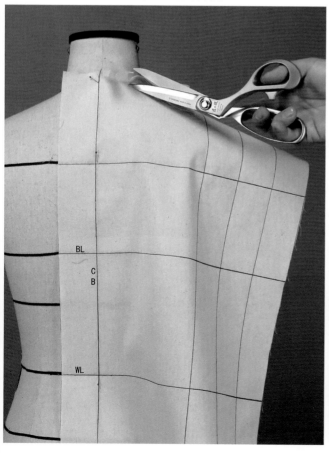
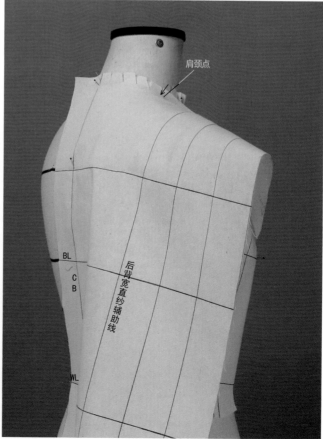

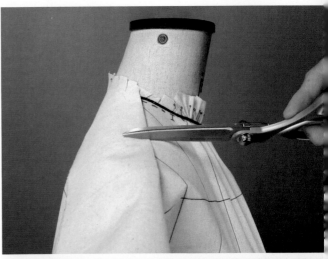

11 取下固定在肩颈点的大头针，后小肩留3cm余布，以刮折的方式扣净假缝后小肩（折叠针）。

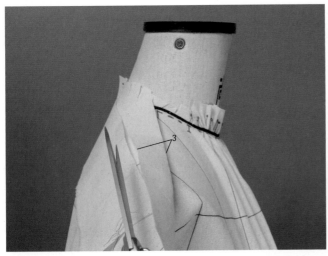

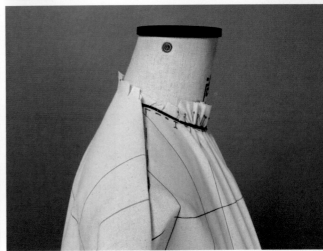

12 将肩头部位放平伏，使面料推向后腰部位，形成后腰褶量，并在袖窿侧缝与腰节侧缝区域水平向后中方向（横向）固定大头针。

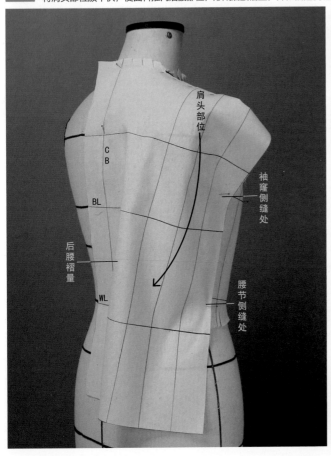

肩头部位

CB

袖窿侧缝处

BL

后腰褶量

腰节侧缝处

WL

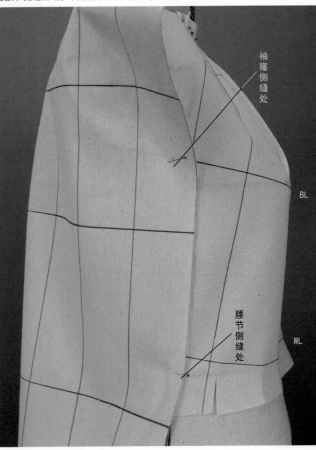

袖窿侧缝处

BL

腰节侧缝处

WL

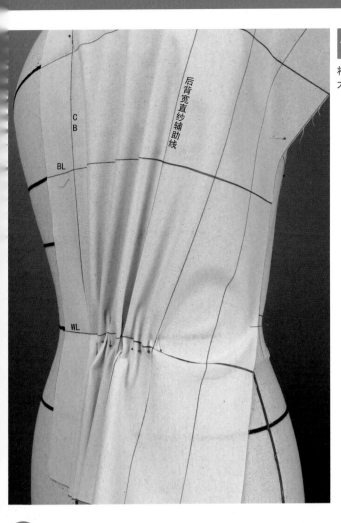

后背宽直纱辅助线

C
B

BL

WL

13
将后腰褶量在后腰线中部区域均匀分布并用
大头针固定。

14 在后腰线处打剪口，距后腰线留3cm缝边，剪口剪至后腰线部位的面料平伏为止。

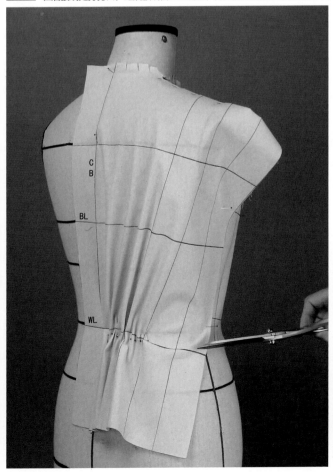

C
B

BL

WL

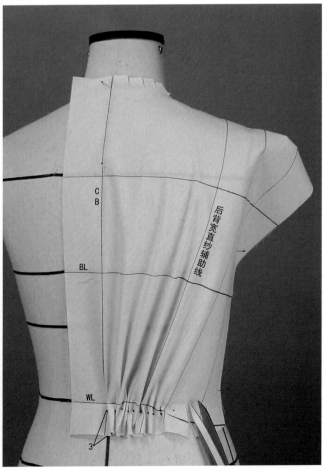

C
B

BL

后背宽直纱辅助线

WL

3

取下固定侧缝的大头针将后侧缝刮折留3cm余量,清剪余布并用大头针假缝(折叠针)。

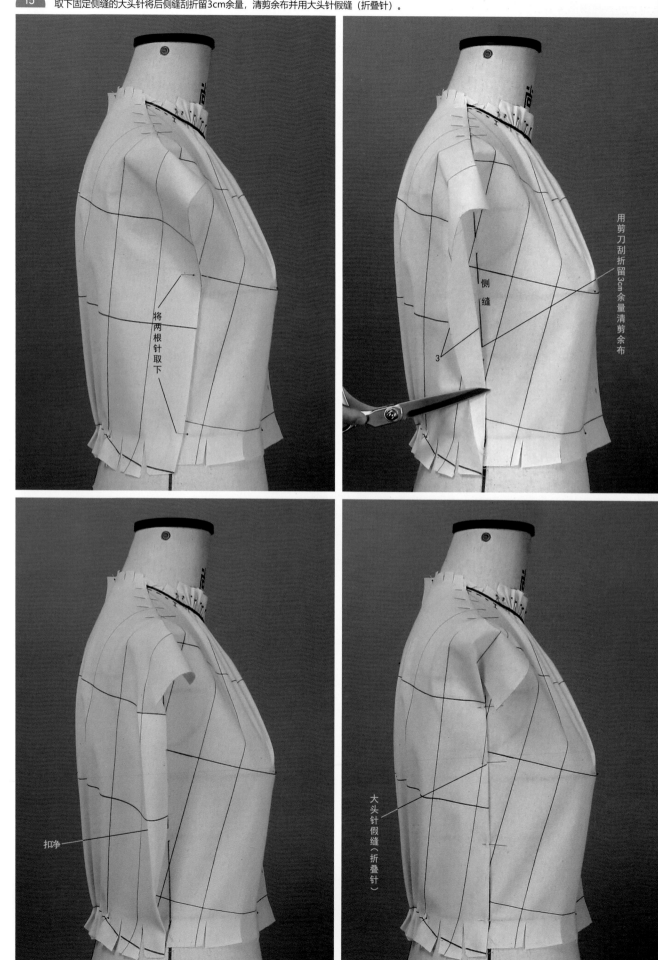

将两根针取下

用剪刀刮折留3cm余量清剪余布

侧缝

3

扣净

大头针假缝(折叠针)

• 各部位描点 16 对前后领口、前后小肩、侧缝进行描点。

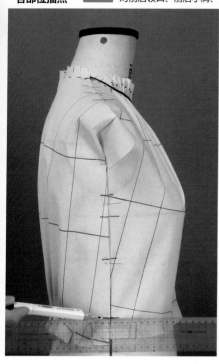
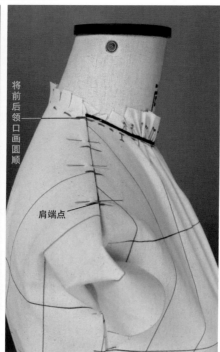
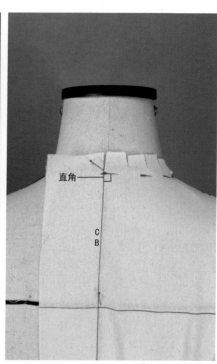

17 对抽褶后的腰线进行标线，使其前后光滑圆顺，并参考此标线描点，在人台袖窿标线的基础上对应坯布所在的位置对袖窿进行描点。

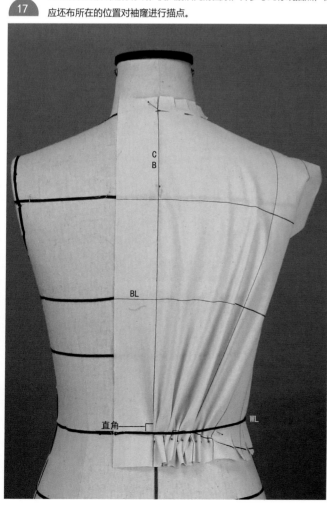
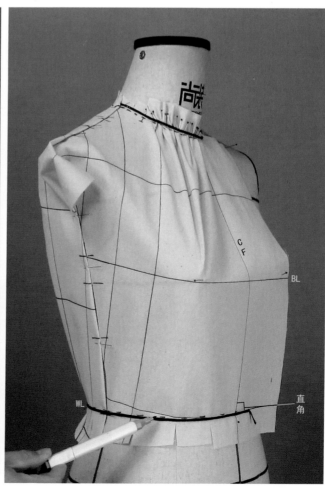

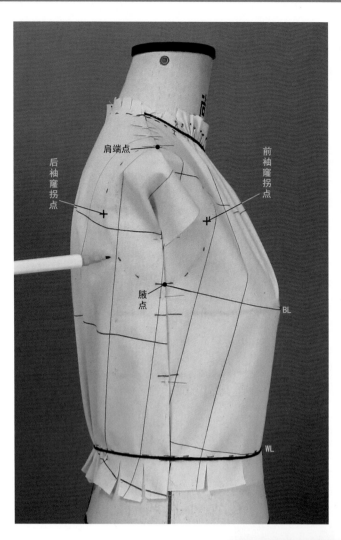

肩端点

后袖窿拐点

前袖窿拐点

腋点

BL

WL

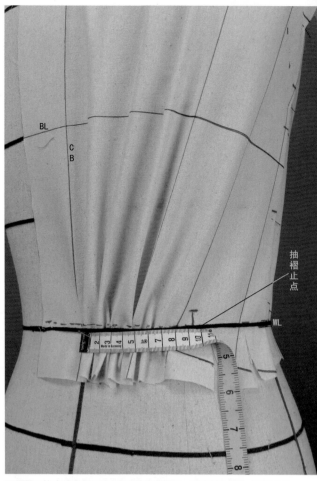

BL

CB

抽褶止点

WL

18 将皮尺固定在后衣身腰节抽褶部位，在抽褶止点处（距后中线9~10cm)进行描点处理。

19

将皮尺固定在前衣身领口抽褶部位，在抽褶止点处（距前中线前颈点8cm左右）进行描点处理。

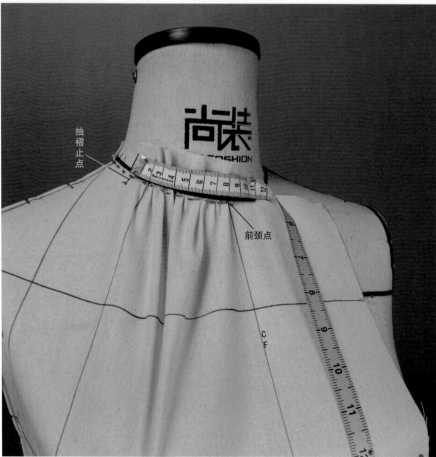

抽褶止点

前颈点

CF

● **线条修顺、清剪及**
  熨烫整理

20-1

取下裁片并熨烫平整（烫布时不要使用蒸汽以免面料收缩，注意面料横纱水平，直纱垂直），修顺前领口。

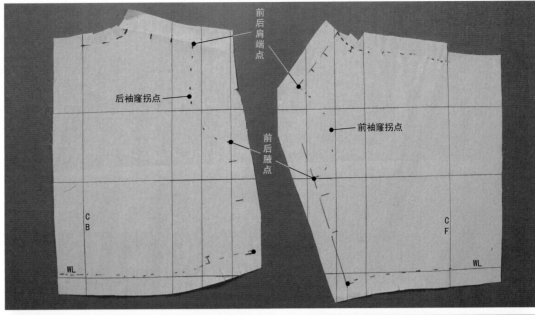

前后肩端点

后袖窿拐点

前袖窿拐点

前后腋点

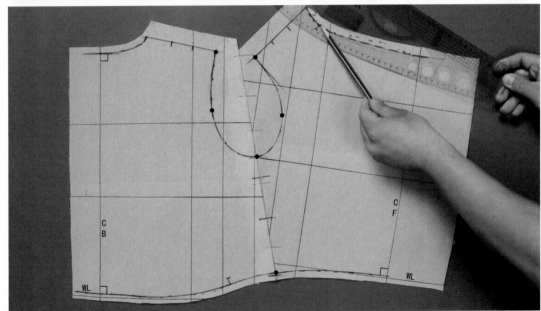

20-2

修顺后领口，假缝衣身侧缝，修顺前后袖窿弧线。

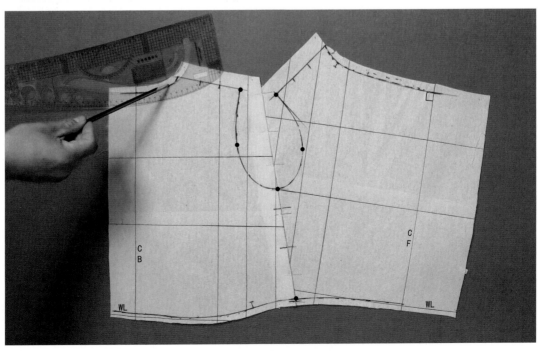

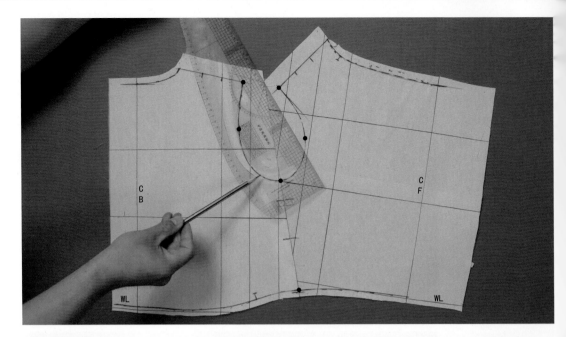

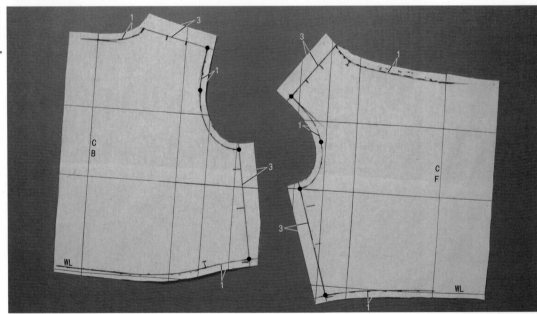
• 半身假缝展示图

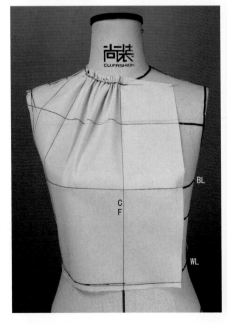
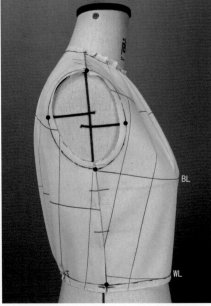
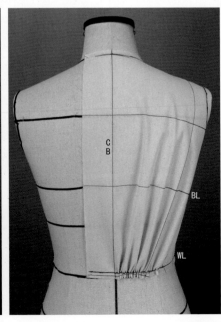

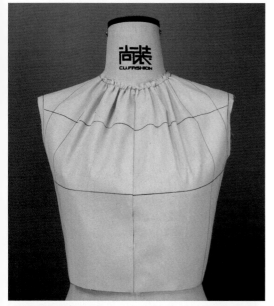

完成图

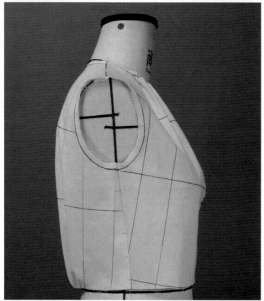

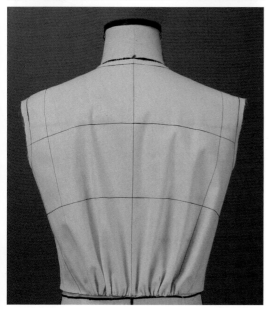

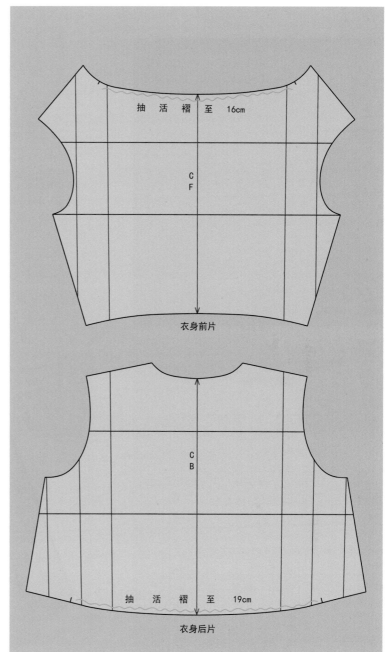

抽 活 褶 至 16cm

C F

衣身前片

C B

抽 活 褶 至 19cm

衣身后片

款式描述

A廓型衣身，胸点、前袖隆拐点、后袖隆拐点、肩胛骨点外斜荡褶。

练习重点

● 掌握A型衣身展量的控制手法。
● 练习衣身长度的测定方法。

材料准备

● 人台（不限定号型）。
● 宽0.3cm纯棉织带。
● 专业立裁大头针、剪刀。
● 155cm×90cm纯棉坯布。
● 3cm×22cm纯棉坯布直纱条。
● 马克笔（或4B铅笔）、三色圆珠笔。
● 推版尺、多功能尺、1m长的直尺、皮尺。

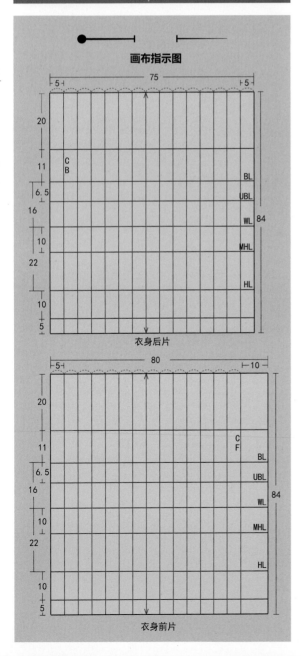

画布指示图

衣身后片

衣身前片

- **人台准备**

  与第49页"箱式上衣原型"相同。

- **款式制作**

  衣身前片制作：将衣身前中线（CF）与人台上的前中线竖直对齐，前颈点处大头针竖直向下固定，前中底摆和臀围线（HL）与前中线（CF）交点处大头针竖直向上固定，左右胸点处各自向前中线方向大头针水平（横向）固定。

  2. 在前颈点处打剪口，并清剪左上部分余布，沿前颈根均匀打剪口，使领口部位布料平伏并留1.5cm缝边后清理余布。

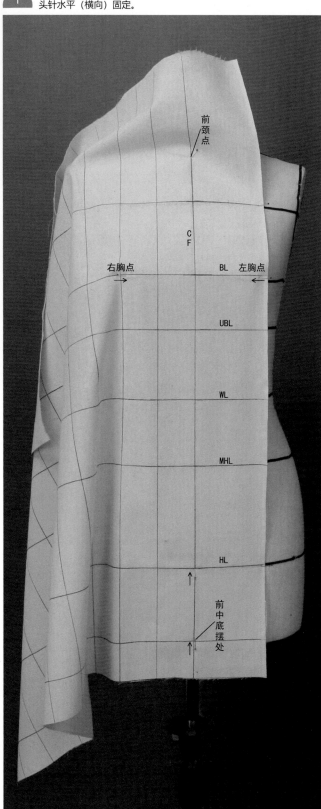

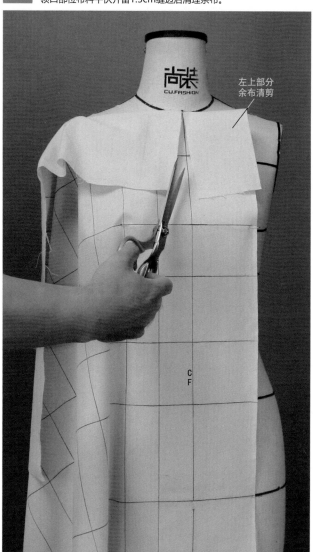

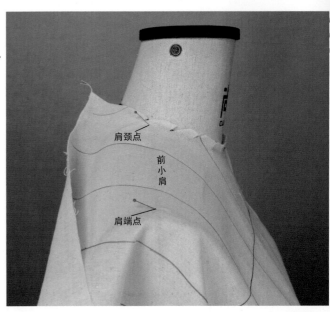

③ 用大头针固定肩颈点与肩端点，如图所示。

④ 在前袖隆转折点即拐点（人台袖隆标线与胸宽标线的交点所对应在坯布上的点）处用大头针向斜下方固定，并打剪口，确定好前片荡褶量后，在腋下区域向斜下方固定一根大头针。

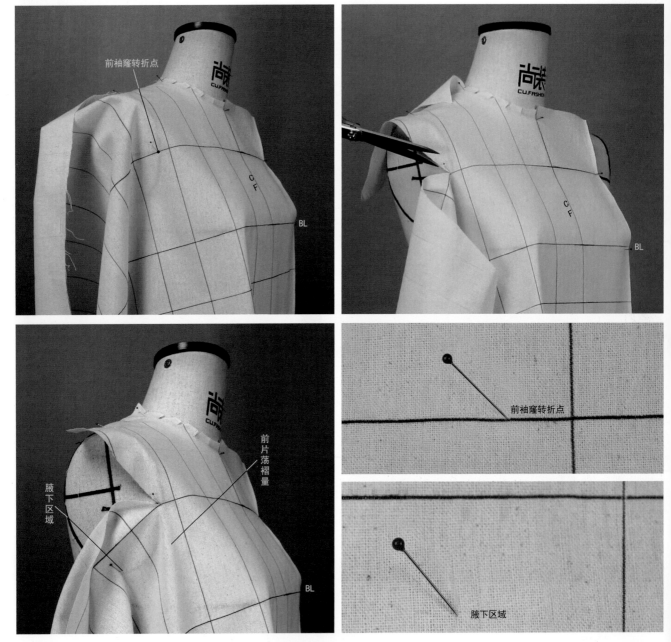

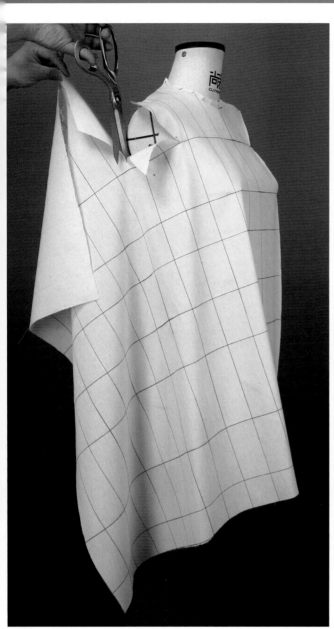

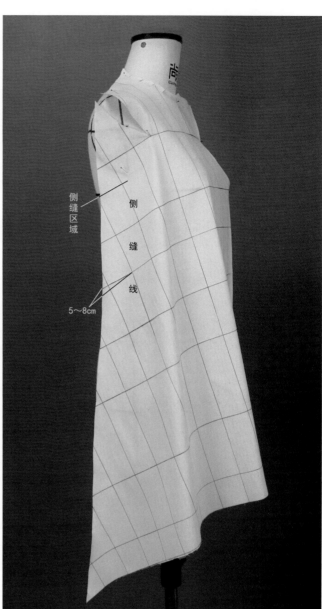

側缝区域

侧缝线

5~8cm

5　距侧缝预留5～8cm缝边后清剪余布。

6　分别距小肩线预留3cm、距袖窿线预留3cm缝边后清剪余布，并在缝边的边缘处向斜下方完全扎入大头针固定，将肩颈点与肩端点的大头针移至余布边缘，如图所示。

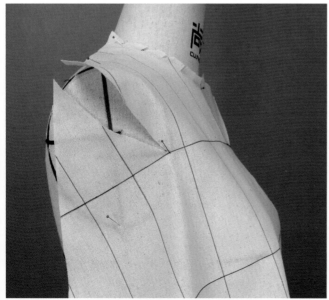

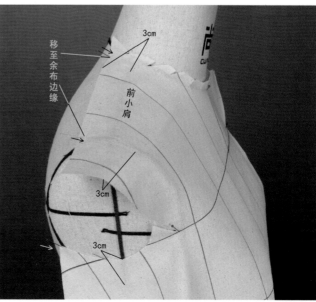

移至余布边缘

3cm

前小肩

3cm

3cm

- **前片描点**

7-1 在后臀区域缝边边缘处，将大头针向侧缝方向完全扎入人台，将皮尺放在肩颈点处并用大头针固定皮尺，肩点以下的皮尺与地平线垂直，对前小肩缝及前侧缝线进行描点。

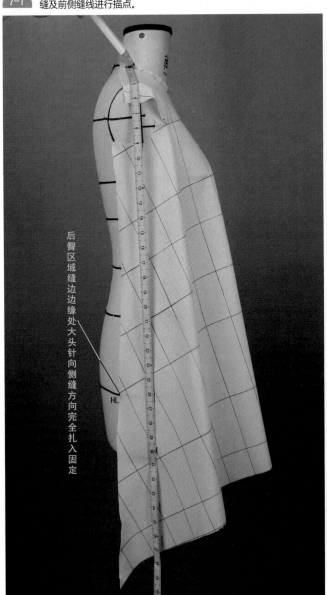

后臀区域缝边边缘处大头针向侧缝方向完全扎入固定

HL

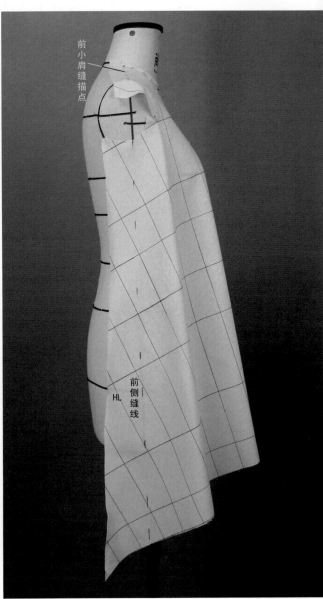

前小肩缝描点

前侧缝线

HL

7-2 前小肩缝及前侧缝针法展示（点针）。

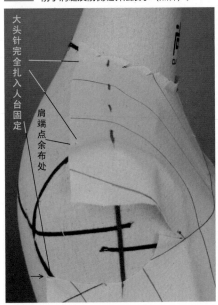

大头针完全扎入人台固定

肩端点余布处

肩端点余布处

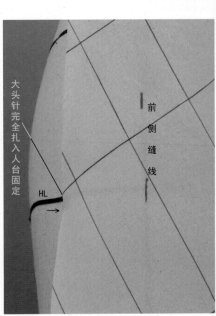

大头针完全扎入人台固定

前侧缝线

HL

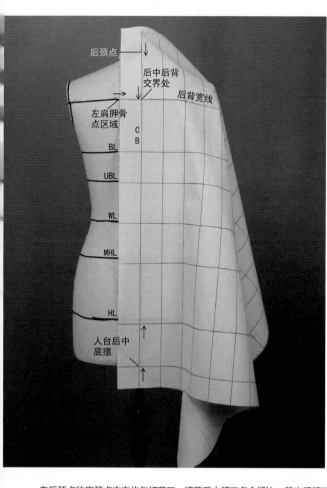

后颈点

后中后背
交界处

后背宽线

左肩胛骨
点区域

C
B

BL

UBL

WL

MHL

HL

人台后中
底摆

8

衣身后片制作：将衣身后中线（CB）与人台后中底摆的交点和CB线与HL线交点处用大头针针尖竖直向上固定人台，确保各辅助线的水平与垂直，并与人台标线相对应，后颈点处与后中后背交界处大头针竖直向下固定，左肩胛骨点区域向后中线（CB）方向大头针水平（横向）固定（点针针法）。

9–1 自后颈点往肩颈点方向均匀打剪口，清剪后中领口多余缝边，剪出后领口，并在肩颈点、肩端点处向后下方固定大头针，后袖窿转折点（拐点）向斜下方用大头针将面料与人台固定。

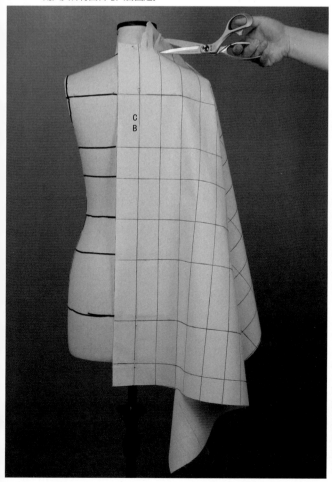

C
B

后中后背
交界处

后背宽线

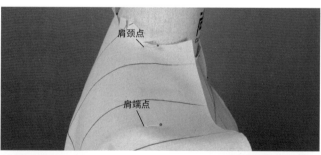

肩颈点

肩端点

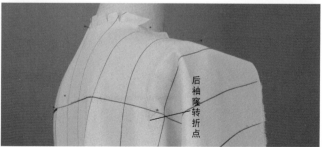

后袖窿转折点

9–2 针法示意图（点针）。

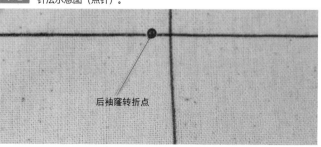

后袖窿转折点

10 在后袖窿转折点处固定好大头针后自斜上方向下打剪口。

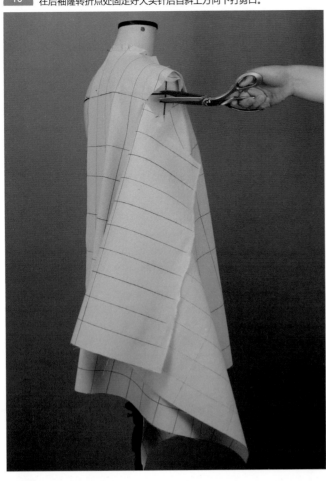 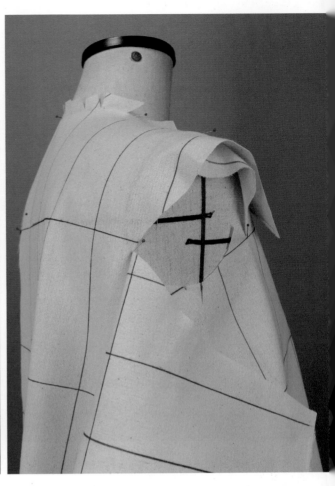

11-1 确定好后袖窿转折点以下荡褶量后用大头针自斜上方向下固定腋下区域。

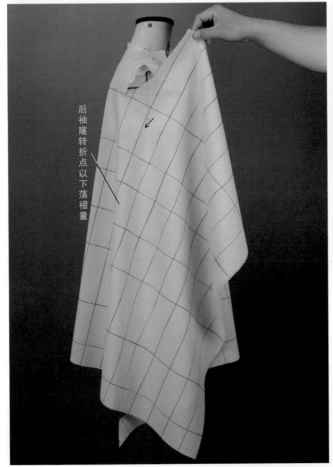

后袖窿转折点以下荡褶量

腋下区域

侧缝线

11-2 针法示意图（点针）。

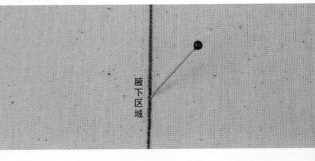

腋下区域

12 距侧缝预留5～8cm缝边后清剪余布。

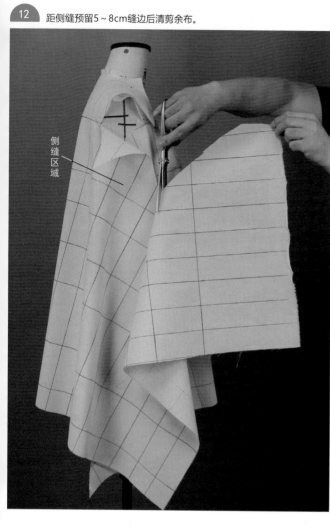

侧缝区域

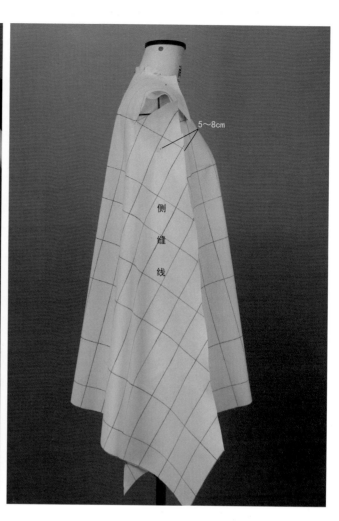

5～8cm

侧缝线

13-1 对齐侧缝线翻折余布进行刮折，留3cm缝边后清剪余布，扣净缝边用大头针假缝。

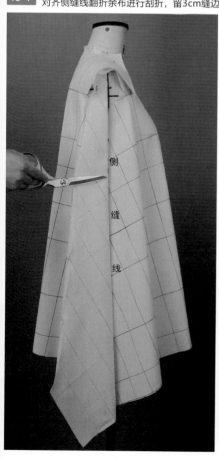

侧缝线

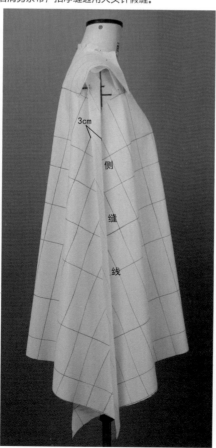

3cm

侧缝线

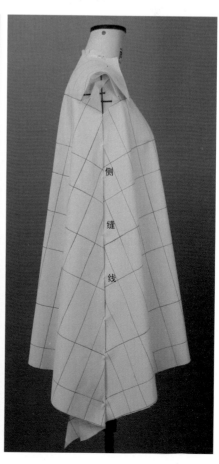

侧缝线

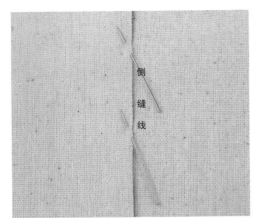

侧
缝
线

13-2

针法示意图（折叠针）。

14

以刮折假缝的方式预留3cm缝边扣净后小肩。

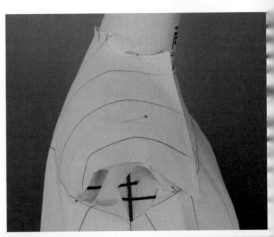

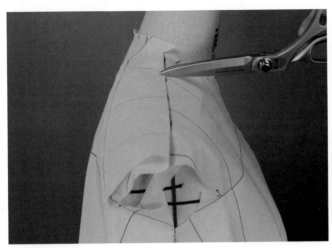

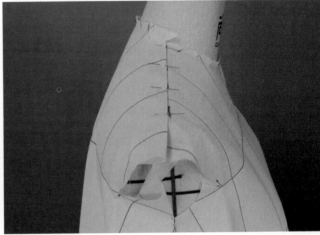

● **各部位描点**

 对腋点、前后袖窿拐点和肩端点进行描点。

 对侧缝与肩缝进行描点。

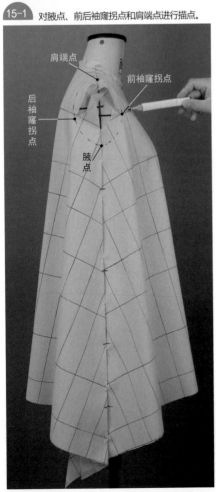

肩端点

前袖窿拐点

后袖窿拐点

腋点

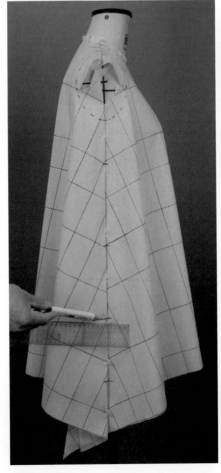

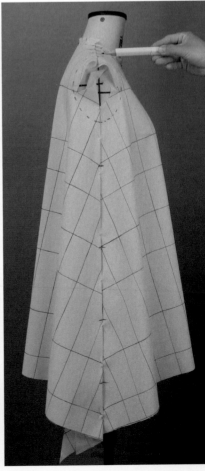

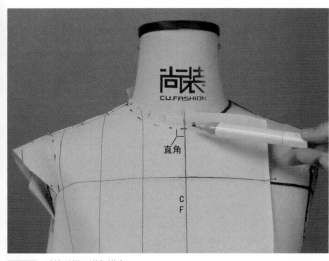

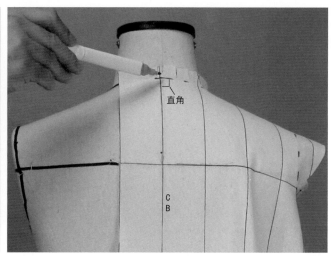

15-3 对前后领口进行描点。

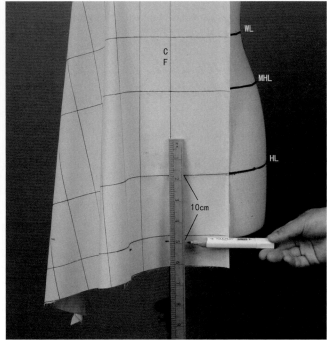

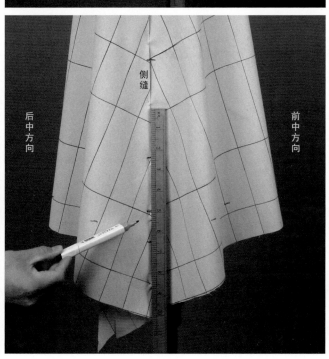

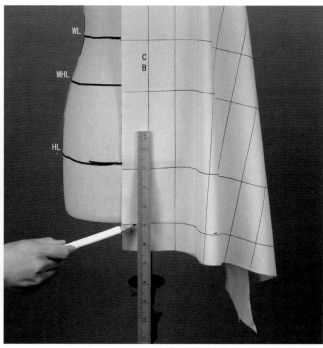

15-4

以人台臀围线为基线，用直尺向下量取相同长度（10cm）作为摆围，使底摆一圈水平于地平线。

• **线条修顺、清剪、熨烫整理及假缝**

16 取下裁片并熨烫平整（熨烫时不要使用蒸汽以免面料收缩，注意面料横纱水平、直纱垂直）。

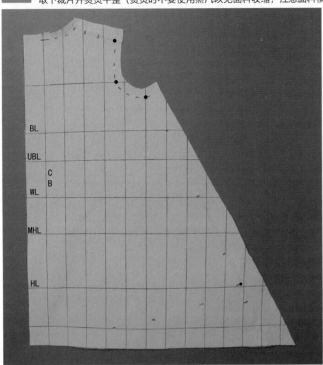

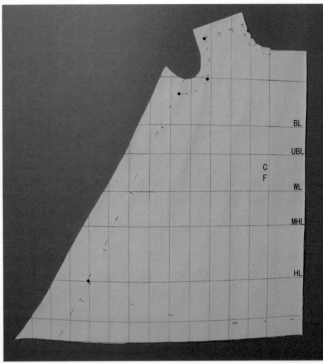

• **线条修顺、清剪、熨烫整理及假缝**

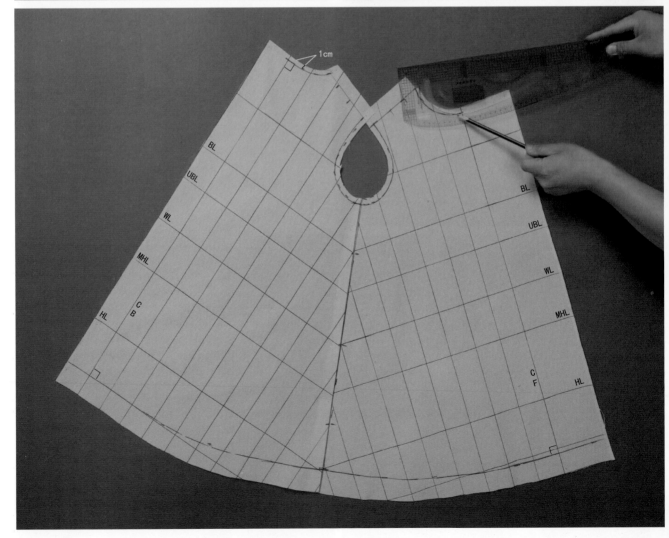

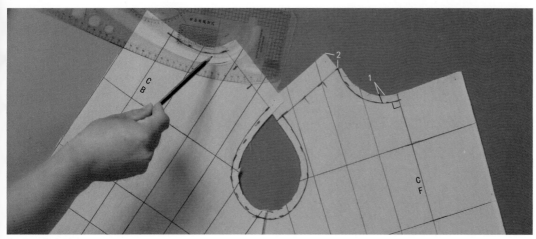

17–1

假缝衣身侧缝，修顺前后领口弧线并清剪裁片，保留缝边。

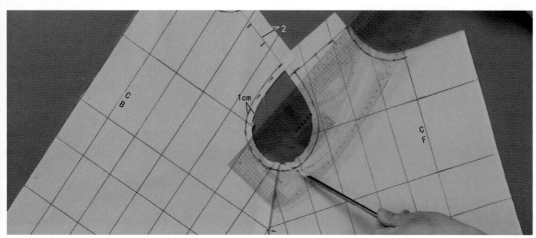

17–2

修顺前后袖窿弧线并清剪裁片，保留缝边。

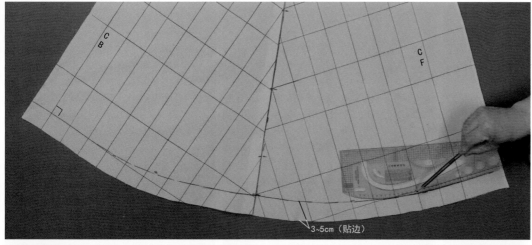

17–3

修顺前后底摆弧线并清剪裁片，保留缝边（贴边）。

3~5cm（贴边）

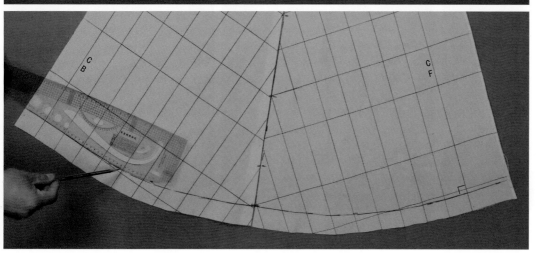

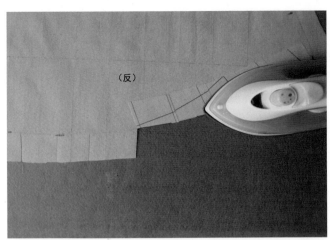

18

在前后衣身底摆缝边（贴边）处均匀打剪口，对底摆净边进行扣烫处理，用大头针固定，针尖朝下（使用重叠针）。

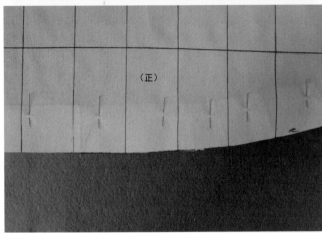

（正）

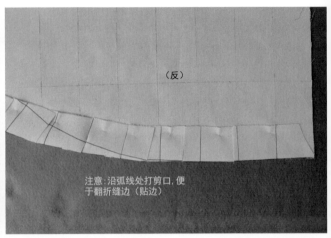

（反）

注意：沿弧线处打剪口，便于翻折缝边（贴边）

- **半身假缝展示图**

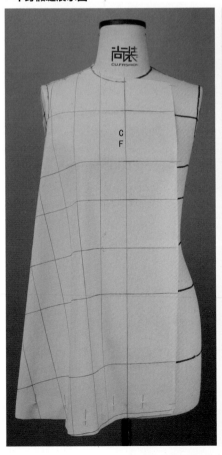

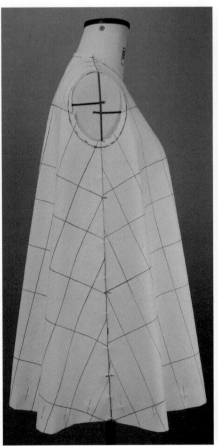

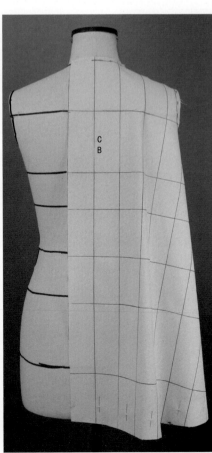

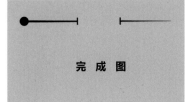

完 成 图

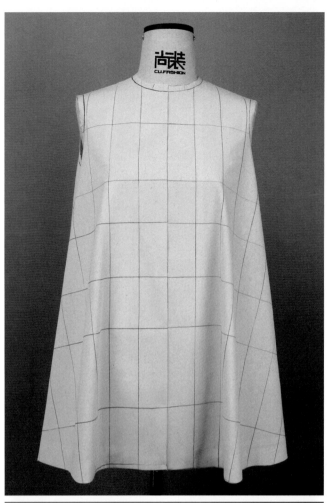

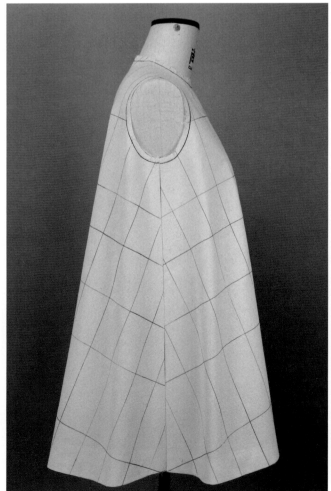

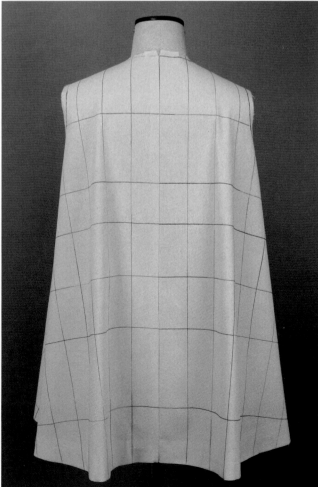

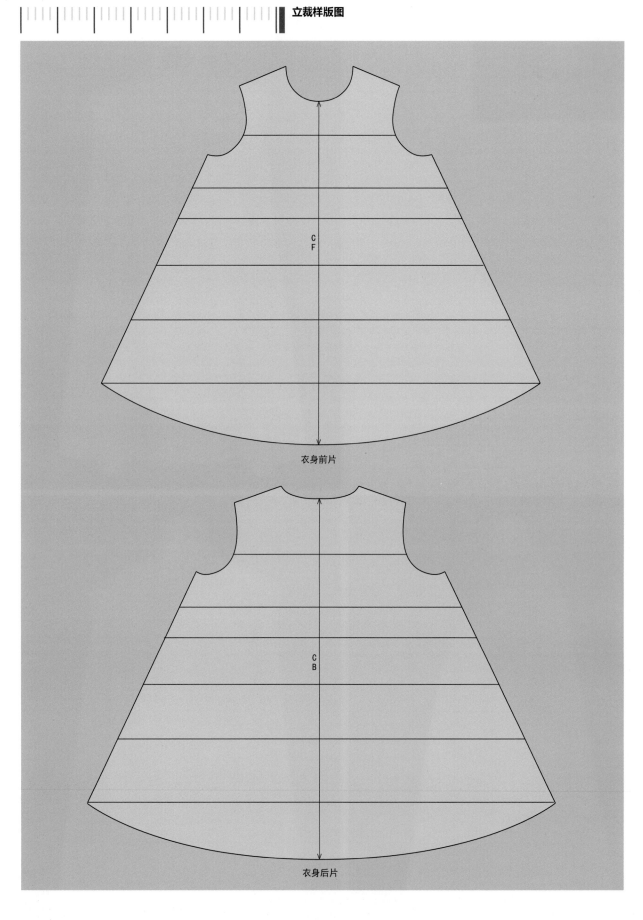

衣身前片

衣身后片

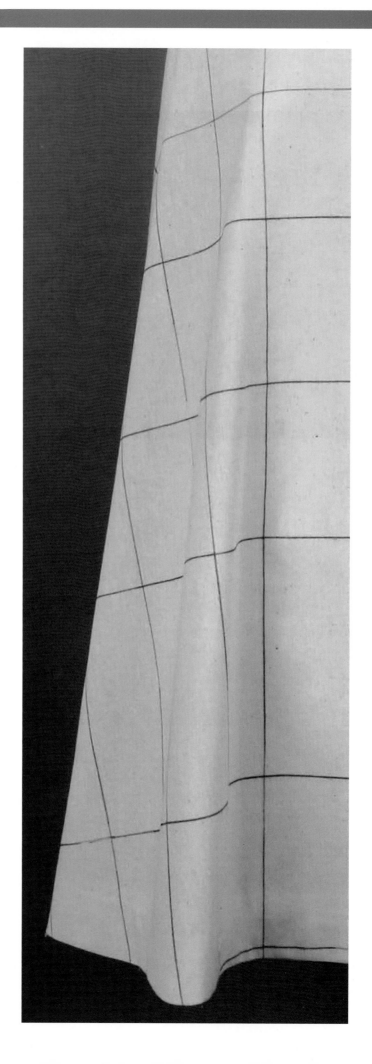

款式描述

该款式为原型收片内省，1/2前后腰围收三个腰省，四面结构（四开身），X廓型。

练习重点

● 体会前中面、前侧面、后中面、后侧面四个转折面的构成状态；掌握前、侧、后三个腰省的省位、省量、省长与省方向的确定方法。

材料准备

● 人台（与使用的原型衣身相匹配）。
● 宽0.3cm纯棉织带。
● 专业立裁针、剪刀。
● 3cm×22cm纯棉坯布直纱条。
● 65cm(约)×75cm纯棉坯布。
● 马克笔（或4B铅笔）、三色圆珠笔。
● 推版尺、多功能尺。

画布指示图

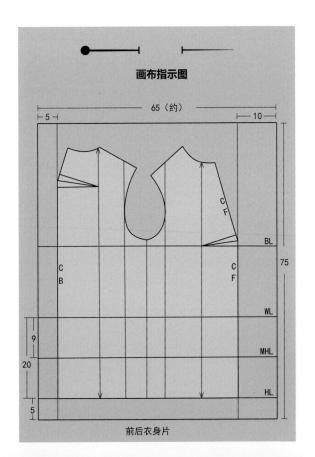

前后衣身片

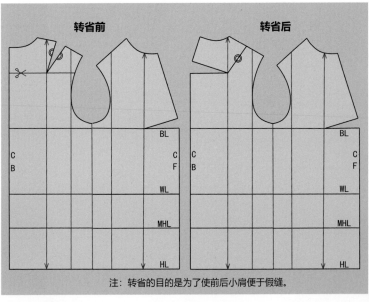

转省前　　　　　　　　转省后

注：转省的目的是为了使前后小肩便于假缝。

- **人台准备**

与第49页"箱式上衣原型"相同。

- **款式制作**

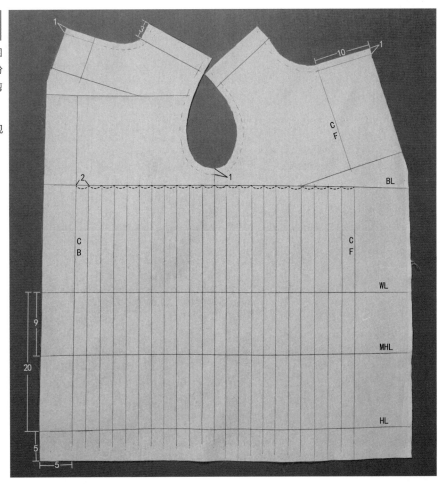

使用坯布拓画衣身原型，前后侧缝相连，从原型胸围线后中起至前中方向以约2cm的距离作垂直线（每份的距离可以有少量差异）。参考此图延长加放并清剪边缘余量。

注：画2cm左右的垂直线的作用是在做立裁时便于观察直纱的方向。

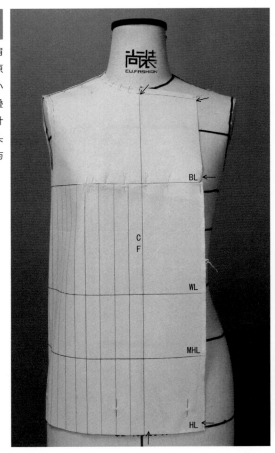

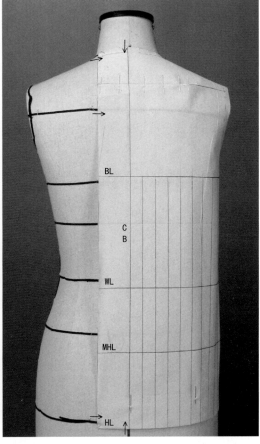

假缝前后小肩、胸省、肩胛骨省、底摆贴边，将原型衣身穿至人台（前后小肩、胸省假缝时使用折叠针；底摆贴边使用重叠针固定）。如图所示用大头针（点针）将原型衣身与人台固定。

3 在前中面、前侧面、后侧面、后中面四个面直纱垂直、横纱水平的前提下如图所示，胸围（BL）、胸下围（UBL）、腰围（WL）、腹围（MHL），摆围（HL臀围），按图中箭头所指方向用点针方法固定大头针，并于四个面的转折处确定前、侧、后腰省的省位、省量、省长（即上下两个省尖的距离）和省的方向。

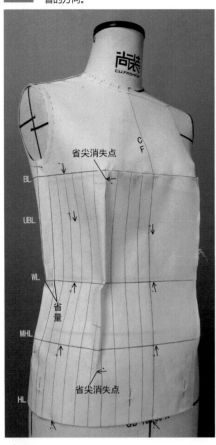
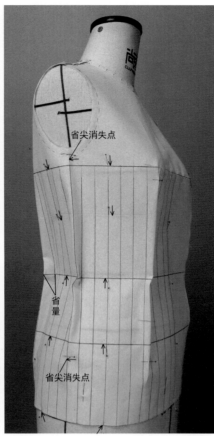
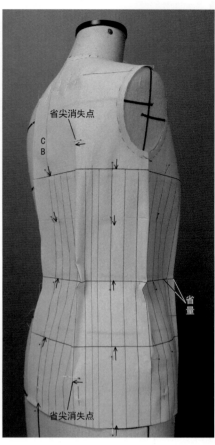

● **对片内省进行描点**

4 对前腰省的省量、省位及省尖进行描点。

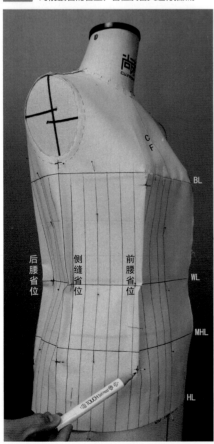
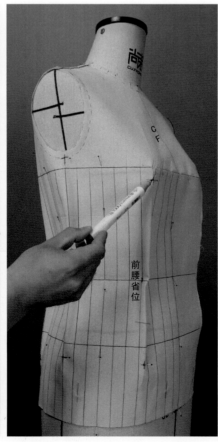
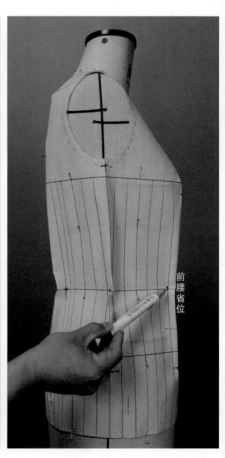

5 对侧缝省（侧腰省）的省量、省位及省尖进行描点。

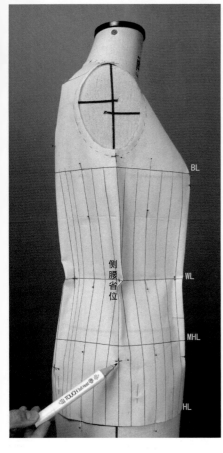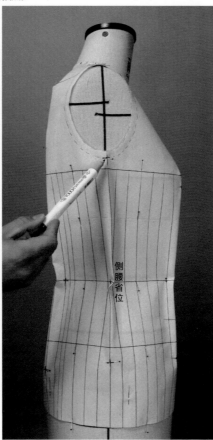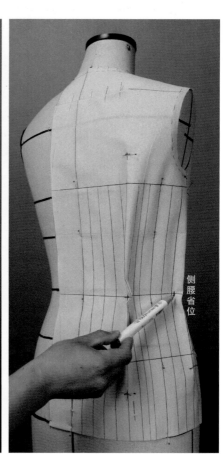

6 对后腰省的省量、省位及省尖进行描点。

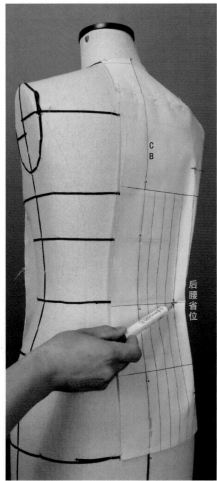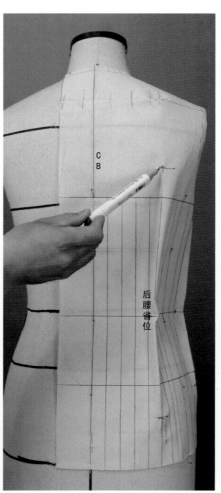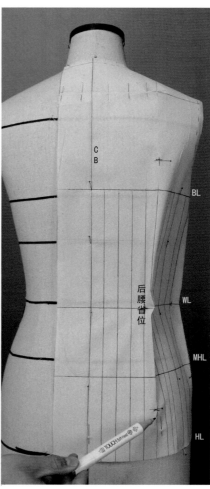

7

对衣身原型进行整烫处理，扣净底摆贴边并假缝。

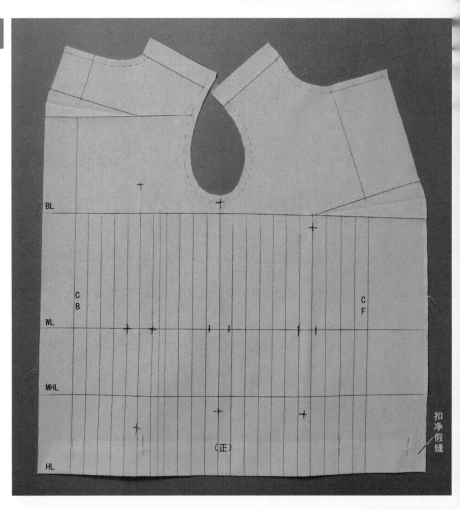

8

如图所示依据人体结构特点，对片内省进行线条的弧顺处理（注意图中后腰省、侧缝省的省方向为垂直状态；前腰省的省方向略向侧面倾斜）。

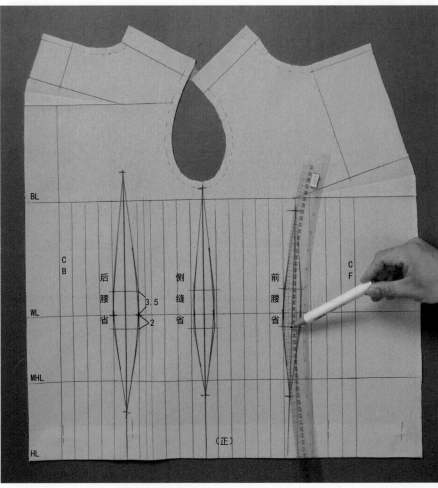

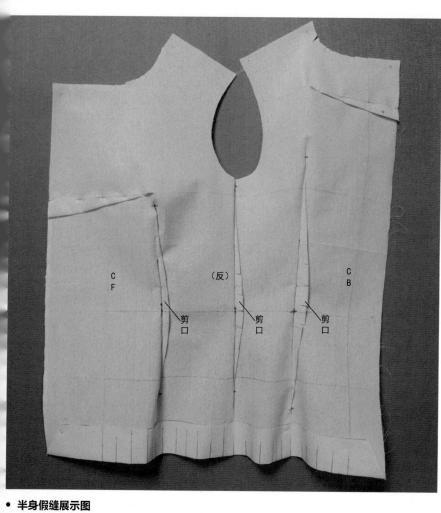

 将原型片内省用大头针（折叠针法）假缝，片内省反面打剪口。

C
F

（反）

C
B

剪口

剪口

剪口

● **半身假缝展示图**

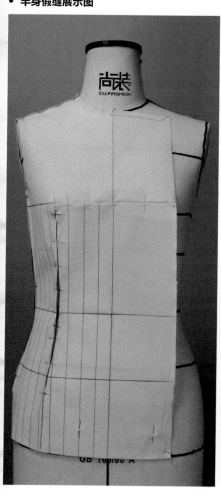

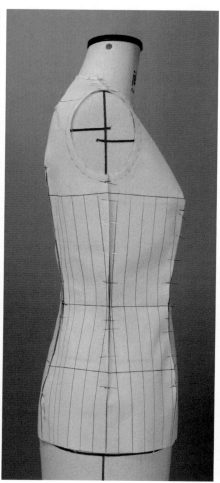

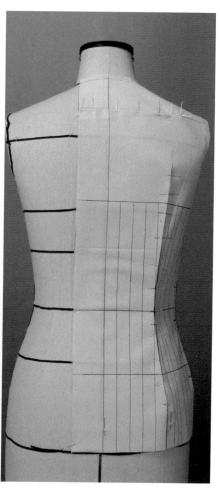

将原型片内省用大头针（折叠针法）假缝，片内省反面打剪口。

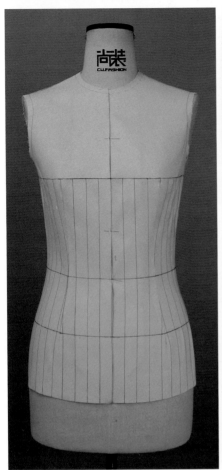
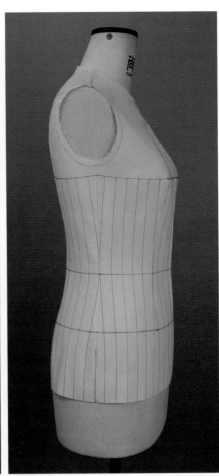
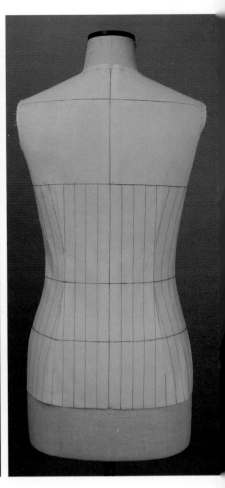

立裁样版图

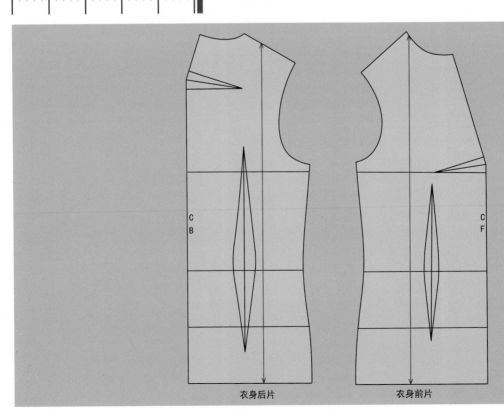

C
B

C
F

衣身后片 　　　　　衣身前片

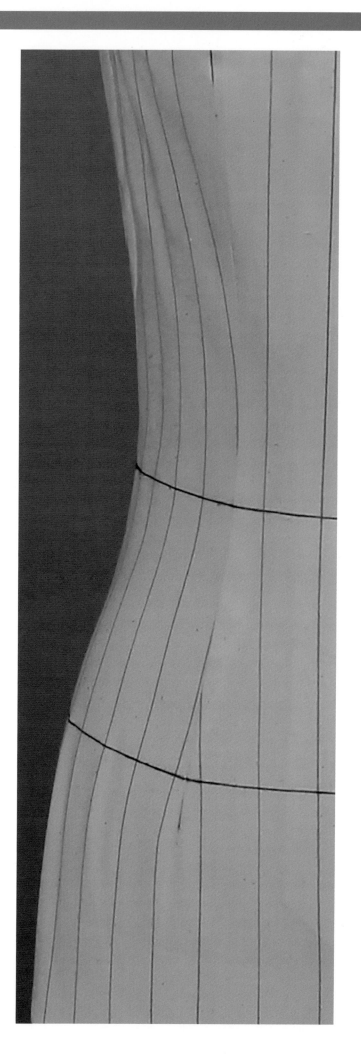

款式描述

该款式为原型收片内省，1/2前后腰围收四个腰省，五面结构（五开身），X廓型。

练习重点

- 体会前中、前中侧、正侧、后中侧、后中五个转折面的构成状态，掌握转折面所产生的四个片内省的省位、省量、省长与省方向的确定方法。

材料准备

- 人台（与所使用的原型衣身相匹配）。
- 宽0.3cm纯棉织带。
- 专业立裁针、剪刀。
- 3cm×22cm纯棉坯布直纱条。
- 65cm（约）×75cm纯棉坯布。
- 马克笔（或4B铅笔）、三色圆珠笔。
- 推版尺、多功能尺。

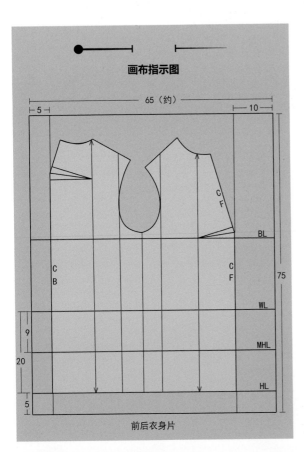

画布指示图

前后衣身片

注：转省方式与"上衣原型收省1"相同。

- **人台准备**

  与第49页"箱式上衣原型"相同。

- **款式制作**

① ② 步骤与第93页"上衣原型收省1"中的 ① ② 步骤相同。

③

在前中、前中侧、正侧、后中侧、后中五个面，直纱垂直，横纱水平的前提下如图所示胸围（BL），腰围（WL），摆围（HL臀围）按图中方向与位置固定大头针，并于五个面的转折处确定所构成的四个省即前腰省、前侧腰省、后侧腰省、后腰省的省量、省尖与省的方向；可使用剪刀刮折省的边缘，边缘产生的折痕即省的轮廓，折痕的上下消失处即省尖，省尖处用大头针横向固定，此方法也可用于其他形式的片内省。

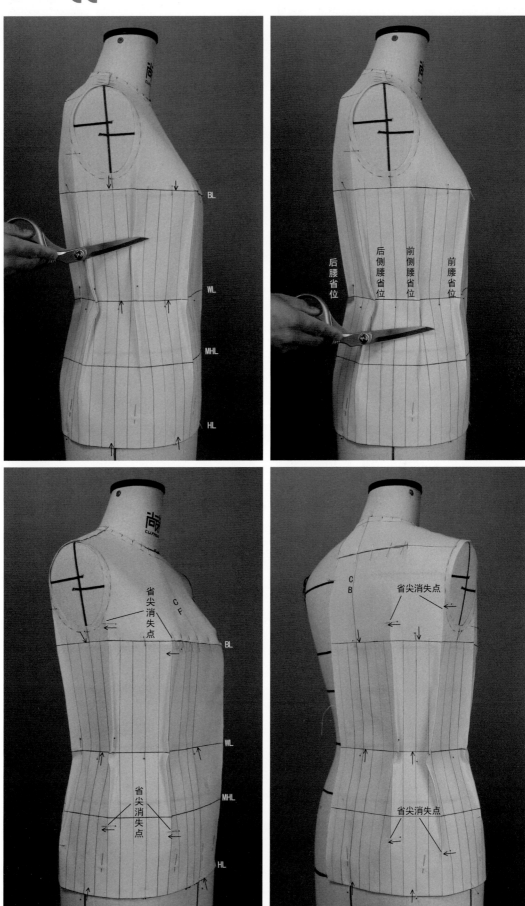

• 片内省描点及线条归纳与熨烫整理

4 对前片与后片片内省的省量、省位及省尖(此方法与第94页中的"原型收省1"描点方法相同)进行描点。

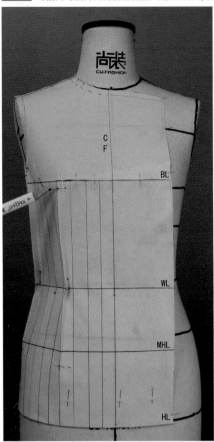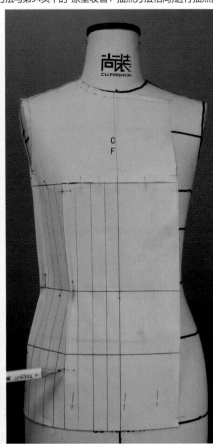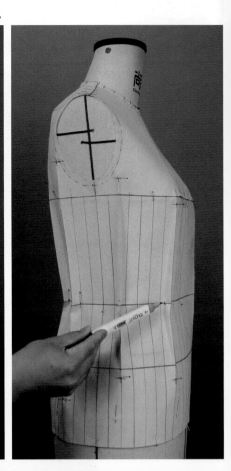

5

取下裁片,对裁片进行整烫,扣净底摆贴边并假缝,依据人体结构特点(如图所示),对片内省进行线条的连顺处理。

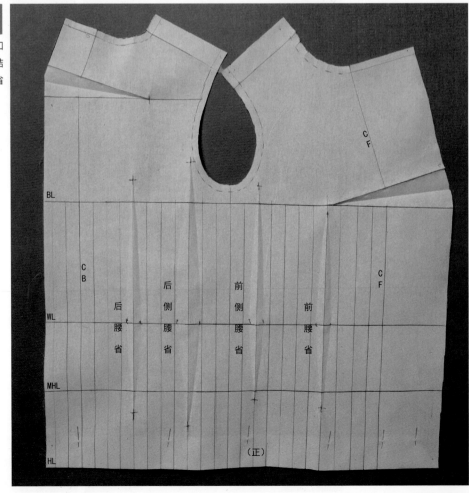

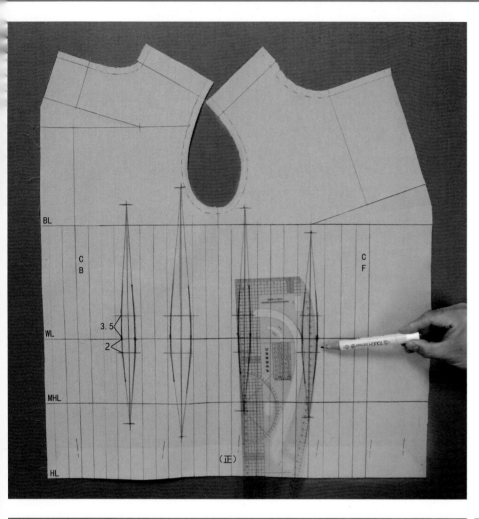

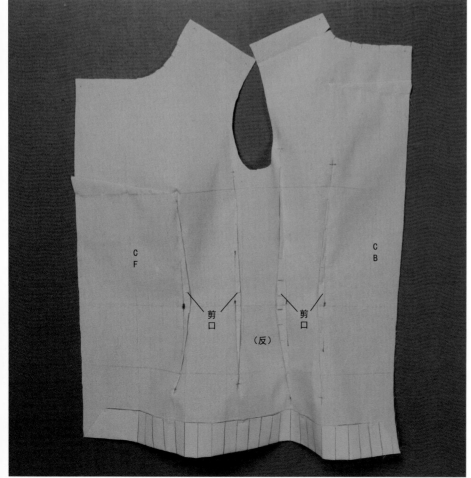

6

将原型片内省假缝，片内省反面打剪
口（折叠针法假缝）。

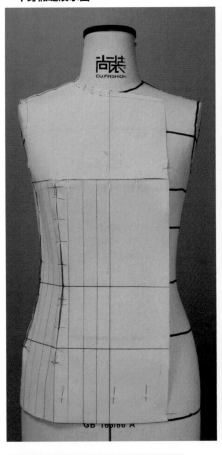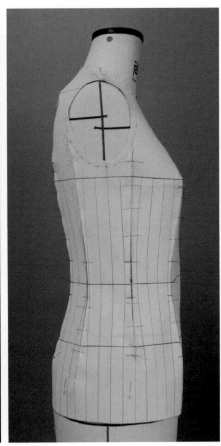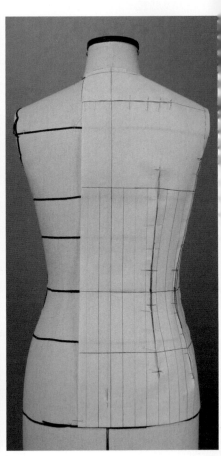

完 成 图

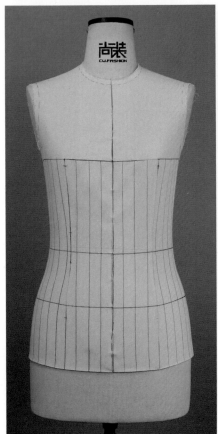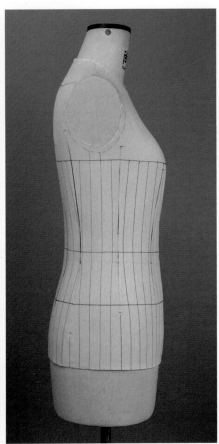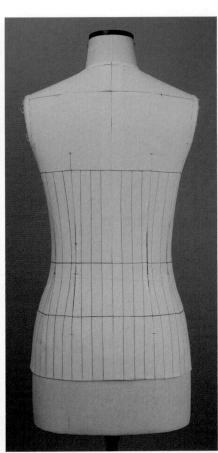

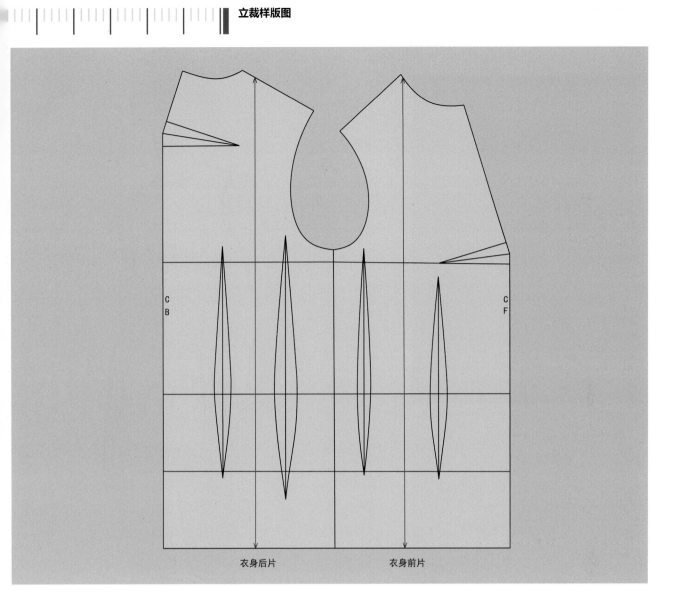

衣身后片　　　　衣身前片

款式描述

衣身为五开身结构，紧身无松量，分断省，较多分割的典型款式。

练习重点

- 感受大头针在坯布的直纱与横纱上的运行状态，体验纱向横平竖直的平衡感。
- 掌握描点、拓版、立裁针假缝的技巧。
- 观察平面样版与立体形态之间二维与三维的转换关系。
- 深入理解人台标线功能与美观的实质。

材料准备

- 人台（不限定号型）。
- 宽0.3cm纯棉织带。
- 专业立裁针、剪刀。
- 130cm×85cm纯棉坯布。
- 马克笔或（4B铅笔）、三色圆珠笔。
- 推版尺、多功能尺。

画布指示图

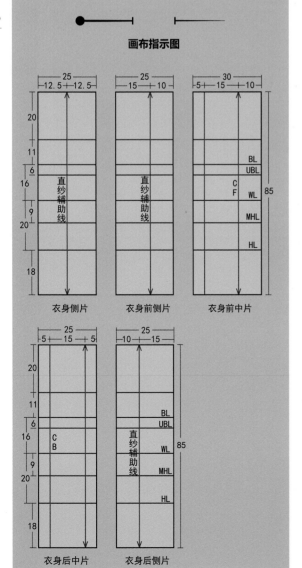

衣身侧片　衣身前侧片　衣身前中片

衣身后中片　衣身后侧片

- **人台准备**

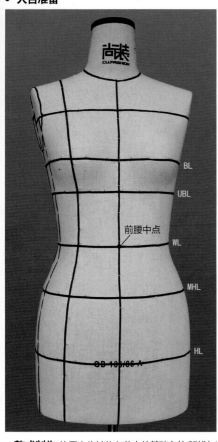

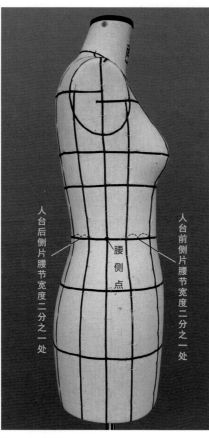

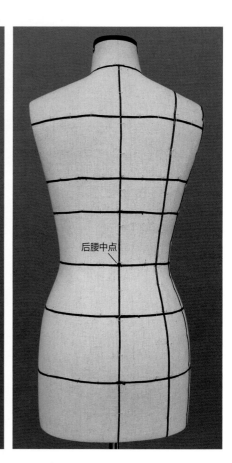

（图中标注）
- BL
- UBL
- 前腰中点
- WL
- MHL
- HL

- 人台后侧片腰节宽度二分之一处
- 腰侧点
- 人台前侧片腰节宽度二分之一处

- 后腰中点

- **款式制作** 使用大头针扎入前中片基础布的CF线与WL线交点，对准人台前腰中点针尖向上（点针法）扎入人台并与人台前中标线相对应，前颈点处针尖向下固定大头针，前臀围中点针尖向上固定大头针，左右胸点处各自向前中线（CF）方向大头针水平（横向）固定。

1

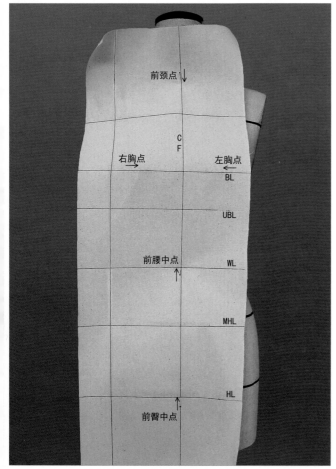

（图中标注）
- 前颈点↓
- C F
- 右胸点→
- ←左胸点
- BL
- UBL
- 前腰中点
- WL
- MHL
- HL
- 前臀中点

2 自前颈点往肩颈点方向沿颈根均匀打剪口，顺次剪出前领口造型，在肩颈点用大头针针尖向下将面料与人台固定。

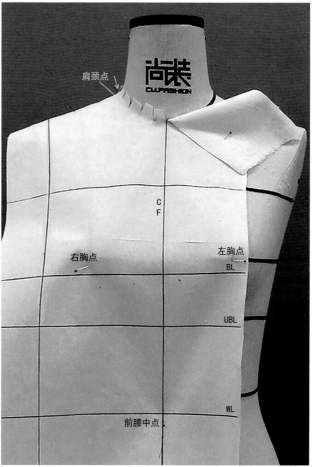

（图中标注）
- 肩颈点
- C F
- 右胸点
- 左胸点
- BL
- UBL
- WL
- 前腰中点

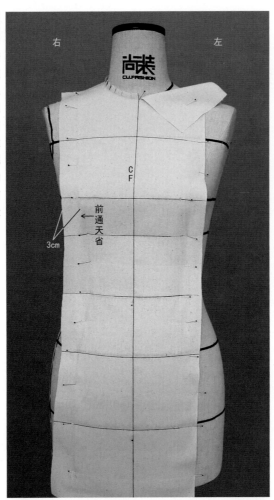

将整个前中片用划丝道的针法（用大头针扎入坯布使针在直纱或横纱上划动）将面料与人台固定，针尖扎在人台"前通天省线"所对应的坯布上面，划丝道针法固定的裁片造型要做到平伏、紧致、无松量，操作完成后减掉前通天省及小肩结构线外多余的面料留3cm缝边（前身左右通天省区域同时对称用大头针划丝道固定）。

3cm

前通天省

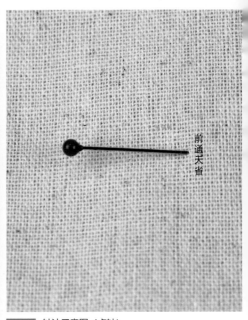

前通天省

3-2 针法示意图（点针）。

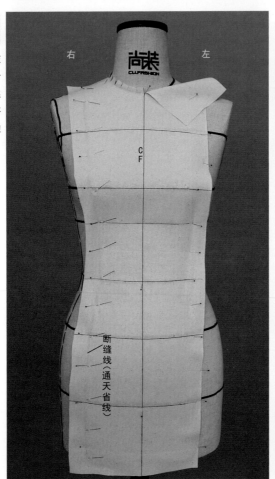

在断缝线（通天省线）左侧沿标线固定一排立裁针（重叠针）后，取下划丝时固定的针（点针），将通天省断缝及小肩的缝边反向刮折并用点针固定。

断缝线（通天省线）

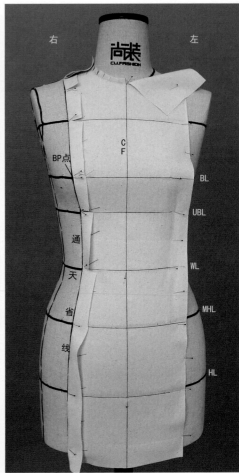

BP点

通天省线

BL
UBL
WL
MHL
HL

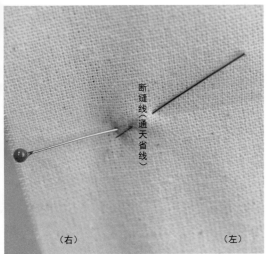

针法示意图（点针、重叠针）。

（右） 断缝线（通天省线） （左）

（右） 断缝线（通天省线） BP点 点针 BL （左）

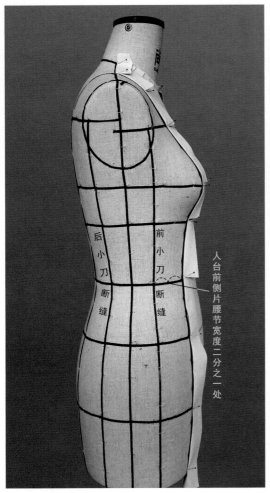

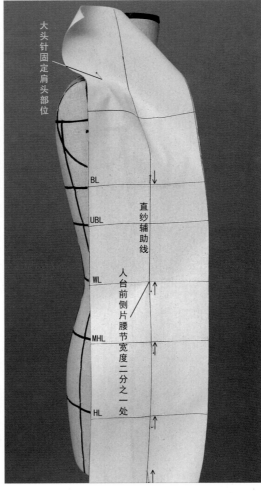

使用大头针扎入前侧片基础布的腰围线（WL）与直纱辅助线交点并对准人台前侧片腰节宽度1/2处后使大头针针尖向上扎入人台，确保直纱辅助线的胸围线以下部分调整到垂直地面，然后用大头针如图所示将丝道线固定。胸围以上直纱顺势平伏在人台的肩头部位，并使用大头针固定在肩头部位。

109

后小刀断缝 前小刀断缝 人台前侧片腰节宽度二分之一处

大头针固定肩头部位

BL UBL WL MHL HL 直纱辅助线 人台前侧片腰节宽度二分之一处

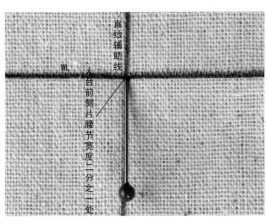

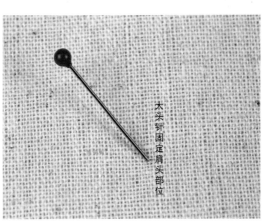

针法示意图（点针）。

直纱辅助线 WL 人台前侧片腰节宽度二分之一处

大头针固定肩头部位

6

用划丝道针法将前侧片造型用大头针固定，减掉多余面料，留3cm缝边后参照前通天省断缝处理方法处理前侧片通天省断缝、前小刀断缝、小肩及部分袖窿的缝边。

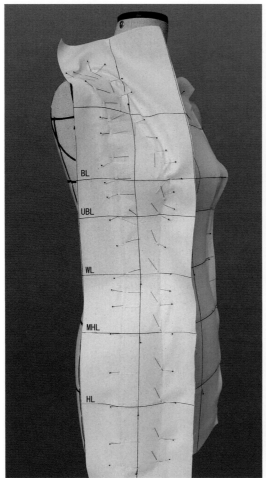

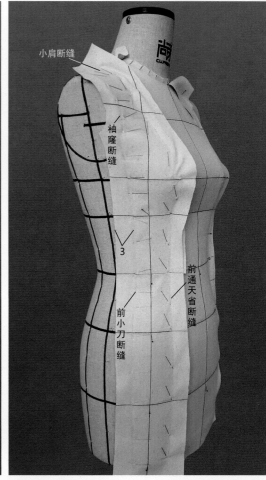

小肩断缝

袖窿断缝

3

前小刀断缝

前通天省断缝

7

使用大头针扎入侧片基础布的腰围线（WL）与直纱辅助线交点并对准人台腰侧点后使用大头针针尖向上扎入人台，确保直纱辅助线垂直地面后将丝道线用大头针固定，参照前两片的断缝线缝边的处理方法处理侧片的前后小刀断缝及袖窿部分的缝边。

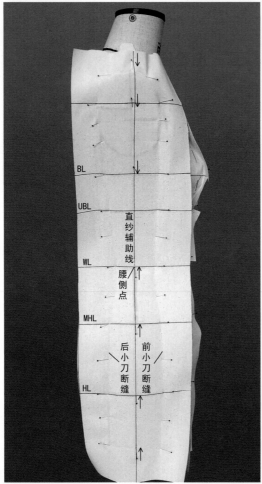

直纱辅助线

腰侧点

后小刀断缝

前小刀断缝

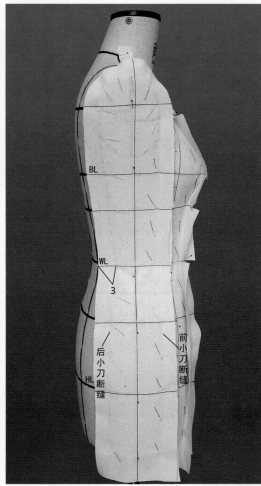

3

后小刀断缝

前小刀断缝

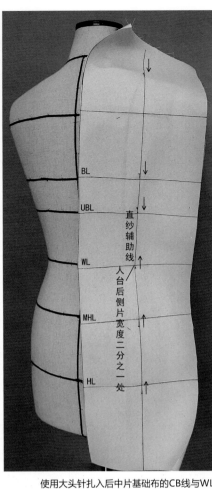

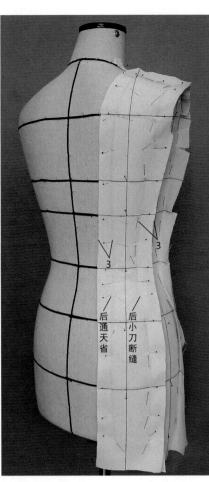

参照前几片的方法固定丝道线并处理后小刀线、后通天省线、小肩及部分袖窿的缝边，将后侧片制作完成。

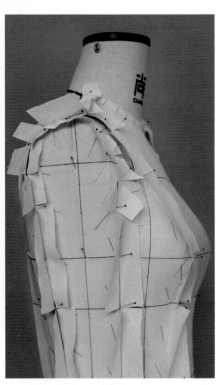

9

使用大头针扎入后中片基础布的CB线与WL线交点，并对准人台后腰中点使大头针针尖向上扎入人台，确保各辅助线的水平与垂直，并与人台标线相对应，自后颈点往肩颈点方向均匀打剪口，顺次剪出后领口造型，在肩颈点处用大头针将面料与人台固定；用划丝道针法将面料与人台固定，减掉多余面料，留3cm缝边并对小肩及通天省断缝的缝边作反向刮折处理（方法同前中片）。

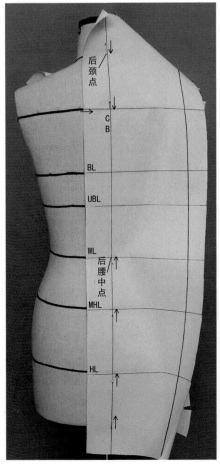

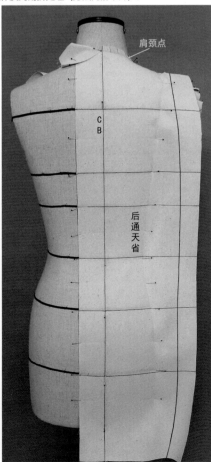

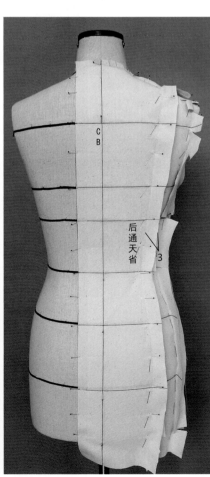

10 各片造型制作完成效果，如图所示对袖窿弧线（人台袖窿标线所对应的坯布位置）、侧缝线进行描点。

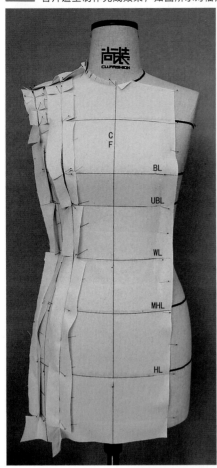
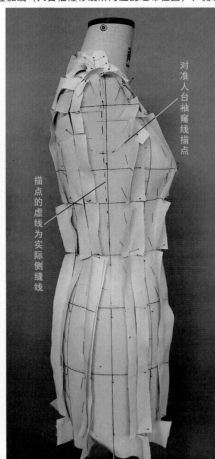
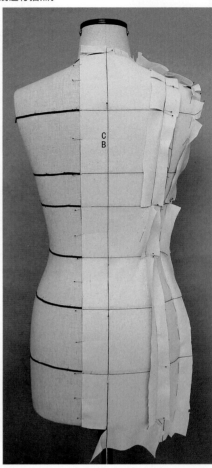

CF

BL

UBL

WL

MHL

HL

对准人台袖窿线描点

描点的虚线为实际侧缝线

CB

● **绘制样版边缘线条、拓版、整烫与假缝**

11

将各裁片取下，以刮折的折印为参考画顺样版线条。

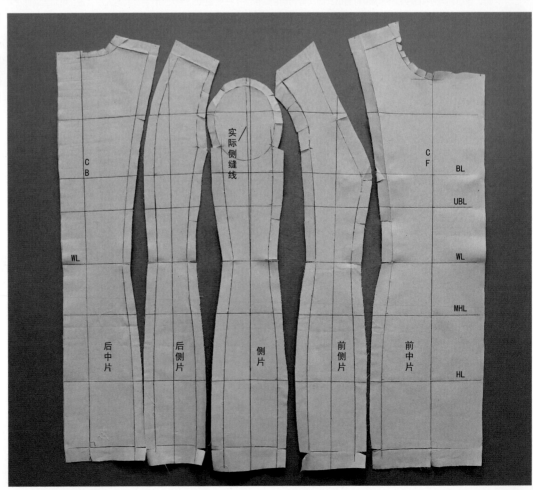

CB

WL

实际侧缝线

CF

BL

UBL

WL

MHL

HL

后中片　后侧片　侧片　前侧片　前中片

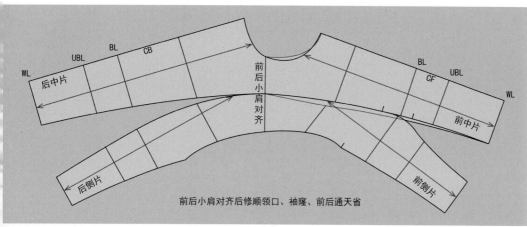

各部位的对齐修顺细节，修顺完成后将裁片放到烫台上整理丝道并熨烫平整，准备对样版进行拓印。

前后小肩对齐后修顺领口、袖窿、前后通天省

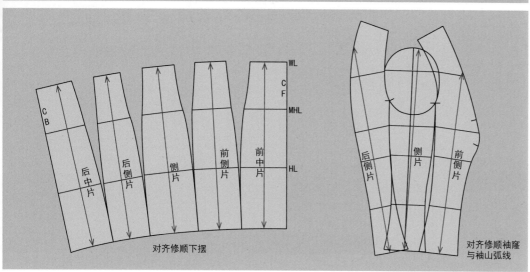

对齐修顺下摆

对齐修顺袖窿与袖山弧线

12-1

修顺各部位线条后的布片。

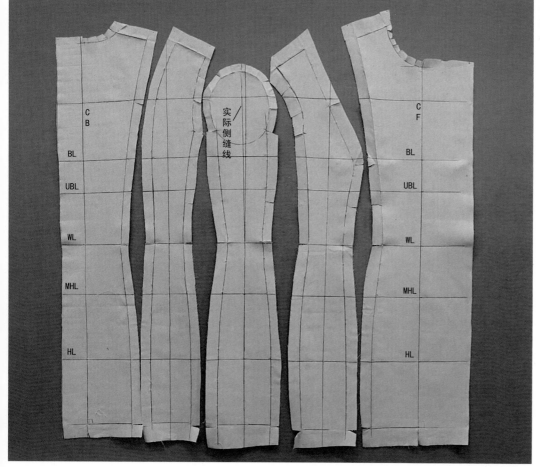

12-2

在布片上覆盖无纺布拓画各
裁片的版型轮廓线（此步
骤也可以使用服装CAD读图
仪输入到CAD软件中，以
打印的方法获得纸样）。

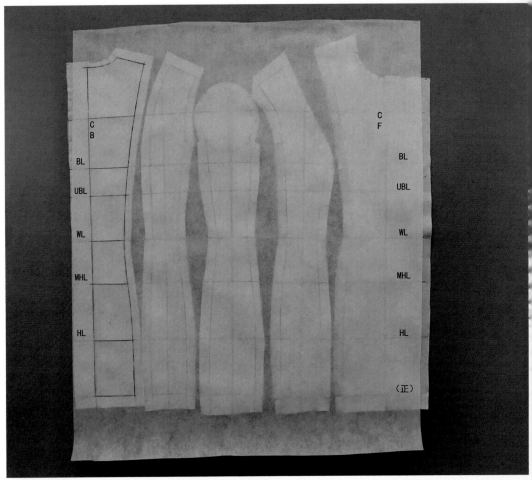

13-1

对各裁片的缝边进行扣烫整
理（注意扣烫的部位），
并用大头针进行整体假缝
（折叠针）。

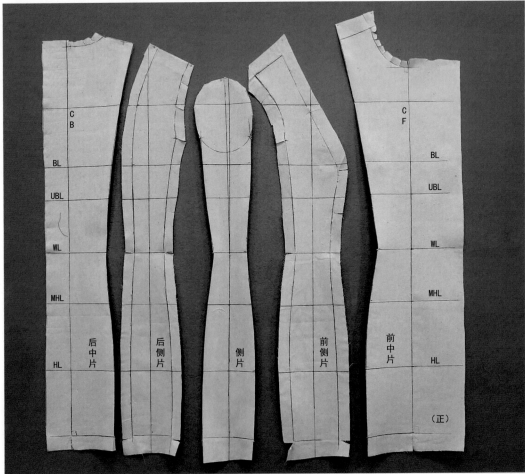

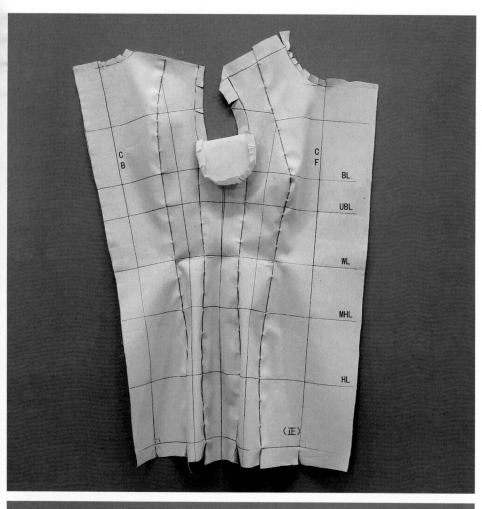

（正）

C B

C F

BL

UBL

WL

MHL

HL

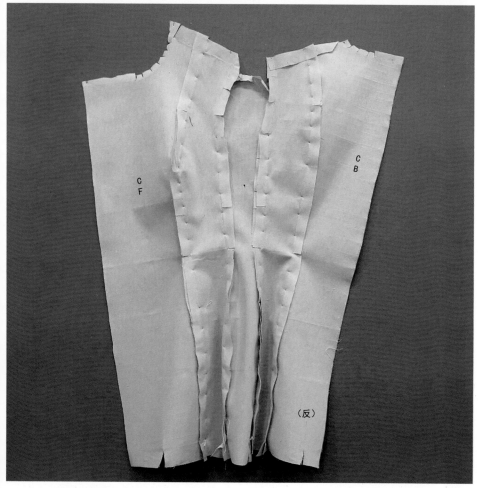

（反）

C F

C B

13-2

袖山部位用隐藏针针法固定结构线。

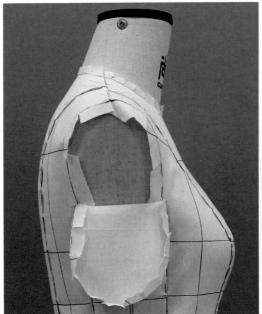

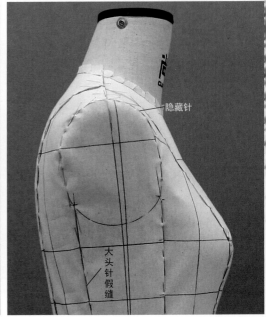

隐藏针

大头针假缝

13-3

针法示意图（隐藏针与折叠针）。

隐藏针

袖山部位使用

（折叠针）前后小刀、前后通天省、小肩使用

● **半身假缝展示图**

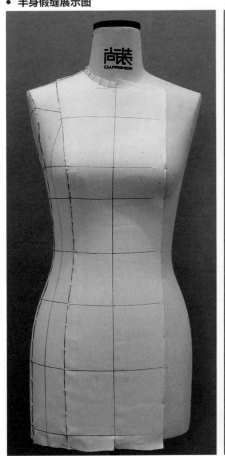

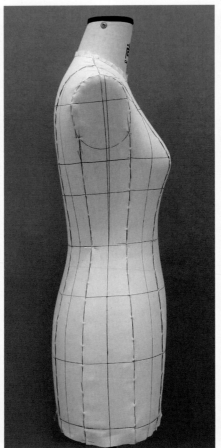

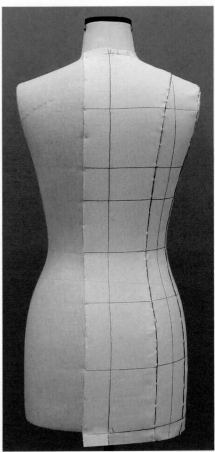

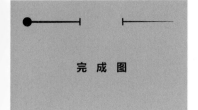

完 成 图

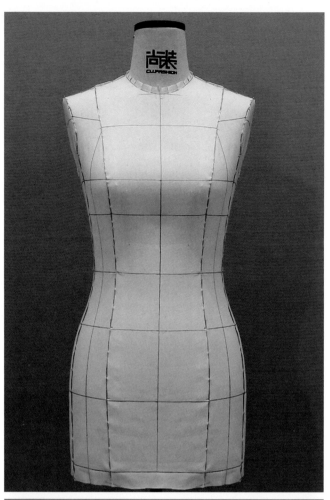

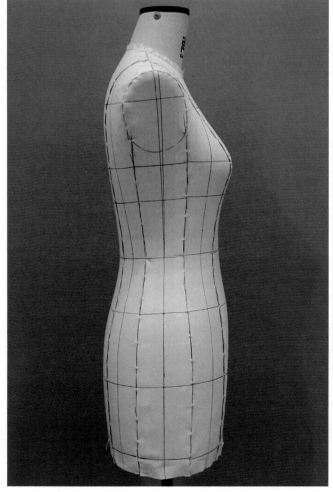

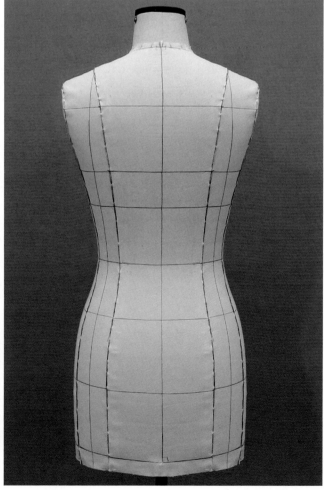

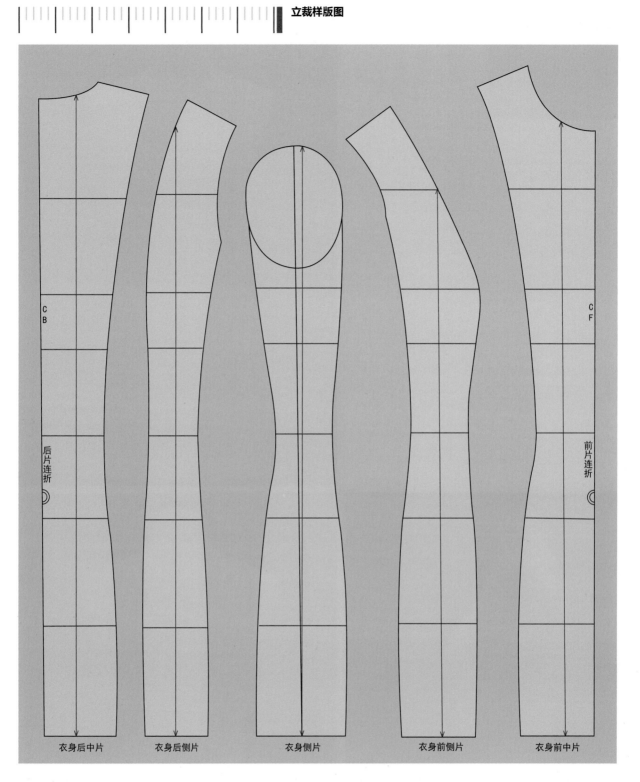

衣身后中片　　衣身后侧片　　　衣身侧片　　　衣身前侧片　　衣身前中片

尚装服装讲堂

3 基础领型

- 基本立领
- 衬衫领
- 夹克领
- 弧线领
- 西服领

款式描述

前领深、横领开、后领深均在人体颈根围区域；立领前、后、侧三个面为贴脖状态。

练习重点

● 前、后领圈的确定方法。

● 控制立领前、后、侧三个面的造型状态及相关针法的使用。

材料准备

● 人台（与所使用的原型衣身相匹配）。

● 宽0.3cm纯棉织带。

● 专业大头针、剪刀。

● 3cm×22cm纯棉坯布直纱条。

● 90cm×120cm纯棉坯布、黏合衬嵌条。

● 马克笔或4B铅笔、三色圆珠笔。

● 推版尺、多功能尺。

画布指示图

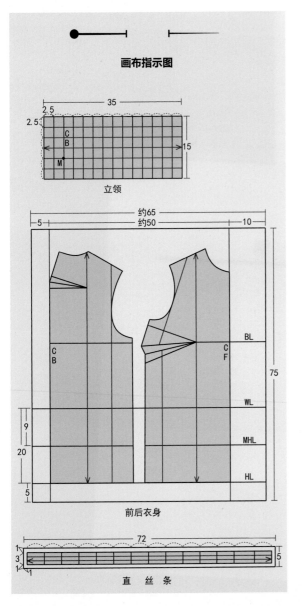

立领

前后衣身

直丝条

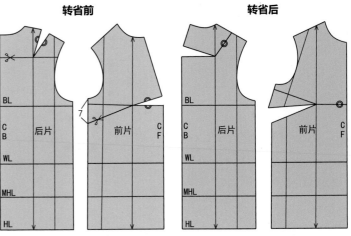

转省前　　　　　　　　转省后

将胸省合并，省量转至腋下（由腋点沿侧缝向下量7cm）；将肩省合并，转至后中。以原型腰围线为基础分别向下平行9cm作腹围线，向下平行20～22cm作臀围线。

注：转移肩省与胸省是为了前后小肩便于假缝，前胸部位便于进行各种领型的变化。

由于腰围延长至臀围部位便于进行前领口较深的领型塑造，同时能更有利于观察纱向的垂直与水平。

- **人台准备**

  与第49页"箱式上衣原型"相同。

- **款式制作**

将拓画好的衣身裁片加放缝份，前中10cm、后中5cm、前后小肩3cm、前后领口与袖窿1cm、前后侧缝1.5cm、底摆5cm，如图所示假缝胸省、肩省，扣净底摆贴边（缝份）并固定，假缝前后侧缝（后侧缝压前侧缝）。

1

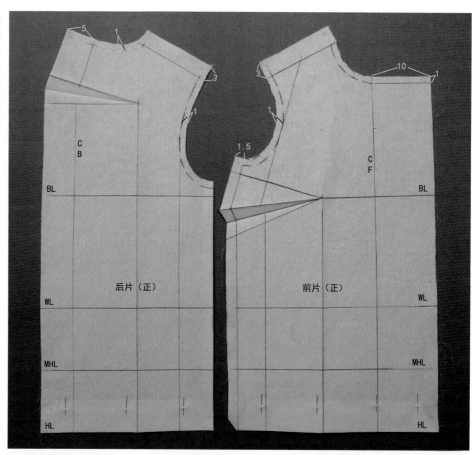

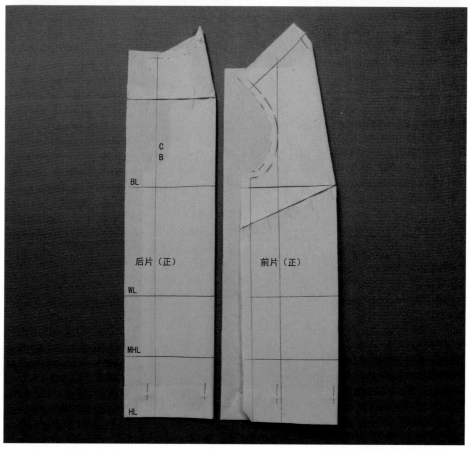

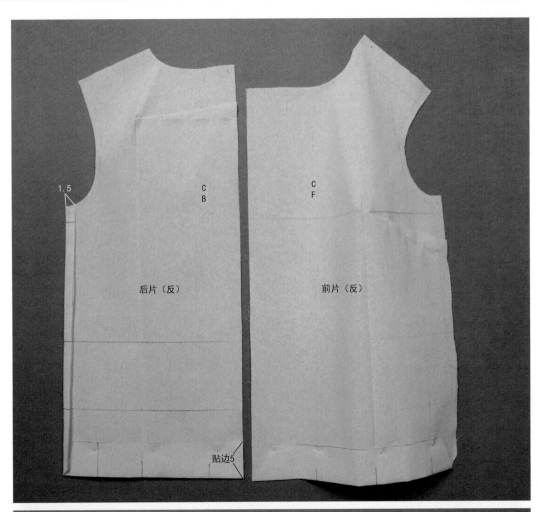

后片（反）　　　　前片（反）

1.5

C
B

C
F

贴边5

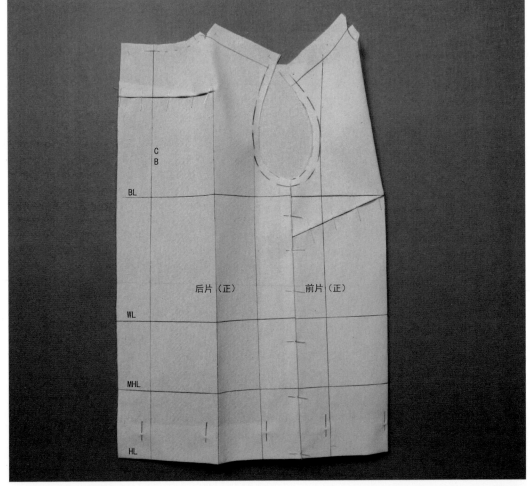

后片（正）　　　　前片（正）

C
B

BL

WL

MHL

HL

2 将上一步假缝好的衣身穿至人台后进行前后小肩的假缝（后小肩压前小肩）。

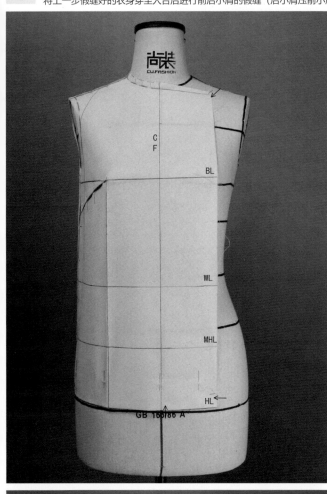

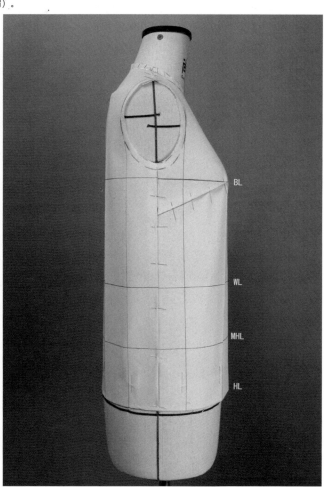

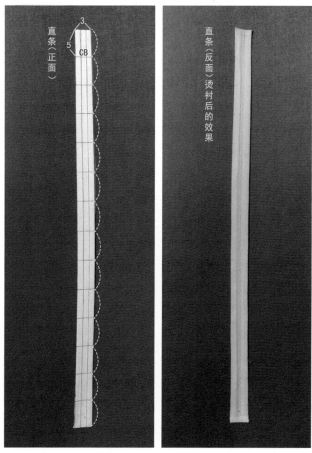

3 提前准备一个72cm×5cm的直纱布条，四周1cm扣净，后为70cm×3cm，反面烫衬（增加挺括度）。

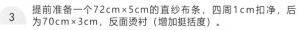

4 如图所示将直纱条放置于衣身领口部位，围出新开的领口造型，使其布条后中直线与前中直线均垂直于领口，观察前领深、横领开、后领深的加开量，应便于呼吸与适当的活动（通常情况下前领深加开1~1.5cm，横领开加开0.5cm，后领深加开0.5cm），用大头针固定前中与后中部位。

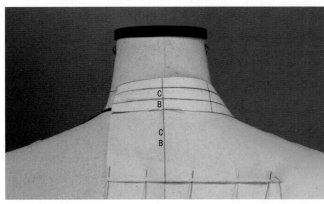
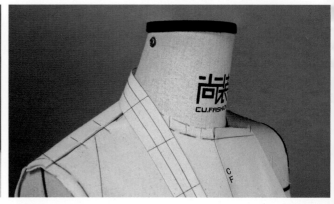

5 描出直布条落于衣身领口的轨迹，即新开领口弧线。

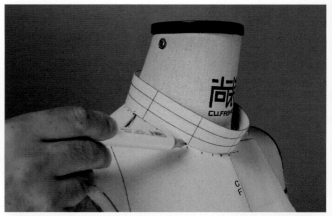

6 从侧面观看新的领口造型，领口光滑圆顺，呈"一刀切"造型。

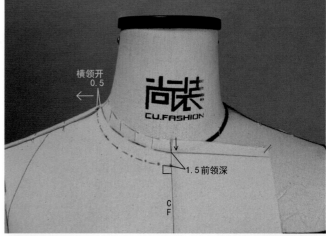

横领开 0.5

1.5 前领深

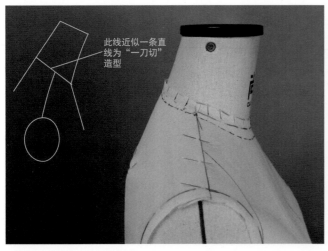

此线近似一条直线为"一刀切"造型

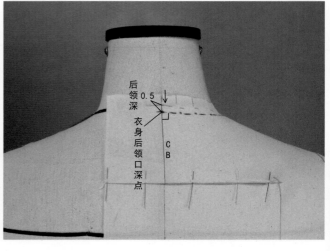

后领深 0.5

衣身后领口深点

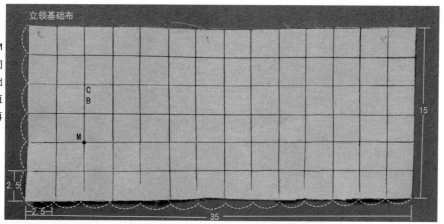

7-1

领子制作：将立领基础布的M
点对准衣身后领口深点，固
定一根大头针，使立领基础
布后中直纱（CB）垂直
于地平线，并于上方部位再
固定一根大头针，使布稳定。

立领基础布

15

2.5

2.5

35

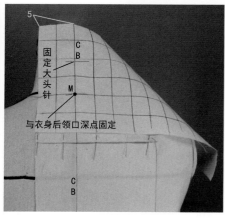

5

固定
大头
针

C
B

M

与衣身后领口深点固定

C
B

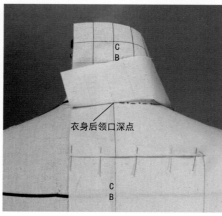

C
B

衣身后领口深点

C
B

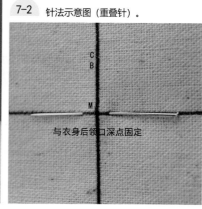

7-2 针法示意图（重叠针）。

C
B

M

与衣身后领口深点固定

8-1 如图所示打剪口至衣身后领口深点（M点），沿后中领口至前中，一边在衣身领口净线部位别针固定，一边在固定针处打剪口（先别针后
打剪口），要先观察立领的造型状态是否贴脖，确认后再别针，如图所示。

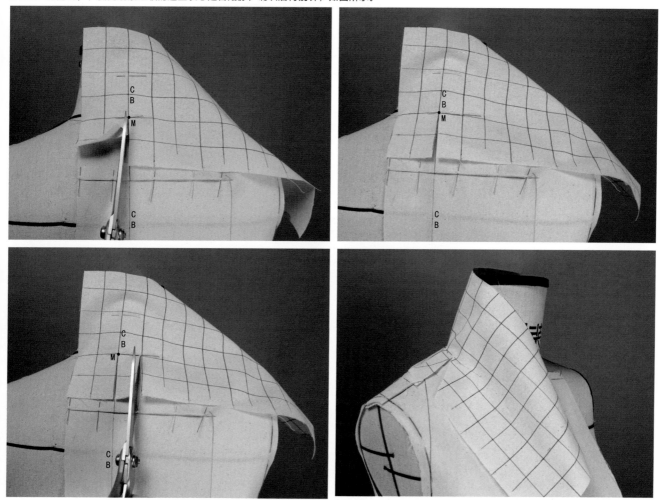

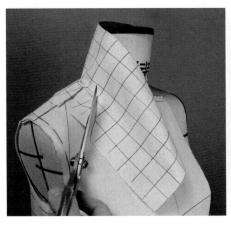
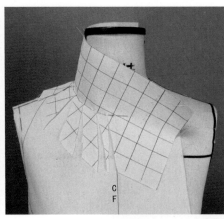

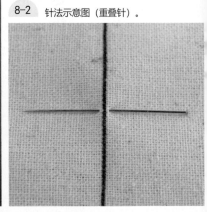

● **描点线条修顺及整理与假缝**

绘制立领上口弧线造型（注：一般后中立领宽比前中立领宽高0.5cm左右并对立领领底线进行描点）。

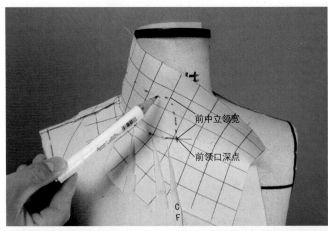

前中立领宽

前领口深点

C
F

尚装服装讲堂

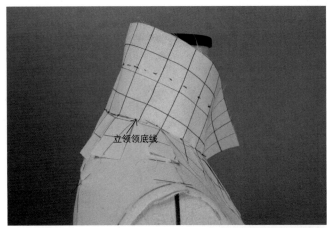

立领领底线

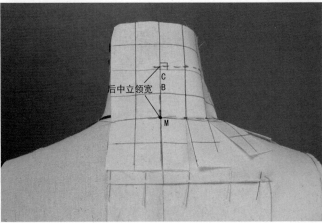

后中立领宽

C
B

M

取下已描点的裁片，整烫平伏。

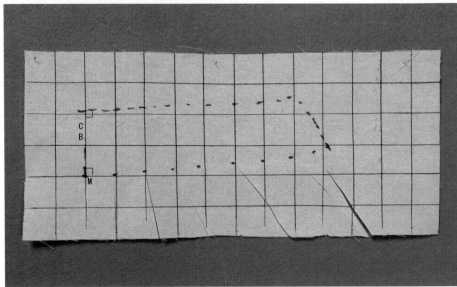

C
B

M

11 使用多功能尺修顺立领轮廓线。

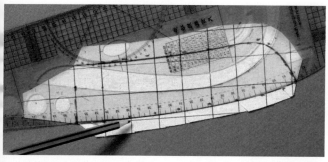
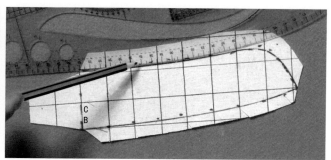

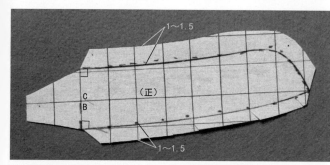

12

如图所示，留缝边并清剪余量后扣烫立领缝边，并于立领反面烫衬，使其挺括。

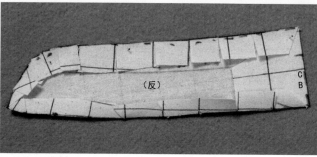
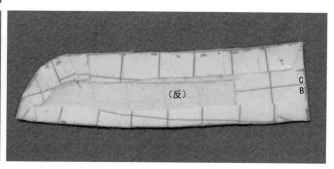

13

使用多功能尺修顺衣身领口线。

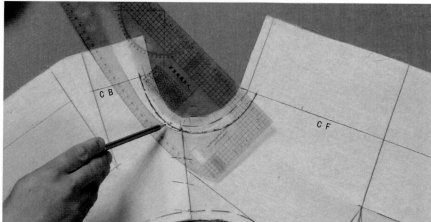

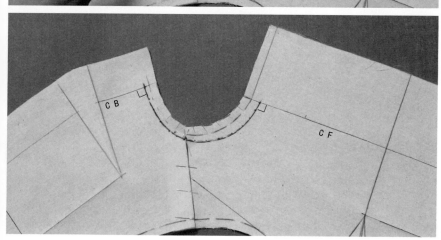

● **半身假缝展示图**

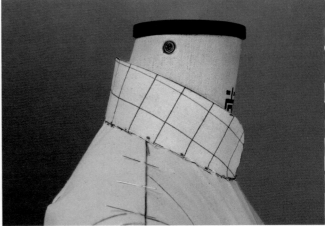

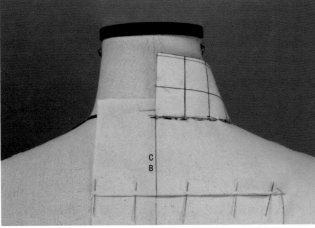

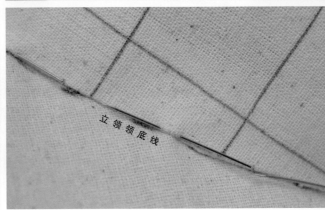

立领领底线

针法示意图（折叠针）。

完 成 图

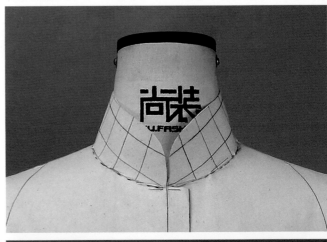

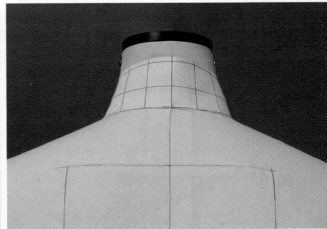

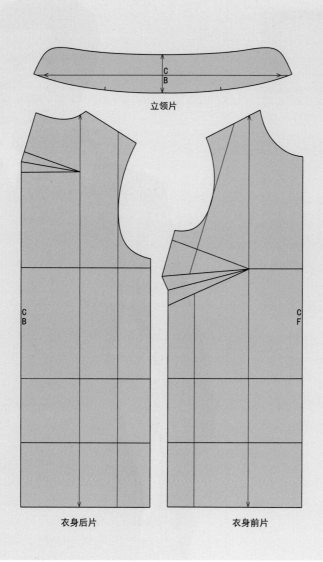

立领片

衣身后片　　　　　　衣身前片

款式描述

该款式为抛断式关门领造型状态，为经典衬衫领。

练习重点

● 使用平面制版的方法绘制立领领底线。

● 以立领领底线确定衣身领口线的方法。

● 衬衫翻领的操作方法。

材料准备

● 人台（与所使用的原型衣身相匹配）。

● 宽0.3cm纯棉织带、黏合衬、嵌条。

● 专业立裁针、剪刀。

● 3cm×22cm纯棉坯布直纱条。

● 120cm×120cm纯棉坯布。

● 马克笔（或4B铅笔）、三色圆珠笔。

● 推版尺、多功能尺、皮尺。

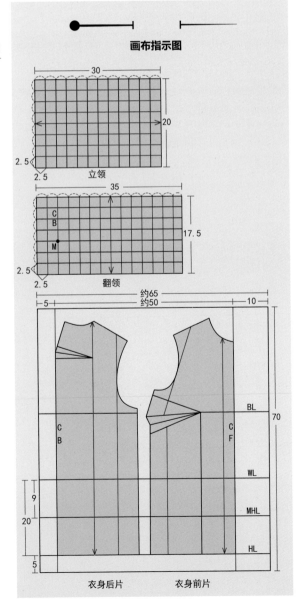

画布指示图

立领

翻领

衣身后片　　衣身前片

注：基础衣身的衣长加长与转省等制图准备工作与第122页中的"基础立领"方法相同。

- **人台准备**

  与第49页"箱式上衣原型"相同。

- **款式制作**

  1 **2** 与第123～125页"基础立领"中的 **1** **2** 步骤方法形式相同。

  3 立领制作：用皮尺在衣身颈根处围出一个新的领口，以此来模拟确定1/2立领底线的大约尺寸。

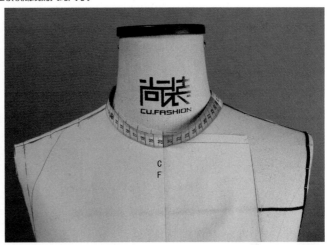

4 准备一块30cm×20cm的立领基础布，参考图片中的方式，确定后中线（CB），预留5cm余布，使用多功能尺在距CB线水平向右量取20cm（为1/2立领领底线的大约尺寸）此处向上起翘2.5cm画出立领领底线弧度，并预留1cm缝边后将余布清剪。

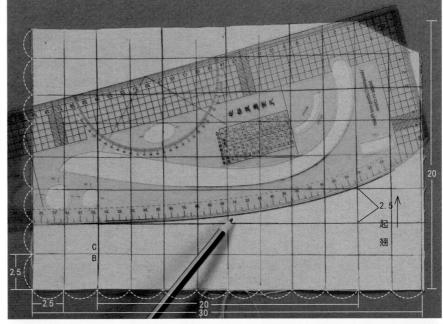

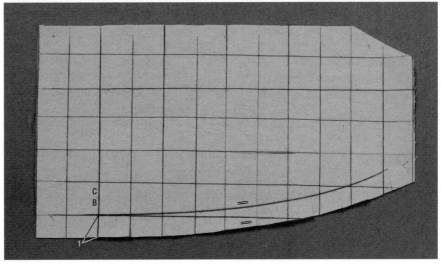

5 对立领领底线缝边打剪口并进行扣烫处理。

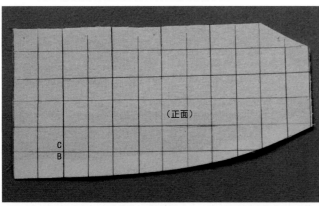

（正面）

C
B

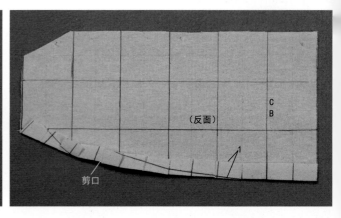

（反面）

C
B

剪口

6 将扣烫好的立领基础布如图中所示围裹在衣身领口处，并观察背面、侧面、正面,应呈现贴勃状态,立领领底线后中部分与衣身线CB呈直角后用大头针如图所示将立领前后部位固定。

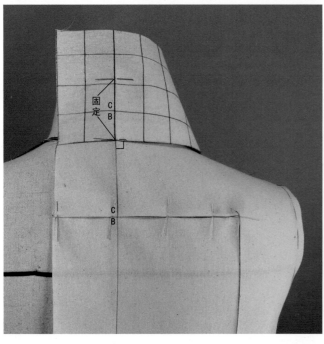

固定

C
B

C
B

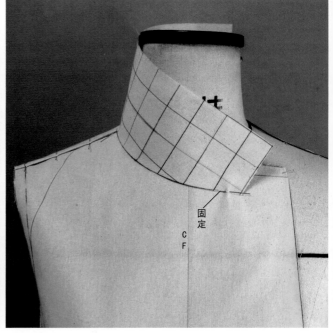

固定

C
F

7 描出立领领底线落在衣身上的轨迹，即新开领口造型。

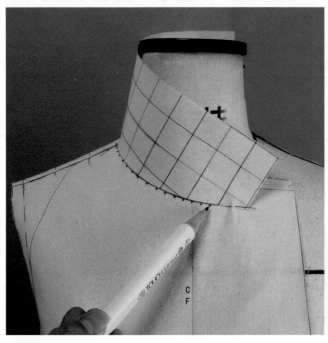

C
F

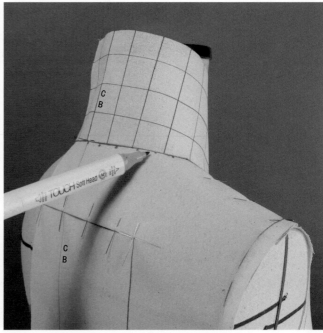

C
B

C
B

8 如图所示确定搭门宽。

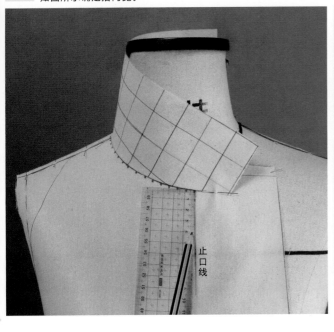

止口线

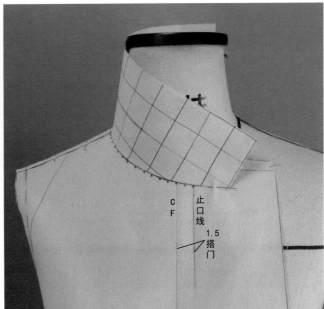

CF　止口线

1.5
搭门

9

绘制立领上口弧形线造型（注：一般后中立领宽比前中立领宽高出0.3~0.5cm）。

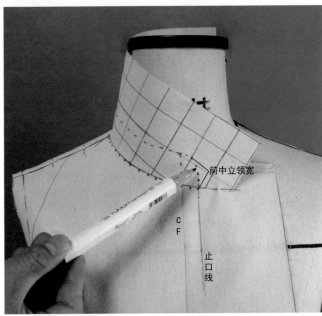

前中立领宽

CF

止口线

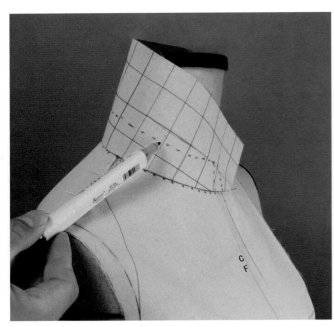

CF

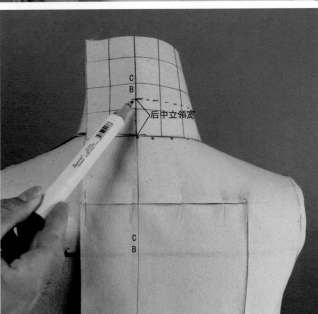

CB

后中立领宽

CB

10

整理归纳立领线条。

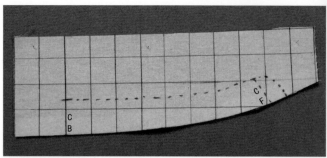

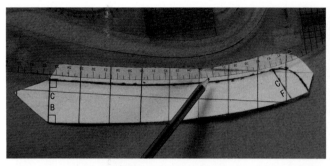

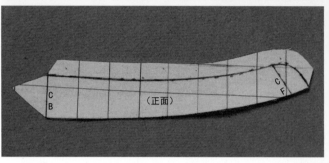

11 扣净立领，反面烫衬增加挺括度，以便翻领假缝。

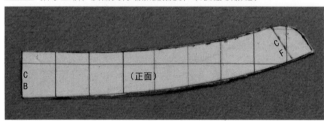

12

如图所示新开的领口造型，后领口线与衣身后中呈现直角，从侧面观察新的前后领口线圆顺呈"一刀切"造型。

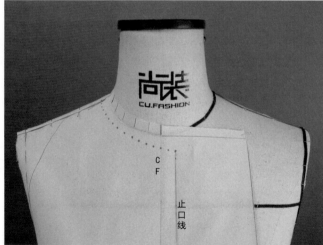

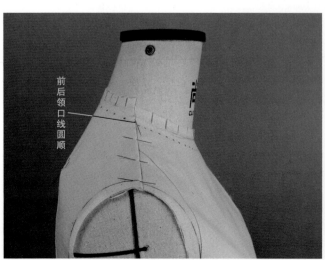

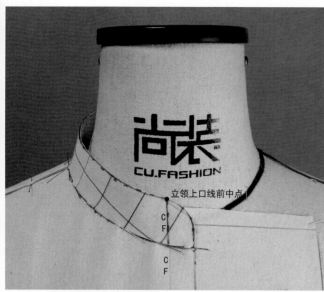

● **假缝立领**

如图所示仔细观察大头针的假缝方法（折叠针）。

立领上口线前中点

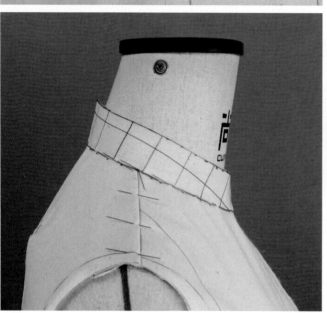

立领上口线后中点

14 翻领制作：准备一块35cm×17.5cm的翻领基础布，如图所示M点在后面的步骤中会与"立领上口线后中点"固定。

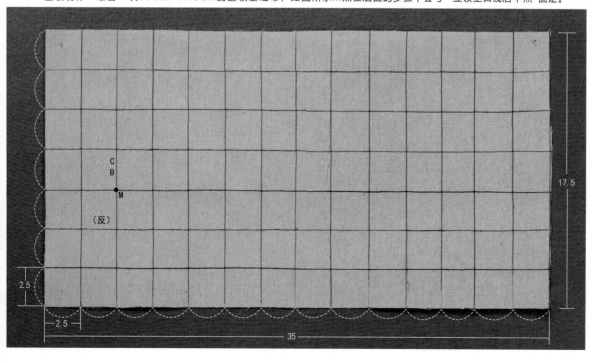

CB
M
（反）

17.5

2.5

2.5

35

15-1 将翻领基础布的M点对准立领上口线后中点部位，固定一至两根大头针，保持后中（CB）直纱铅垂于地平线。

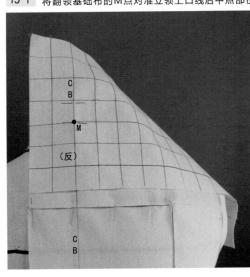

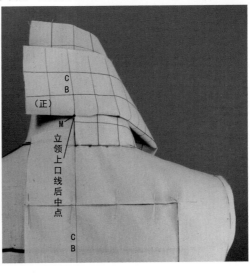

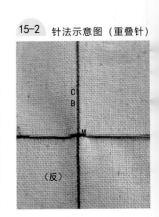

16 翻领基础布，由后中(CB)向上至M点打剪口，由后中至前中，一边用大头针在立领上口线固定翻领基础布，一边在固定的大头针部位打剪口，顺势轻轻上提领布；清剪多余缝边，注意观察每个大头针所在的纱向坐标位置，大头针的针法为重叠针。

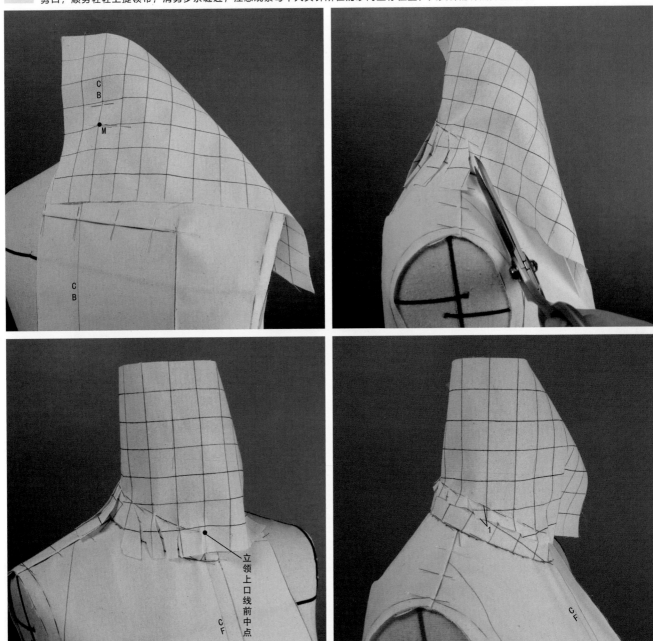

17 对翻领下口弧线进行描点（翻领下口线所对应的是立领上口线）。

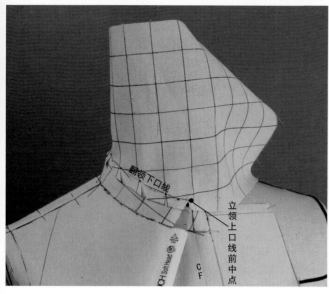

翻领下口线

立领上口线前中点

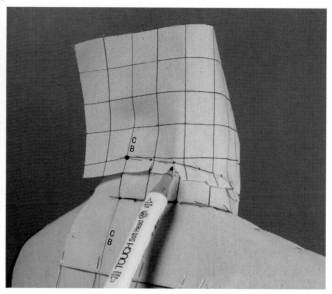

18 沿翻领下口弧线将翻领向下翻折，使翻领后中直纱对准衣身后中直纱，以向上刮折的形式确定翻领外口造型弧线。

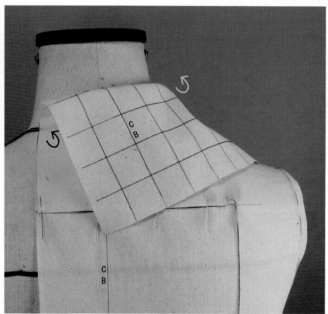

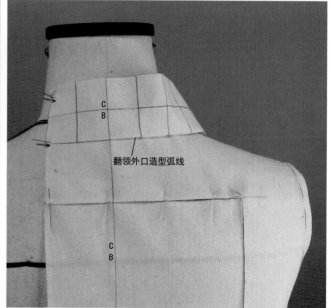

翻领外口造型弧线

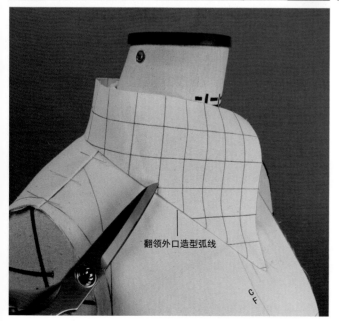

翻领外口造型弧线

19 沿翻领外口弧线折印打剪口。

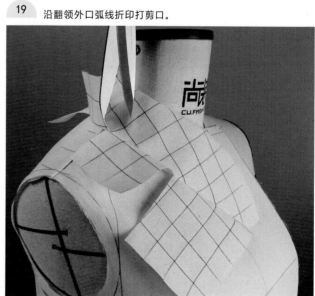

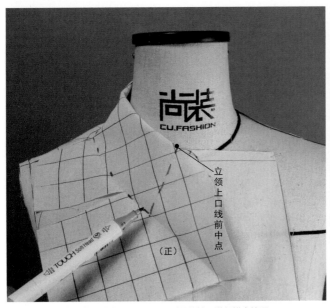
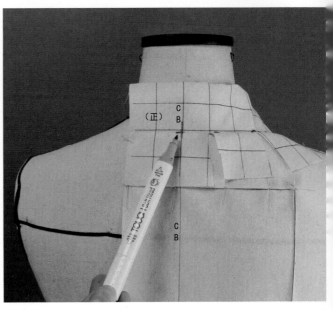

● **翻领轮廓描点修顺线条** 20 对翻领外口进行描点处理。

21 使用多功能尺弧顺翻领外口及下口线并清剪余布扣烫缝边。注：后翻领宽大于后立领宽1cm及以上。

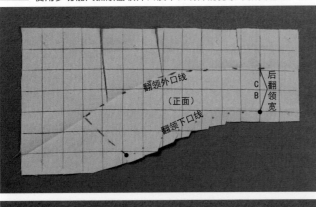
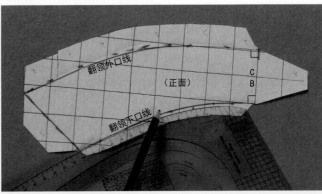
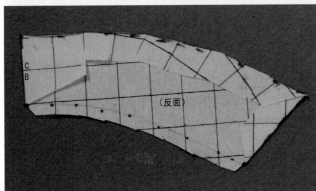
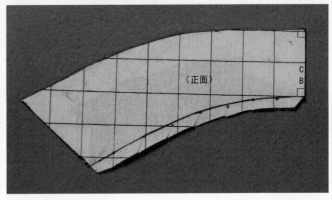

22 假缝小肩，弧顺衣身前后领口。

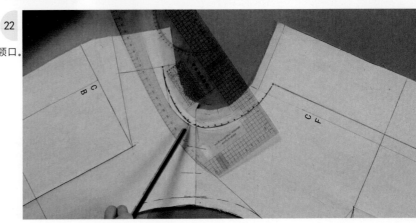

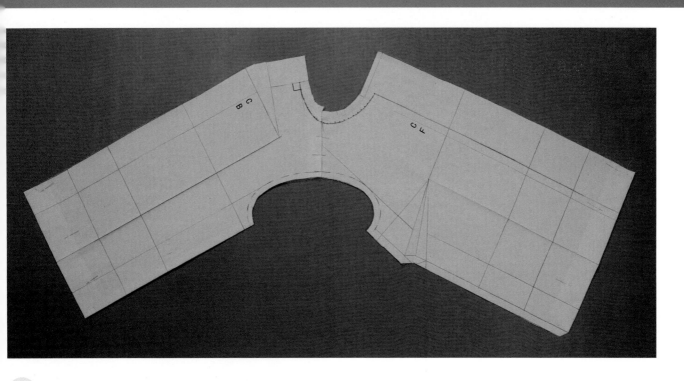

23　立领上口线与翻领下口线装配大头针假缝（重叠针）。

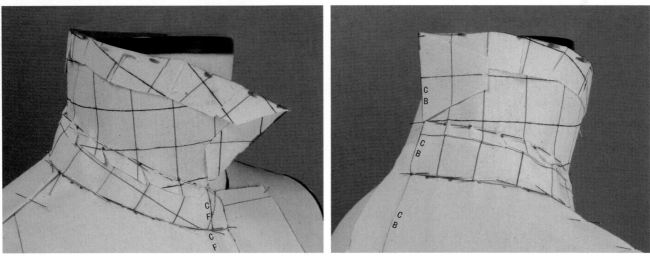

• 半身假缝完成效果

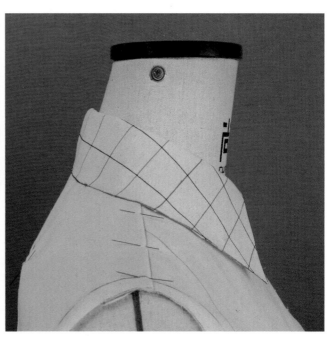

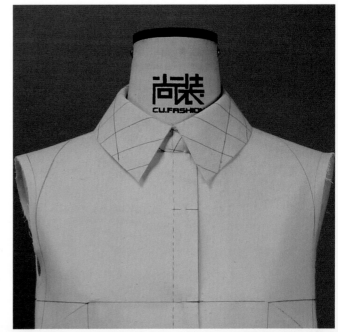

完　成　图

尚装服装讲堂

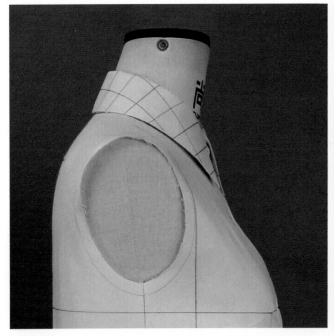

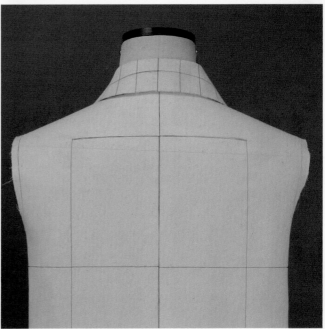

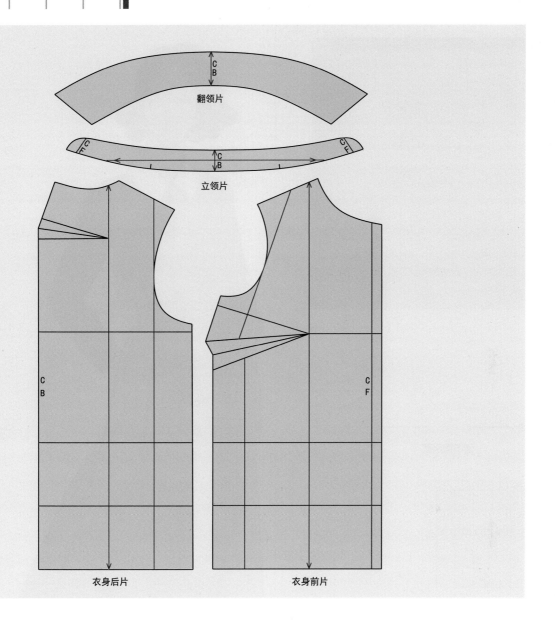

翻领片

立领片

衣身后片   衣身前片

款式描述

该款式为连领座(立领与翻领相连）翻驳领。

练习重点

● 掌握连领座夹克领的立裁手法及外口松量的调控。

材料准备

● 人台（与所使用的原型衣身相匹配）。

● 宽0.3cm纯棉织带。

● 专业立裁针、剪刀。

● 3cm×22cm纯棉坯布直纱条。

● 约65cm×100cm纯棉坯布。

● 马克笔（或4B铅笔）、三色圆珠笔。

● 推版尺、多功能尺、皮尺。

尚
装
服
装
讲
堂

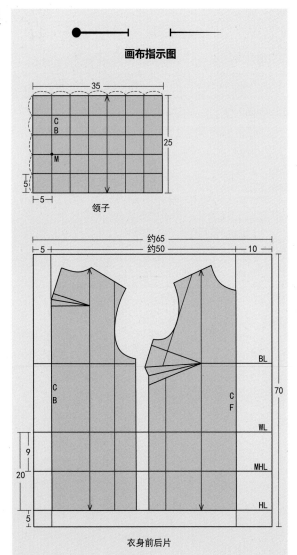

画布指示图

领子

衣身前后片

注：基础衣身的衣长加长与转省等制图准备工作与第122页中的"基础立领"方法相同。

- **人台准备**

  与第49页"箱式上衣原型"相同。

- **款式制作**

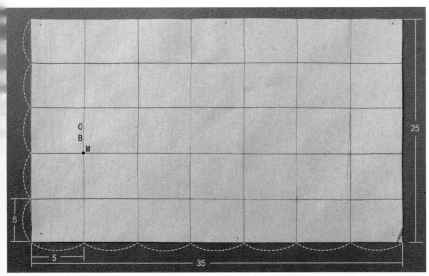
① ② 与第123～125页"基础立领"中的 ① ② 步骤方法形式相同。

③ 夹克领的基础布为35cm×25cm。注意：横向为蓝色线，纵向为红色线，如图所示M点在后面的步骤中会与"衣身领口后中点"固定。

④ 如图所示在衣身上画出衣身领口造型，确定搭门宽。注意前领口为半弧形即直线与弧线相切。

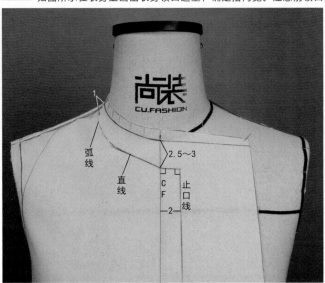

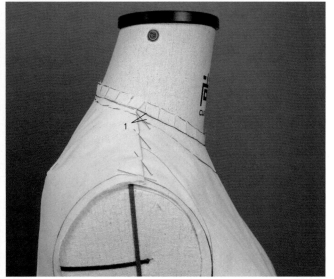

⑤ 将夹克领基础布的M点对准衣身领口后中点，固定一至两根大头针，保持后中(CB)直纱垂直于地平线。

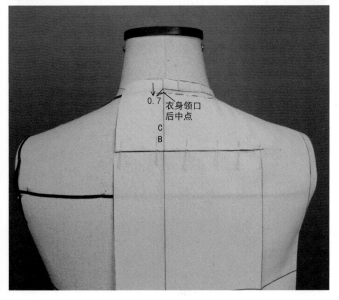

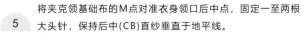

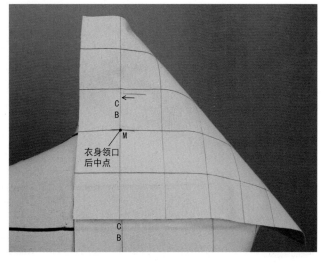

6 如图所示：沿衣身领口用大头针依次从后中往前中方向上提布料再固定大头针（大头针固定在衣身领口线上），再打剪口(剪口由下向上打在大头针区域)，并确定立领高度后用大头针在此位置固定。

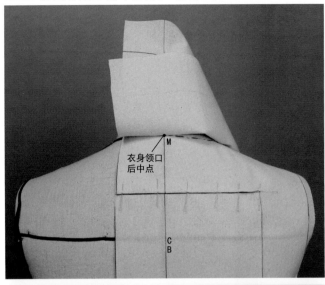

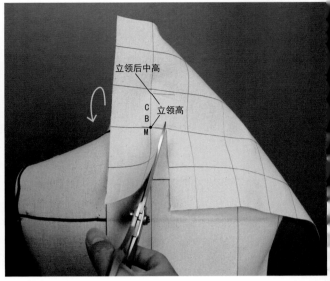

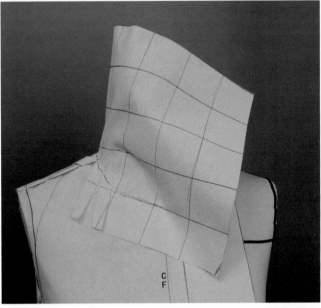

7 清剪领底多余缝边，仅留1cm左右。

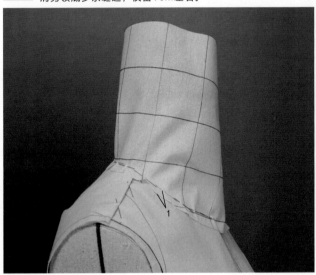

8 确定立领后中高度后将领布沿此高度向下翻折并用大头针固定，再确定翻领后中宽度后用大头针固定（翻领后中宽大于立领后中高1cm及以上）将余布向上翻折并由后中向前中方向翻折，确定好领外口线造型，再用剪刀刮折此线（注意：领CB线与衣身CB线保持一致）。

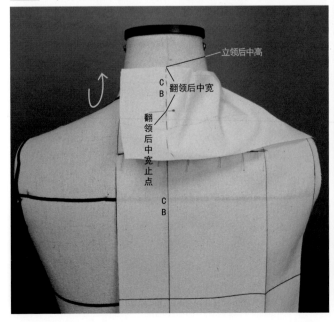

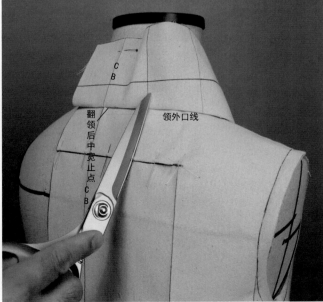

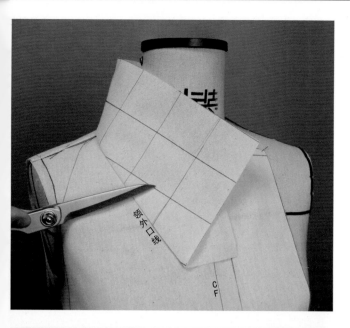

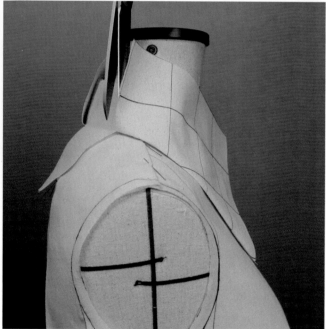

9

由上向下在领外口余布处打剪口，沿领外口线
描点，并留1~2cm缝边清剪余布。

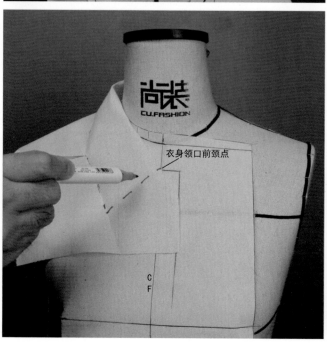

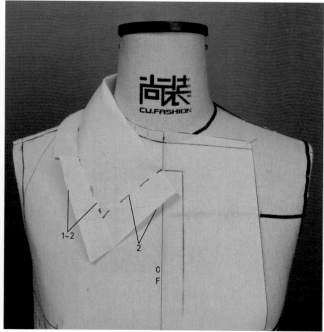

10 对领底口线、领翻折线进行描点，在肩颈点处确定对位点。

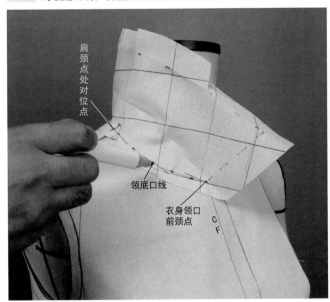
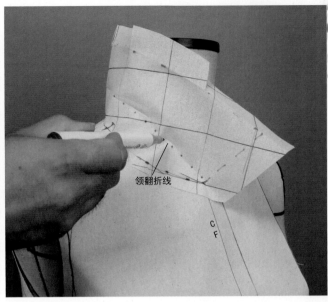

肩颈点处对位点

领底口线

衣身领口前颈点

C F

领翻折线

C F

● **领子与衣身弧线部位整理**

11

弧顺领底口线、领翻折线、领外口线与领角，并如图所示清剪余布。

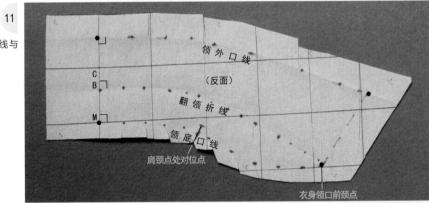

领外口线

C B

（反面）

翻领折线

M

领底口线

肩颈点处对位点

衣身领口前颈点

12

如图所示：对领边缘进行扣净处理。

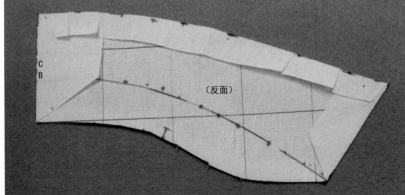

C B

（反面）

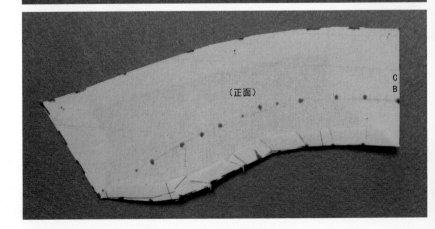

（正面）

C B

假缝小肩，弧顺衣身前后领口。

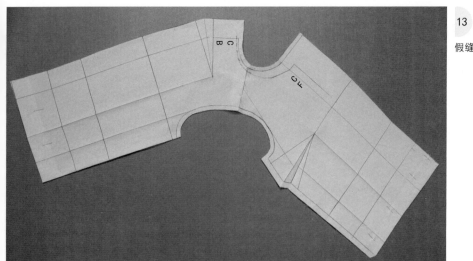

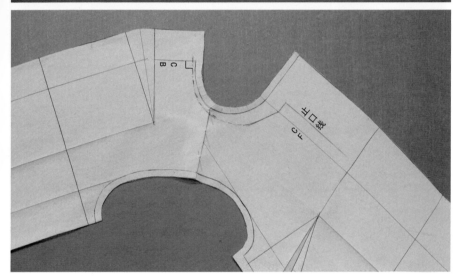

14 　假缝衣身与夹克领，注意大头针的使用方法为折叠针。

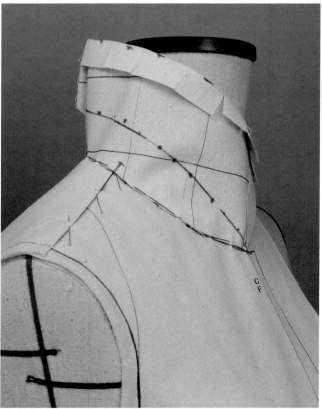

● **半身假缝完成效果**

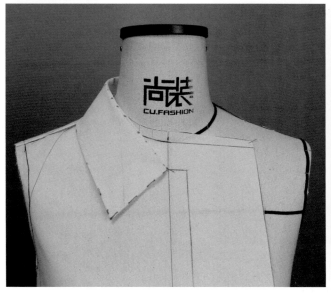
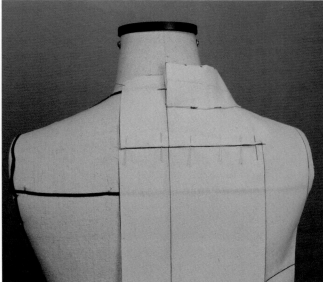

完 成 图

尚
装
服
装
讲
堂

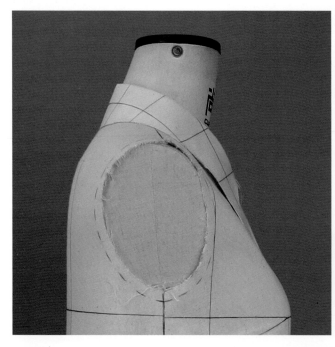
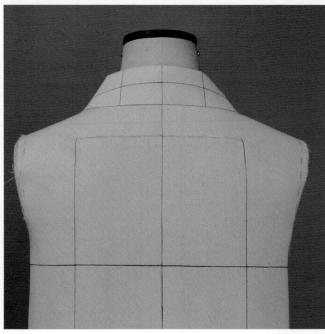

半身假缝完成效果

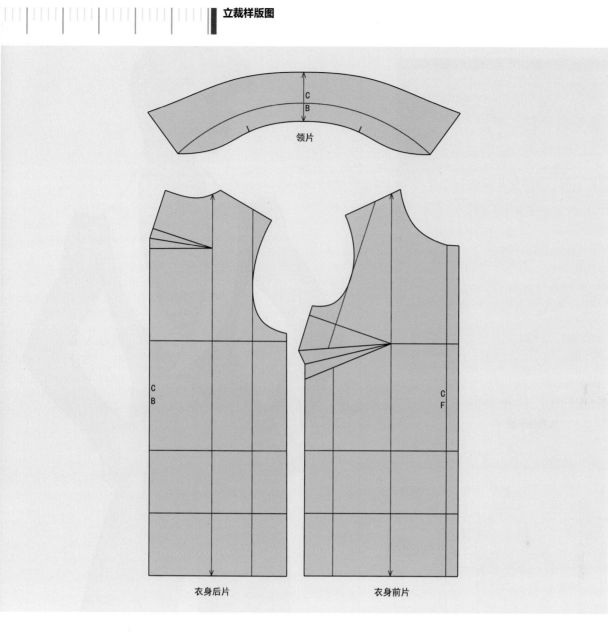

领片

衣身后片　　　　　　　衣身前片

151

款式描述

该款式为连领座弧线领，它与坦领、帽子的立裁方法相同。

练习重点

- 绘制衣身前后领口线的方法。
- 掌握弧线领领外口松量的控制手法。
- 理解弧线领领底口线与衣身领口的装配关系。

材料准备

- 人台（与所使用的原型衣身相匹配）。
- 宽0.3cm纯棉织带。
- 专业立裁针、剪刀。
- 3cm×22cm纯棉坯布直纱条。
- 90cm×120cm纯棉坯布。
- 马克笔（或4B铅笔）、三色圆珠笔。
- 推版尺、多功能尺。

尚装服装讲堂

画布指示图

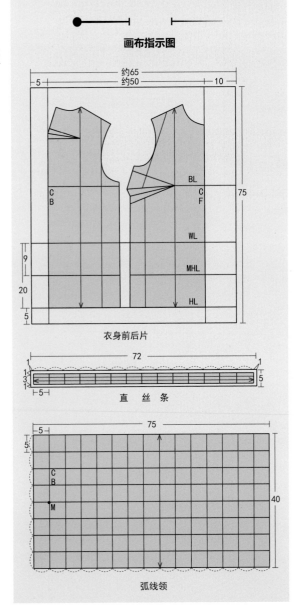

衣身前后片

直 丝 条

弧线领

注：基础衣身的衣长加长与转省等制图准备工作与第122页中的"基础立领"方法相同。

- **人台准备**

与第49页"箱式上衣原型"相同。

- **款式制作**

1 2 与第123~125页"基本立领"中的 **1 2** 步骤方法相同。

3 提前准备一个72cm×5cm的直纱布条，四周边缘扣净1cm
后为70cm×3cm，反面烫衬（增加挺括度）。

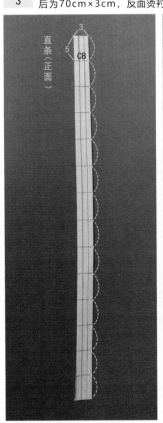

直条（正面）

3

5

CB

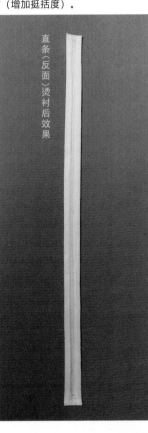

直条（反面）烫衬后效果

4 将完成好的直纱布条如图围在衣身上，确定新开的前后衣身领
口造型并描点；由前中线（CF）量2cm画止口线。

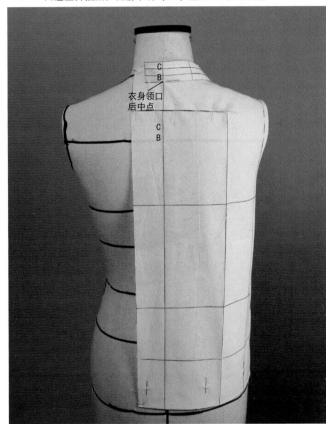

C
B

衣身领口
后中点

C
B

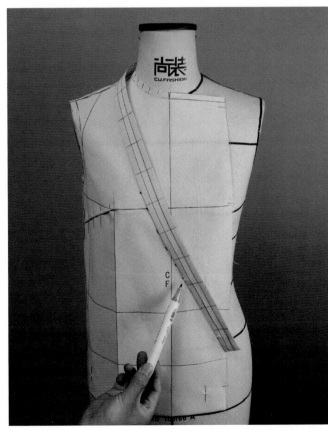

CF

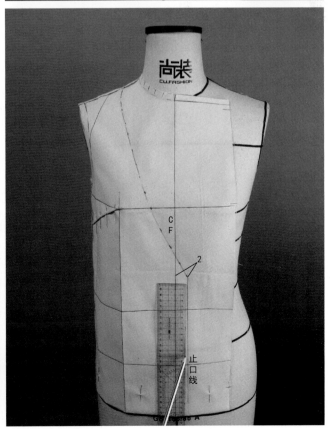

C
F

2

止
口
线

5　弧线领的基础布为40cm×75cm，注意横向为蓝色横纱，纵向为红色直纱，如图所示M点在后面的步骤中会与"衣身领口后中点"固定。

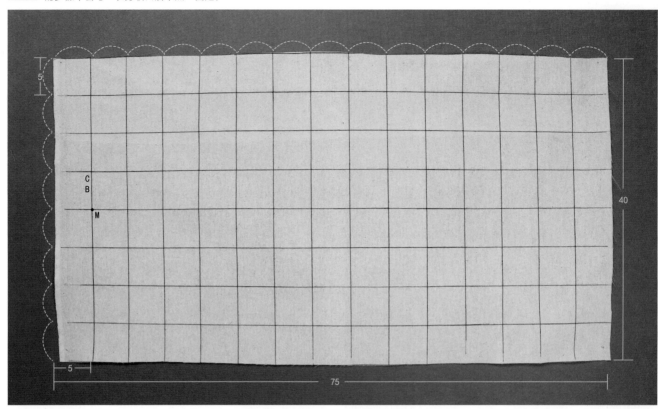

6-1　将领基础布的M点对准衣身领口后中点，用一至两根大头针固定，保持后中直纱垂直于地平线，沿新开的衣身领口从后中往前中依次用大头针固定，一边在领口净线部位固定，一边顺势轻提领布。

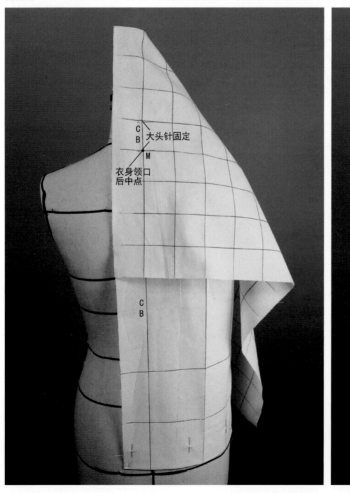

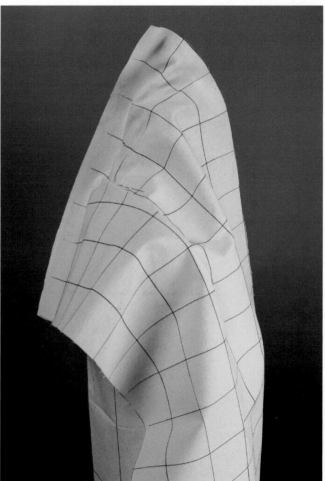

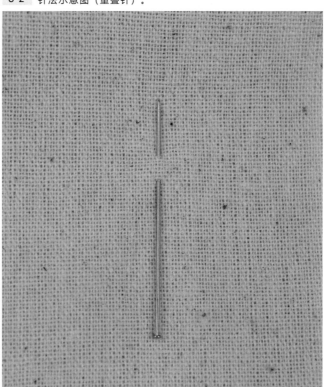

7　以M点为翻折部位，将领布向上翻折，以刮折的方式塑造弧线领的领底线。

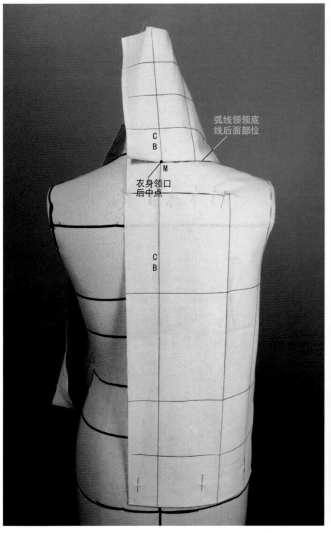

弧线领领底
线后面部位

CB

CB

M

衣身领口
后中点

CB

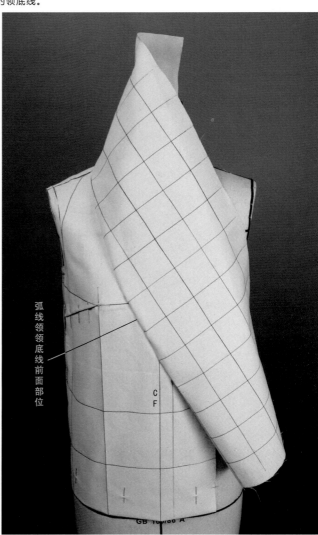

弧线
领领
底线
前面
部位

CF

由M点沿CB线向上确定弧线领后立领高并用大头针固定，由此固定大头针后，再向下翻折领布，确定后翻领宽度并由此形成后翻领外口线，同时顺势向前身方向翻折出前翻领外口线造型。

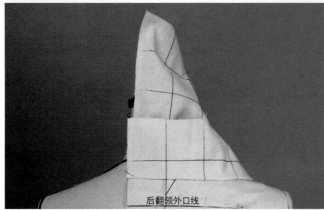

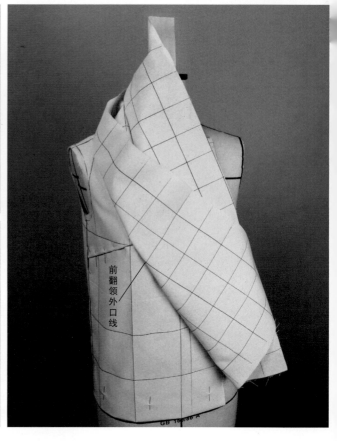

9

沿翻领外口折印打剪口，将领布平伏在衣身上，并清剪领底线余布留1.5~2cm缝边。

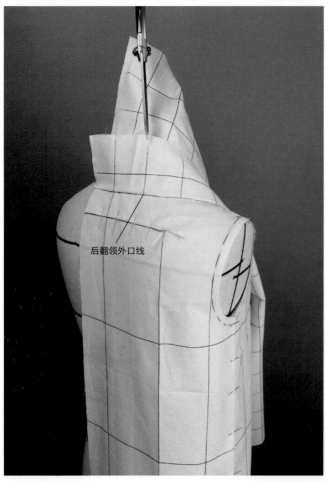

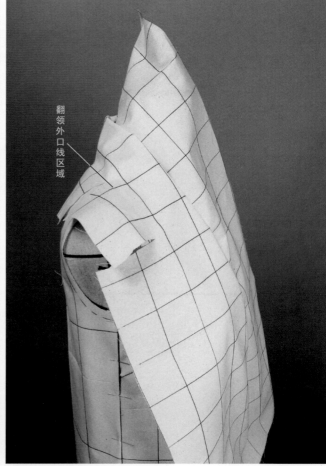

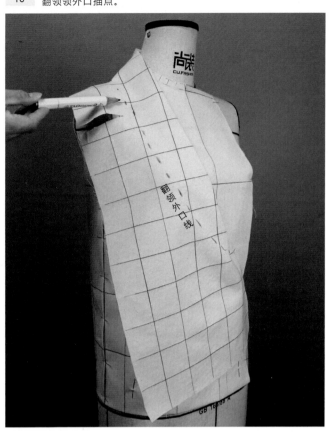

● **领各部位描点**

10 　翻领领外口描点。

领底线

1.5～2

翻领外口线

11 　领底线描点。

领底线

驳端点

12 　领驳口线描点（翻折线）（注：驳端点为驳口线与衣身止口线的交点）。

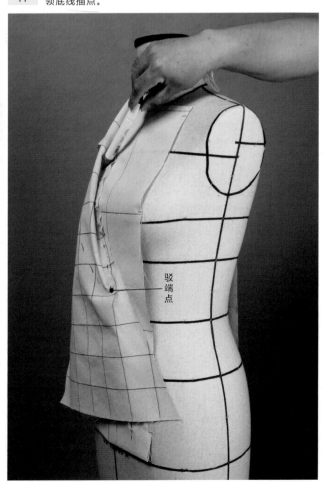

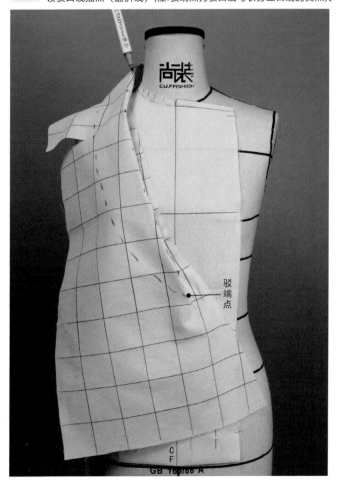

驳端点

C
F

GB 160/86 A

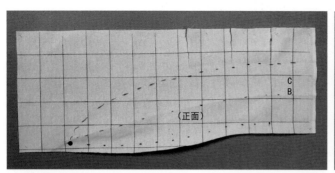

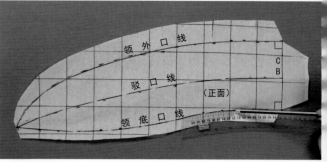

- **弧线领及衣身领口线条归纳熨烫整理**

13 弧线领线条归纳整理并清剪余布。

14 如图所示打剪口扣烫整理。

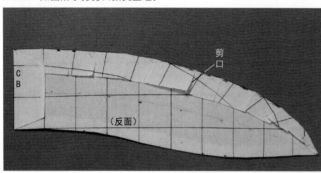

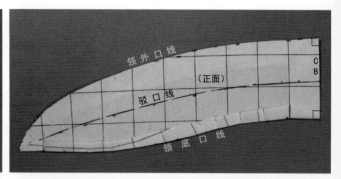

15 归纳整理衣身前后领口线条并清剪余布。

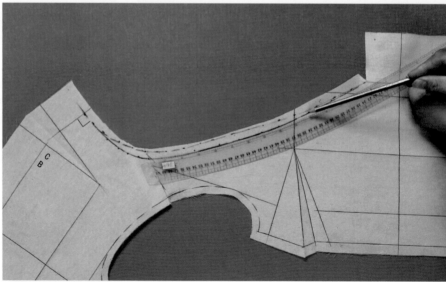

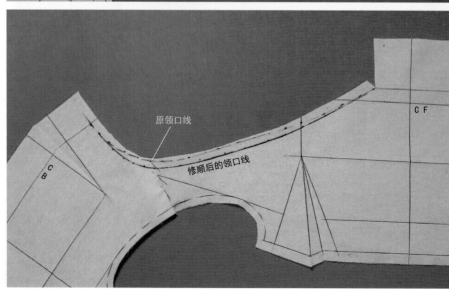

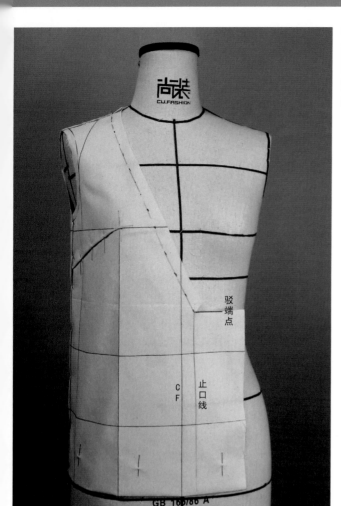

· 衣身与弧线领假缝装配

16

如图所标，将前后衣身大头针假
缝，止口线刮折扣净。

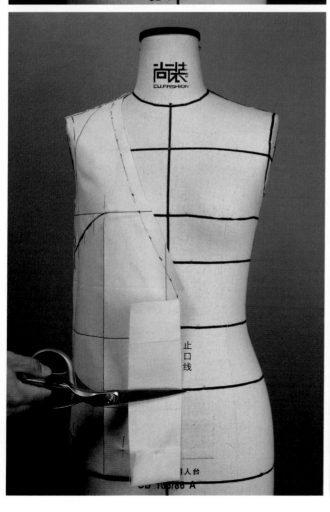

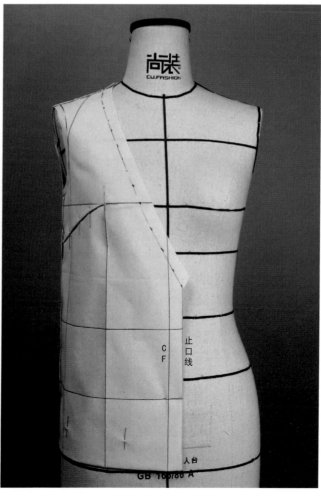

17

将弧线领底口线与衣身领口线进行装配，用大头针假缝（折叠线）。

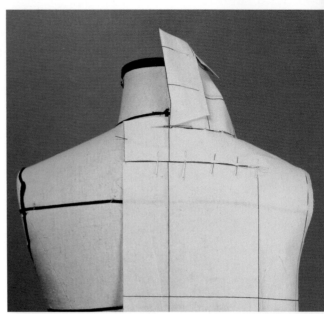

尚装服装讲堂

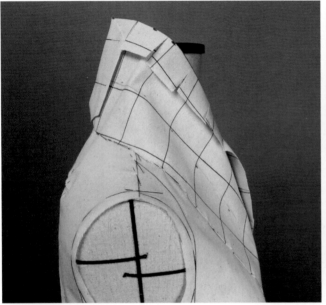

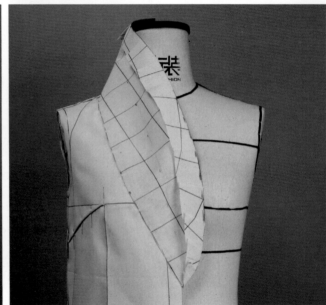

● **半身假缝完成效果图**

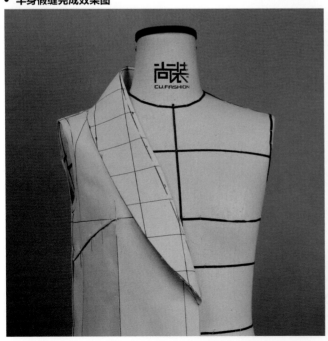

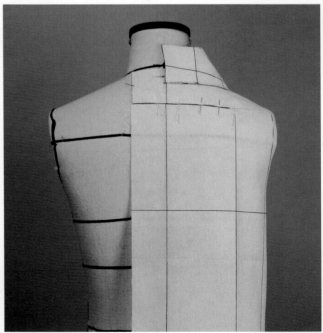

完成图

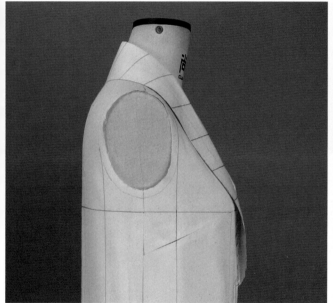

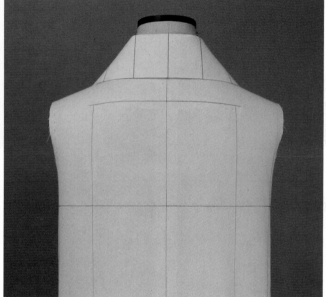

立裁样版图

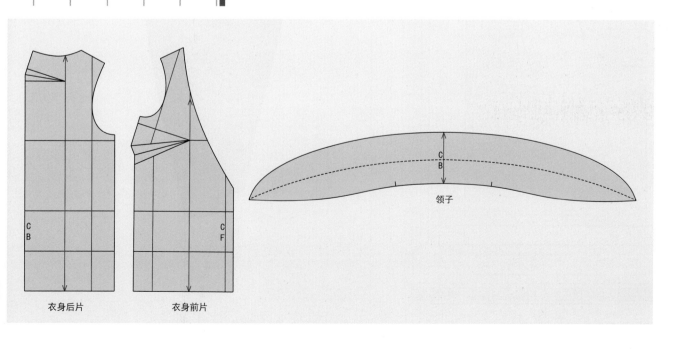

衣身后片　　　　衣身前片　　　　领子

款式描述

该款式为连领座戗驳头西服领，在立裁的领型中属难度较大的款式。

练习重点

- 确定衣身前后领口，穿口线。
- 企领的立裁手法。
- 企领的穿口线与衣身翻领穿口线的装配方法。
- 企领与衣身翻领驳口线的确定。

材料准备

- 人台（与所使用的原型衣身相匹配）。
- 宽0.3cm纯棉织带。
- 专业立裁针、剪刀。
- 3cm×22cm纯棉坯布直纱条。
- 约75cm×120cm纯棉坯布。
- 马克笔（或4B铅笔）、三色圆珠笔。
- 推版尺、多功能尺、皮尺。

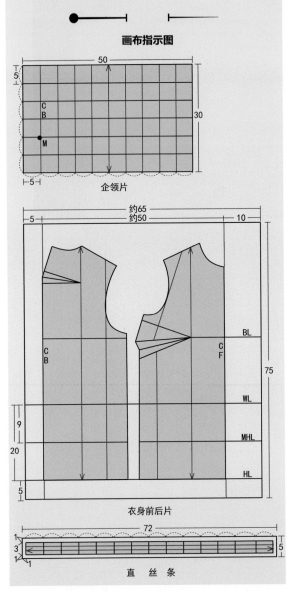

画布指示图

企领片

衣身前后片

直 丝 条

注：基础衣身的衣长加长与转省等制图准备工作与第122页中的"基础立领"方法相同。

- **人台准备**

  与第49页"箱式上衣原型"相同。

- **款式制作**

1 2 3 与第153页"弧线领"中的 1 2 3 步骤方法形式相同。

4

将准备好的直纱条如图围在衣身上确定新开的前后衣身领口造型并描点。

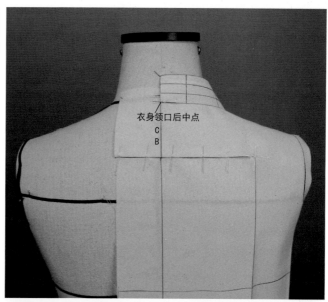

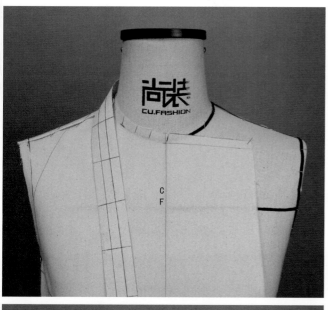

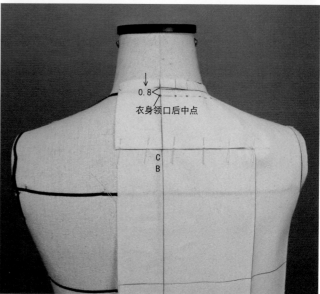

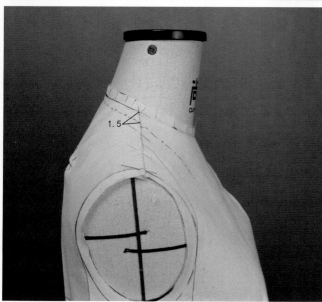

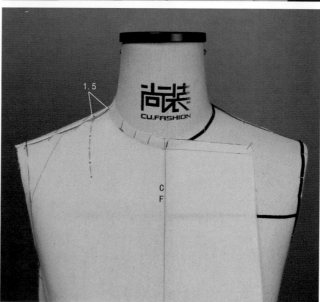

5 确定前片领口穿口线，并于穿口线与前领口夹角平分线处打剪口，扣净衣身穿口线，并清剪余布（穿口线的造型根据领型的造型状态自定）。

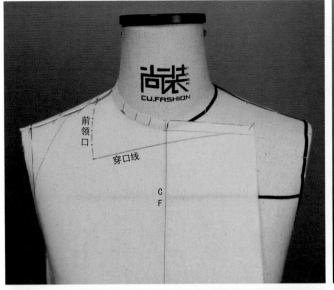

前领口

穿口线

C
F

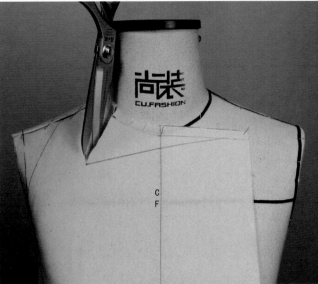

C
F

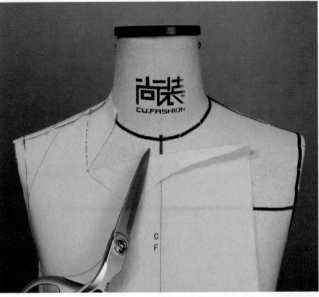

C
F

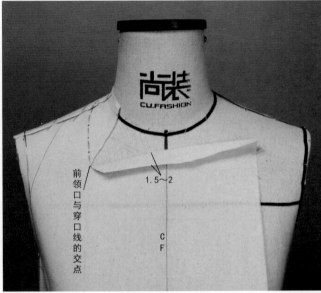

前领口与穿口线的交点

1.5～2

C
F

6

企领制作：准备好一块30cm×50cm的企领基础布。注意：横向为蓝色横纱，竖向为红色直纱，如图所示M点与衣身领口后中点固定大头针，在上端处再固定一根大头针使企领基础布CB线垂直。

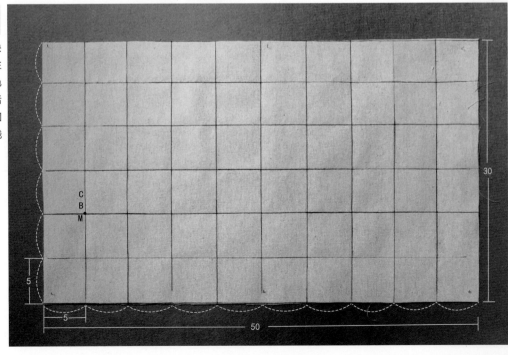

C
B
M

30

5

5

50

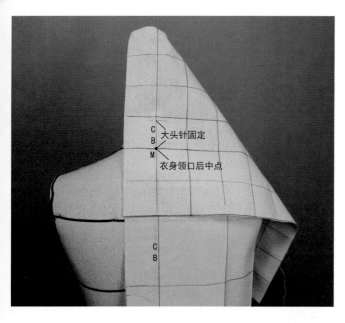

C
B
← 大头针固定
M
← 衣身领口后中点

C
B

7-1 沿新开的衣身领口从后中往前中依次用大头针固定，一边在衣身领口净线部位固定，一边在固定针位置打剪口，顺势轻提领布，在企领与衣身穿口线处用别针垂直固定，并清剪领口多余缝边。

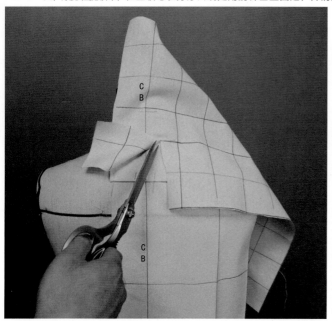

C
B

C
B

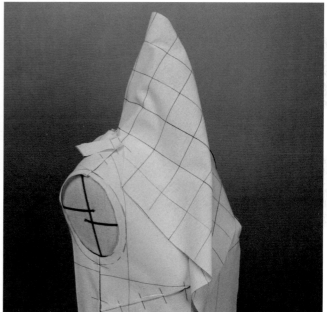

7-2 针法示意图（重叠针）。

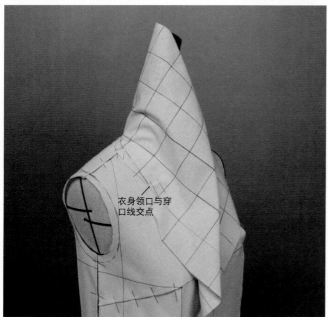

衣身领口与穿口线交点

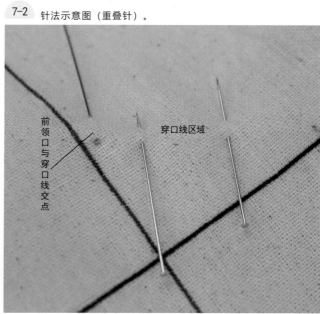

前领口与穿口线交点

穿口线区域

8　在CB线上由M点向上确定企领后中立领高度a(如图：a可设为3~4cm，用大头针固定立领高止点，将领布按已确定的立领高止点处翻折下来，保持翻领后中直纱垂直于地平线，并确定翻领宽度b（b＞a 1cm以上），用大头针固定翻领宽度止点（E点）。

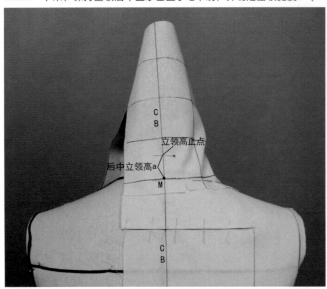
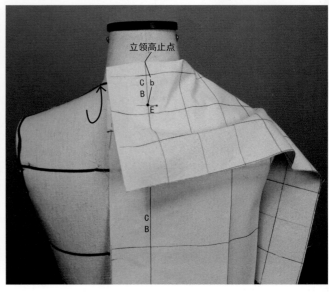

9　由E点使领余向上翻折，使企领CB线与衣身CB线保持一致；从后至前依次确定并刮折翻领外口线造型，如确定造型无误后将领布前端用大头针与衣身固定。

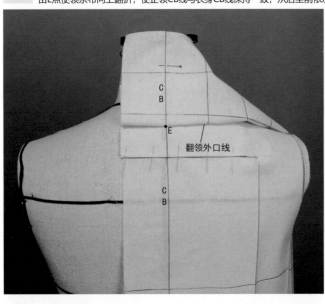
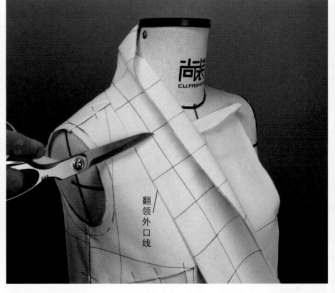

10　沿翻领外口线打剪口，并将领布平伏于衣身之上。

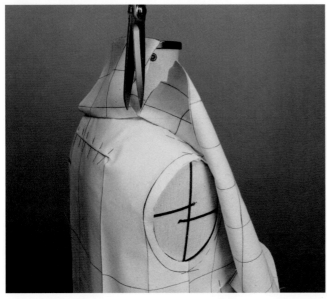
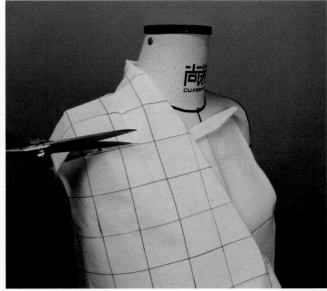

11-1 沿翻领外口线（企领外口线）描点，以企领驳口线为翻折线将衣身领布穿口线区域翻折；对衣身穿口线落实在企领上面的线进行描点，并绘制驳头领角与对位点。

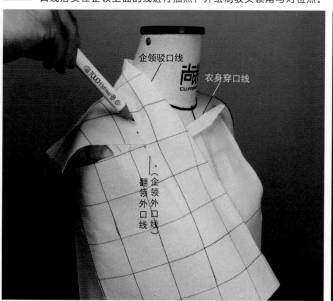

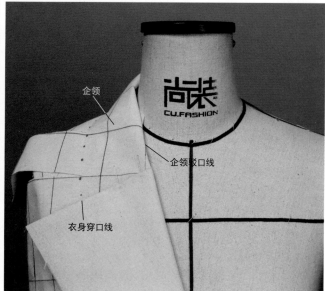

11-2 针法示意图（折叠针）。

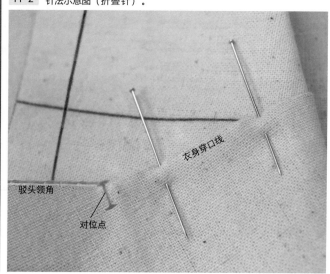

12 如图将衣身穿口线翻折后在反面对位点处打剪口并使余布平伏，在平伏的衣身领角处绘制衣身领角造型线。

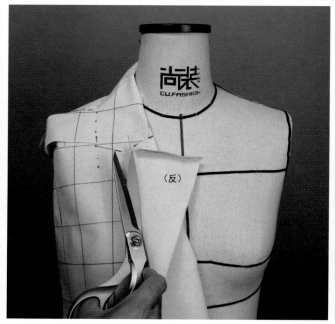

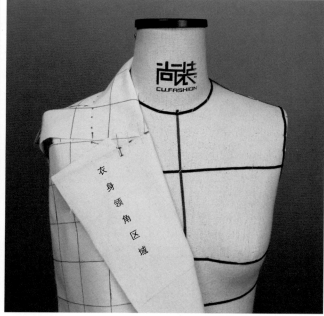

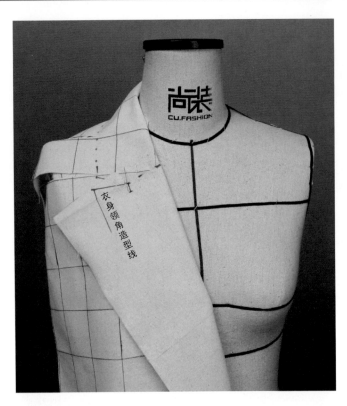

衣身领角造型线

确定驳端点，驳端点在衣身驳口线上，驳端点向右至CF线(前中线) 2cm（搭门量），并如图所示横向打剪口；衣身翻领外口线描点。

13

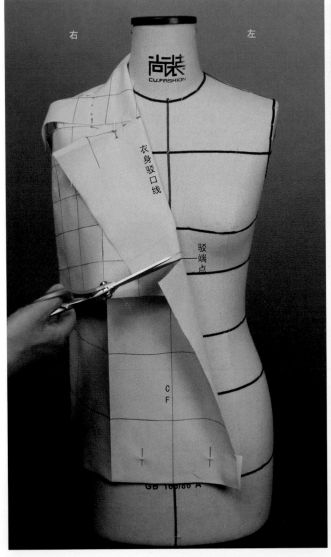

右　　　　左

衣身驳口线

驳端点

CF

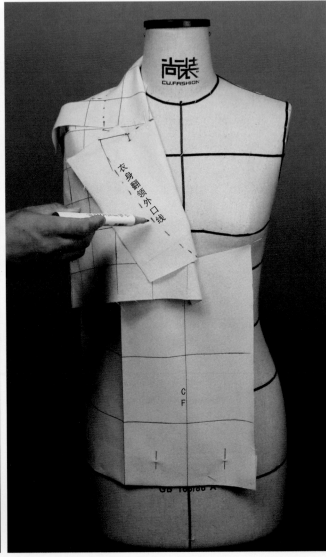

衣身翻领外口线

CF

对衣身驳口线、企领驳口线及企领穿口线进行描点；并将企领翻折竖立露出企领反面的企领穿口线与企领领底口线描点。

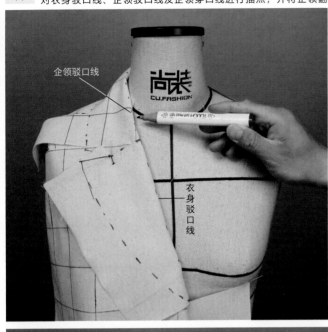

企领驳口线

衣身驳口线

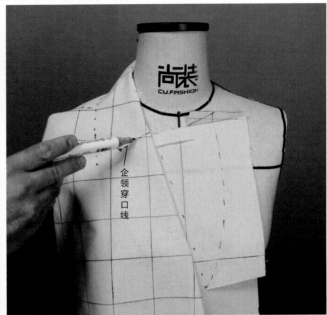

企领穿口线

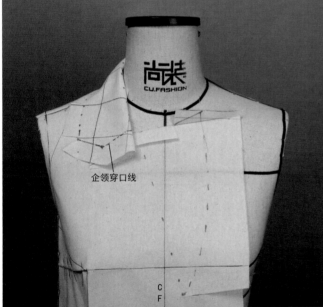

企领穿口线

C
F

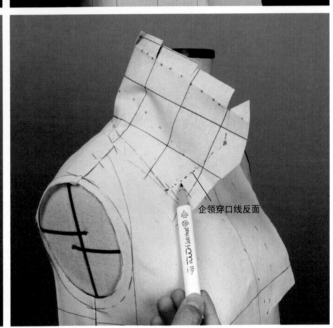

企领穿口线反面

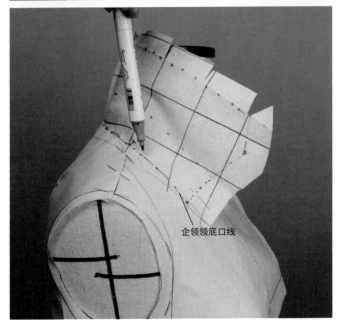

企领领底口线

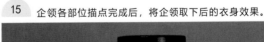

15 企领各部位描点完成后，将企领取下后的衣身效果。

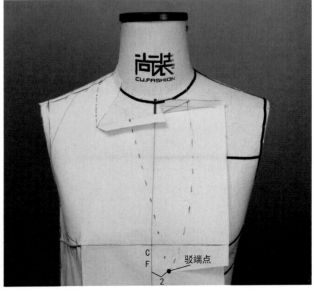

C
F
驳端点

2

• **企领、衣身翻领各部位线条归纳熨烫整理并假缝**

16 弧顺企领领底口线、驳口线、外口线、穿口线、领角线。

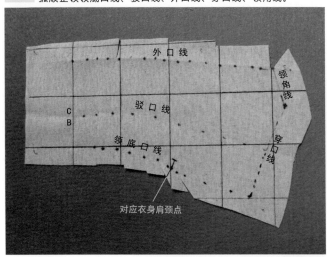
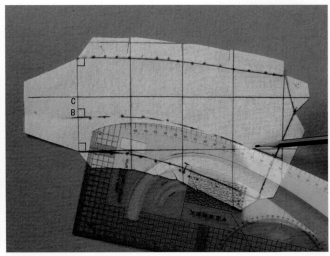

对应衣身肩颈点

17

假缝小肩，归纳弧顺衣身驳口线、前后领口线、衣身翻领外口线，将企领穿口线与衣身翻领穿口线拼合对接观察（企领驳口线与衣身驳口线是否顺直，如有出入应加以修正），此时企领驳口线与衣身翻领驳口线连接成为一条完整的"驳口线"。

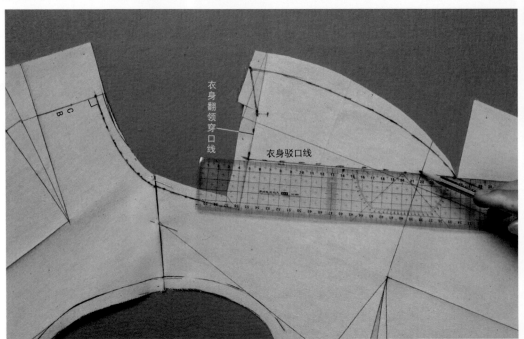

衣身翻领穿口线

衣身驳口线

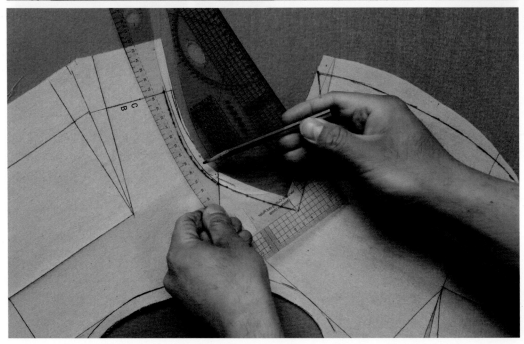

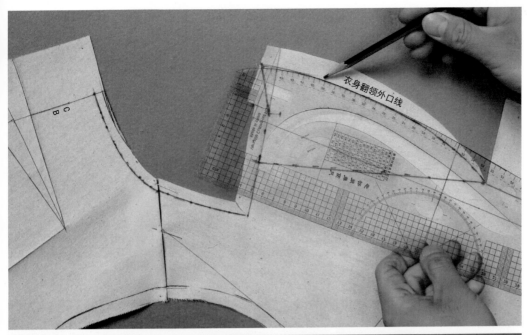

衣身翻领外口线

衣身翻领驳口线

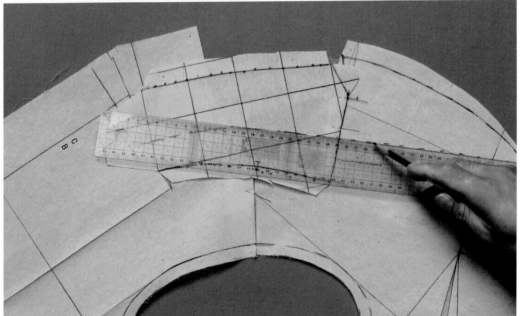

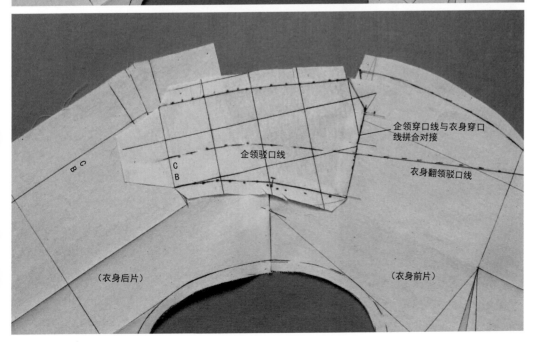

企领穿口线与衣身穿口
线拼合对接

企领驳口线

衣身翻领驳口线

（衣身后片）

（衣身前片）

18 如图所示以刮折的方式扣净企领外口线、后中线及领底线，并熨烫整理。

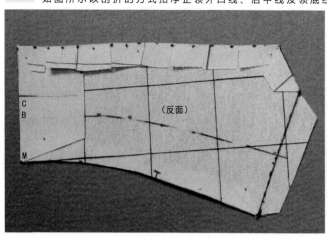

（反面）

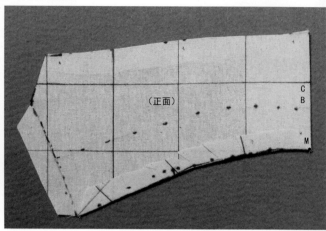

（正面）

19 如图预留缝边，清剪余布，扣烫并假缝衣身后穿于人台上。

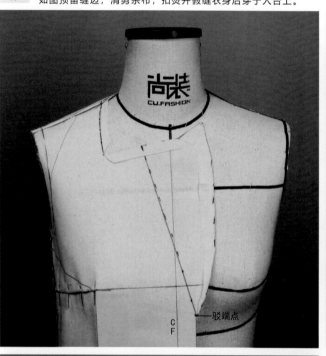

驳端点

CF

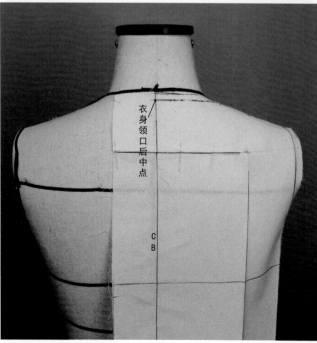

衣身领口后中点

CB

如图将企领与衣身用大头针假缝（折叠针）。

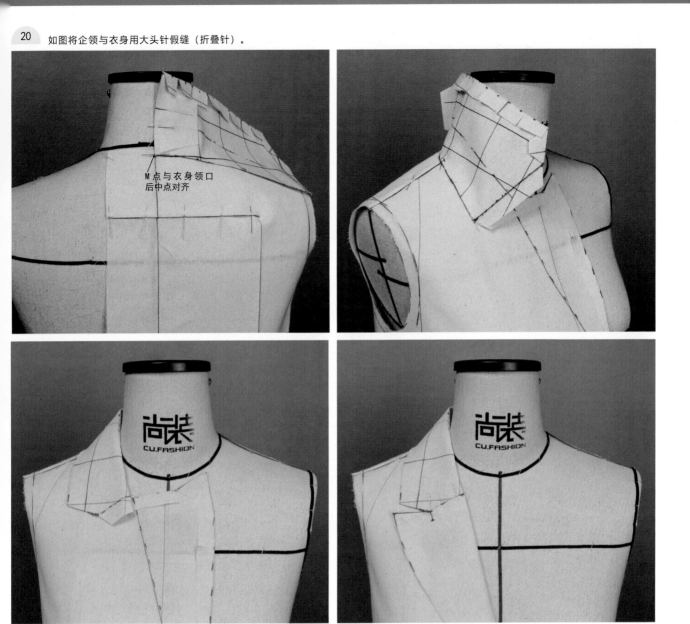

M点与衣身领口
后中点对齐

• **半身假缝完成效果**

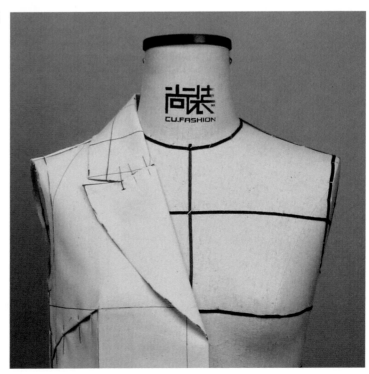

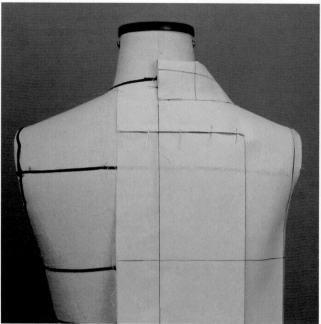

完成图

尚装服装讲堂

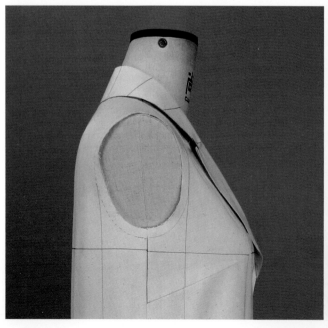
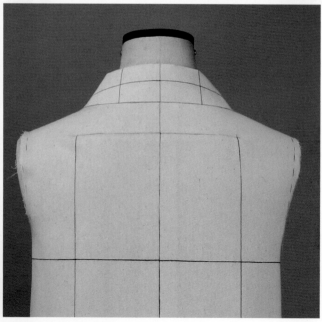

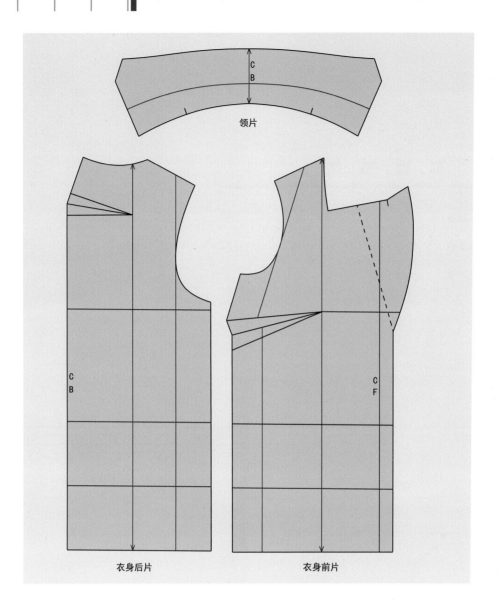

领片

衣身后片   衣身前片

4 基 础 袖 型

- 圆装一片袖
- 圆装两片袖
- 插肩两片袖

款式描述

该款式为直筒型一片袖，袖内侧为直线，袖肥、袖肘、袖口的三个宽度相同，肩端点和前后袖窿拐点及腋下点均为人体臂根正常分界位置。

练习重点

- 袖窿部位前后拐点的确定。
- 前后袖肥的确定。
- 袖山头吃势与袖山头弧线的操作方法。
- 前后袖山底弯线的操作及绘制方法。

材料准备

- 人台（与所使用的原型衣身相匹配）。
- 宽0.3cm纯棉织带。
- 专业立裁针、剪刀、手臂。
- 3cm×22cm纯棉坯布直纱条。
- 约62cm×220cm纯棉坯布。
- 马克笔（或4B铅笔）、三色圆珠笔。
- 推版尺、多功能尺、皮尺、缝纫线、手针。

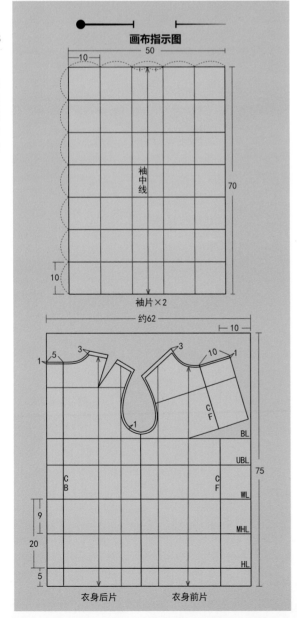

画布指示图

袖片×2

衣身后片　衣身前片

- **人台准备**

与第49页"箱式上衣原型"相同。注：将手臂安装在人台上。

- **款式制作**

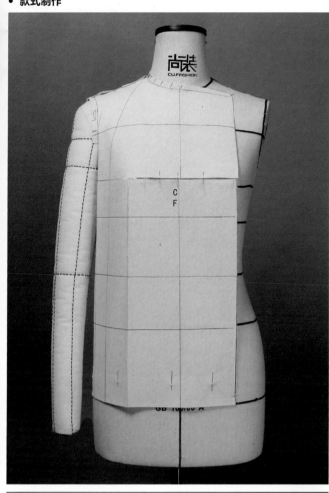

1

如图将假缝好的衣身放置于人台上（假缝方法同第123～125页）。

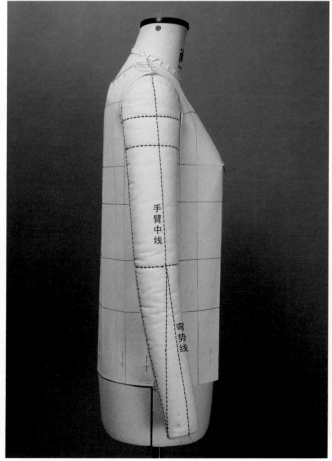

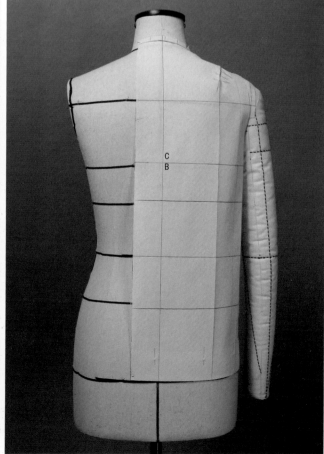

2 在衣身前后袖隆转折区域各确定一个点，即前袖隆拐点与后袖隆拐点（可在人台标线前后袖隆拐点下面3cm左右的位置），并打剪口至袖隆净线。

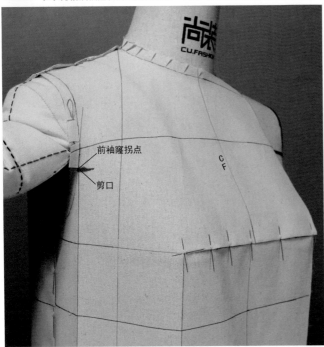

前袖隆拐点

剪口

CF

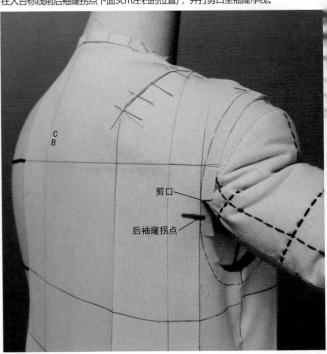

CB

剪口

后袖隆拐点

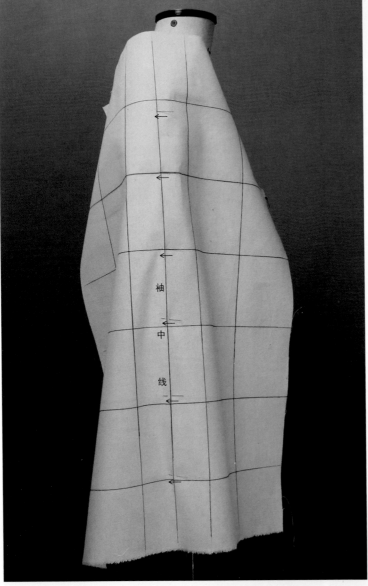

袖中线

3-1

将袖片基础布的袖中线对准手臂中线并保持布片横纱水平、直纱垂直；由袖山头至袖口处沿袖中直线如图均匀固定大头针。

3-2 针法示意图（重叠针）。

袖中线

4 如图所示，用大头针确定前袖肥松量，将袖片基础布所对应的前袖窿拐点处描点并用大头针固定。

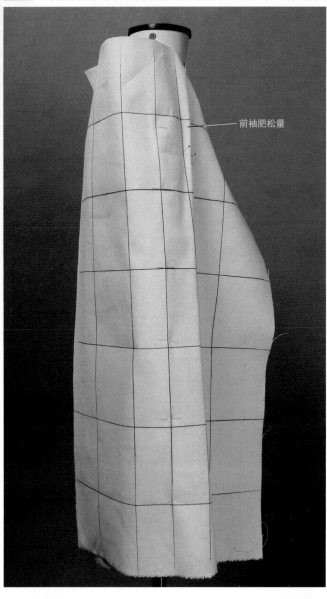

前袖肥松量

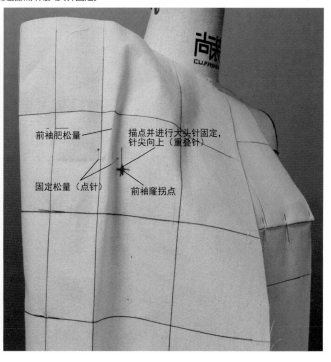

前袖肥松量

描点并进行大头针固定，
针尖向上（重叠针）

固定松量（点针）

前袖窿拐点

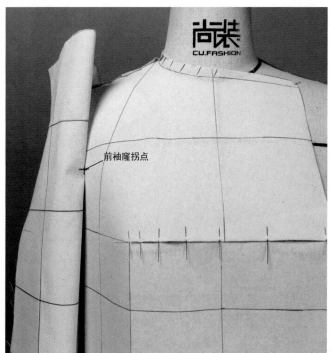

前袖窿拐点

5

如图所示将袖片基础布的前端向外翻折露出袖窿前拐点，横向打剪口至前拐点，并将下端的前袖肥余布放于腋下使前袖平顺。

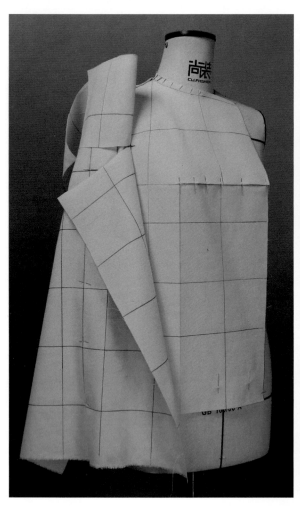

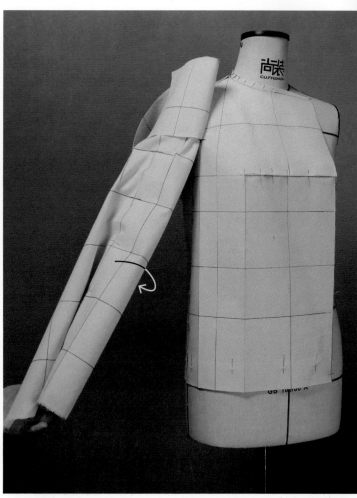

尚
装
服
装
讲
堂

如图所示用大头针确定后袖肥松量，将袖片基础布所对应的后袖隆拐点处描点并用大头针固定，横向打剪口至此点。

6

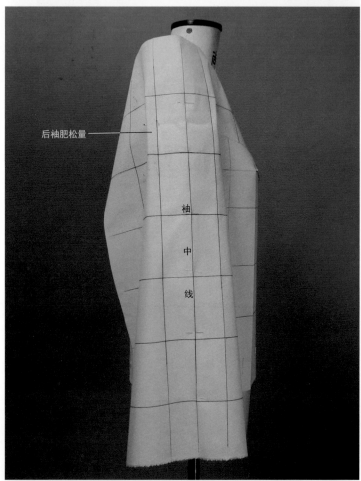

后袖肥松量

袖
中
线

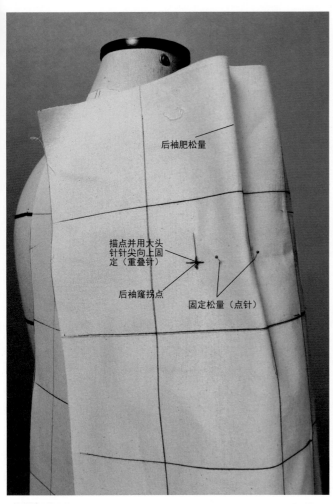

后袖肥松量

描点并用大头
针针尖向上固
定（重叠针）

后袖窿拐点

固定松量（点针）

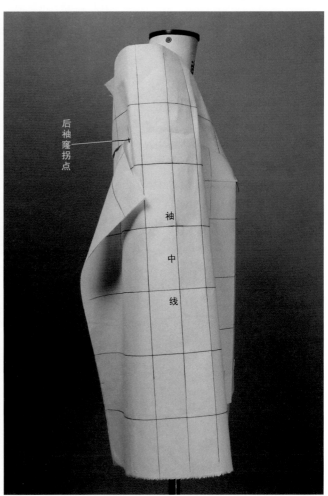

后袖窿拐点

袖中线

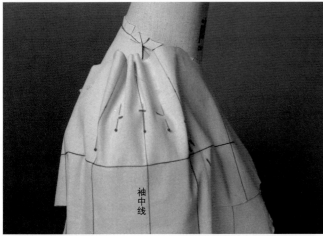

袖中线

7

如图所示用大头针分配袖山头吃势，前少后多，两侧少，中间多，将大头针固定在所对应的袖窿弧线上；对袖山进行描点并取下大头针（重叠针），准备将袖中线剪开。

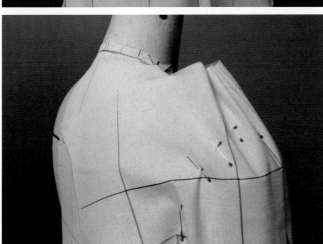

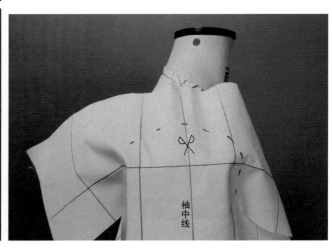

袖中线

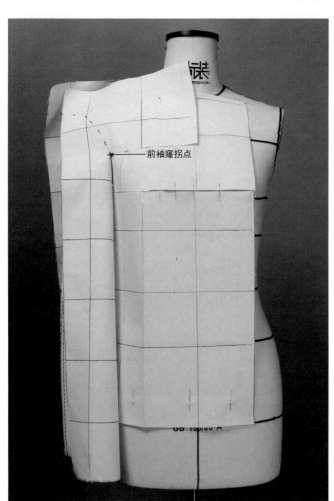

将袖片基础布由袖中线处剪开，一分为二。

前袖窿拐点

尚装服装讲堂

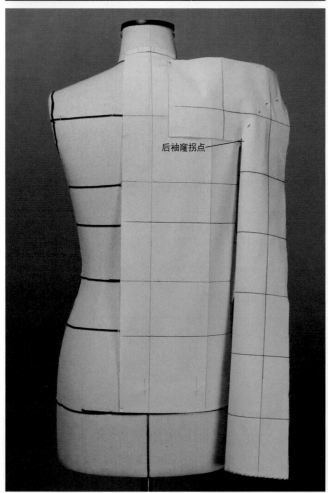

后袖窿拐点

前袖窿拐点

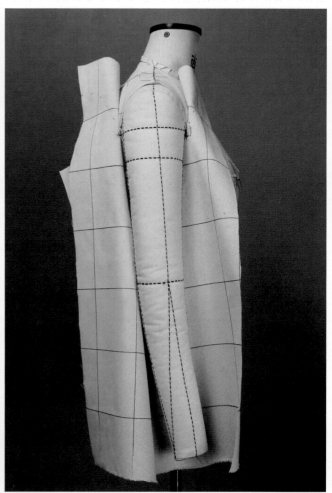

9-1 将后袖布翻折至后背处，抬起手臂，将前袖布与衣身上下用大头针固定（重叠针），保持布片横纱水平，直纱垂直；对前袖山底弯、前内袖缝、前袖口线进行描点，清剪多余缝边。

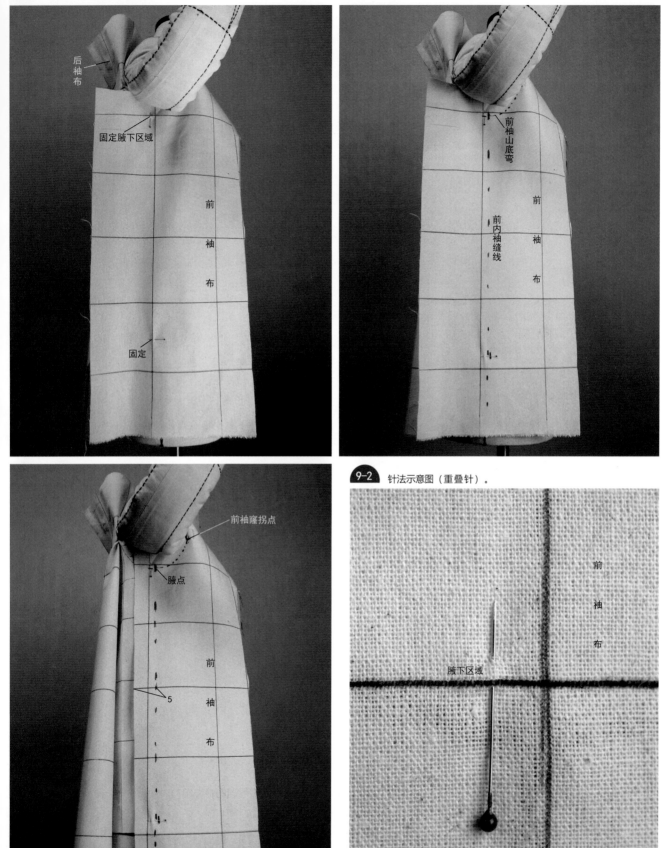

后袖布

固定腋下区域

前
袖
布

固定

前袖山底弯

前
内
袖
缝
线

前
袖
布

前袖窿拐点

腋点

5

前
袖
布

前袖口线

9-2 针法示意图（重叠针）。

前
袖
布

腋下区域

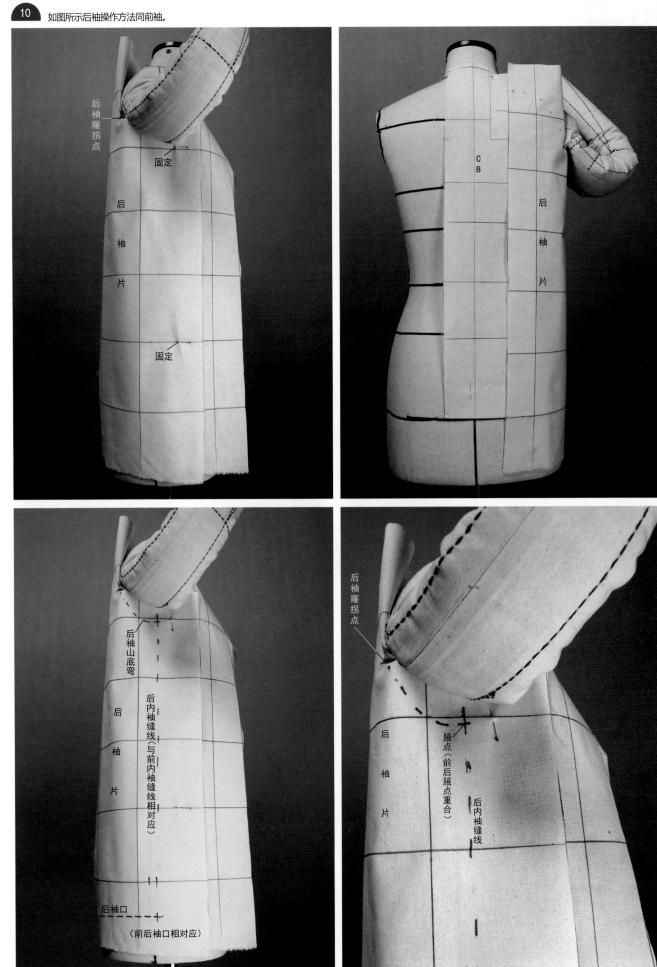

后袖隆拐点

固定

后

袖

片

固定

C
B

后

袖

片

后袖山底弯

后

袖

片

后内袖缝线（与前内袖缝线相对应）

后袖口

（前后袖口相对应）

后袖隆拐点

后

袖

片

腋点（前后腋点重合）

后内袖缝线

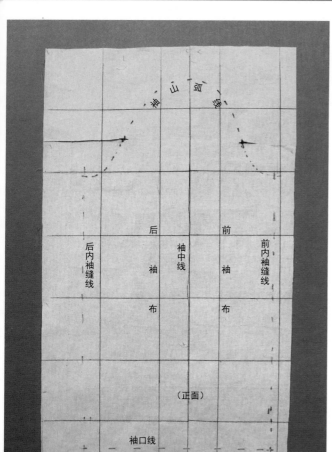

● **线条修顺、熨烫及清剪整理**

 11

如图修顺袖山弧线、前后内袖缝线、袖口线,并清剪袖片多余缝边;袖口贴边扣净熨烫(注:图中前后袖山拐点对应前后袖隆拐点)。

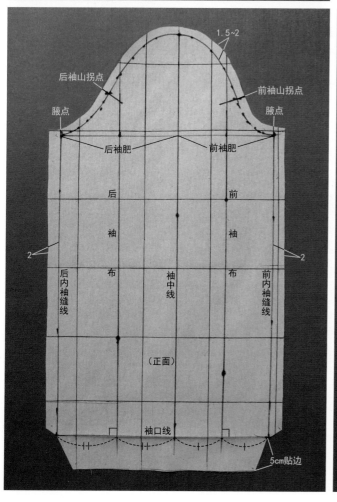

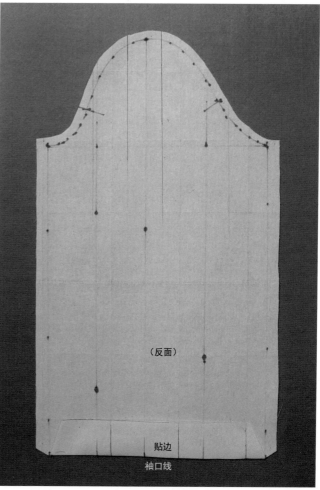

12 假缝前后内袖缝（后内袖缝压前内袖缝）；如图使用手针绷缝袖山头部位（手针绷缝线距袖山弧线0.3cm）并抽小碎褶（小碎褶为袖山头吃势量）。

后袖　前袖

袖中线

（正面）

前袖　后袖

前后内袖缝线假缝

（背面）

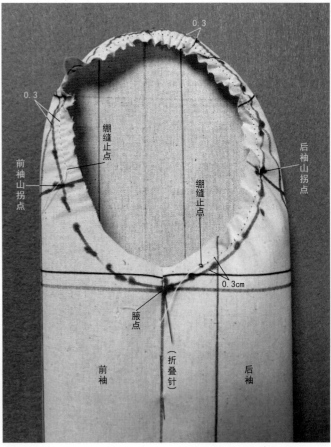

0.3

0.3

绷缝止点

前袖山拐点

后袖山拐点

绷缝止点

0.3cm

腋点

（折叠针）

前袖　后袖

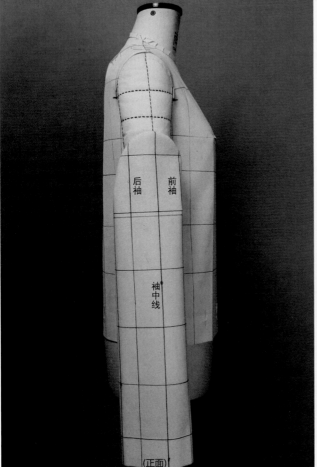

后袖　前袖

袖中线

（正面）

13-1

如图所示，袖山弧线与袖窿线的装配假缝（装配袖），将假缝好的袖子装到手臂上，使前后袖窿拐点与前后袖山拐点对齐重合后用隐藏针法假缝此两点；参考图中所示调整袖山头吃势量，使用隐藏针法假缝袖山头。

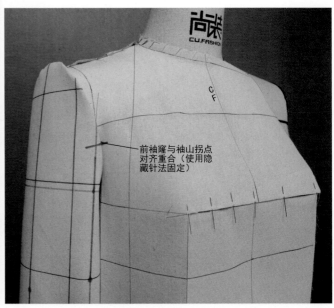

前袖窿与袖山拐点对齐重合（使用隐藏针法固定）

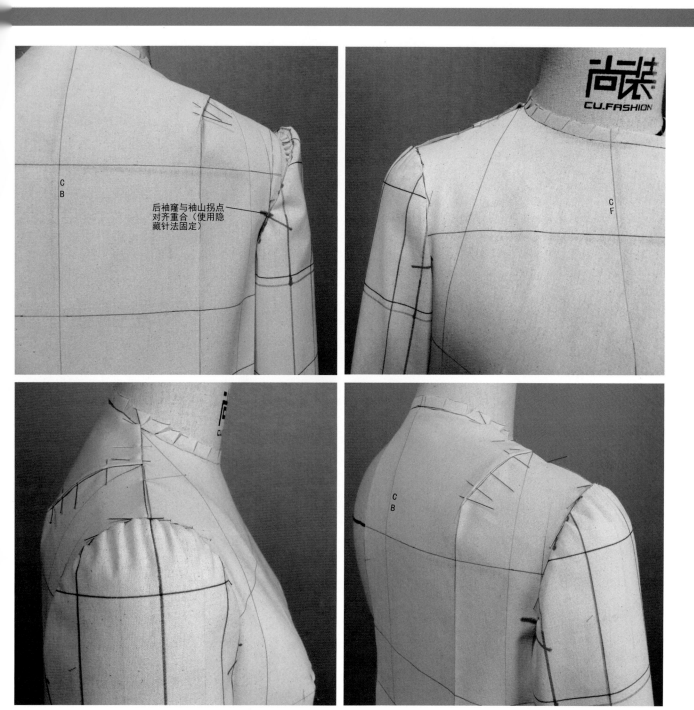

后袖窿与袖山拐点
对齐重合（使用隐
藏针法固定）

13-2

针法示意图（隐藏针）。

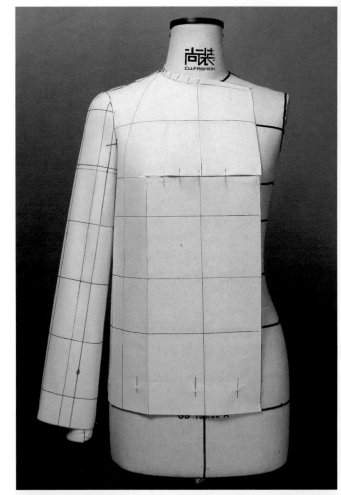

完 成 图

尚装服装讲堂

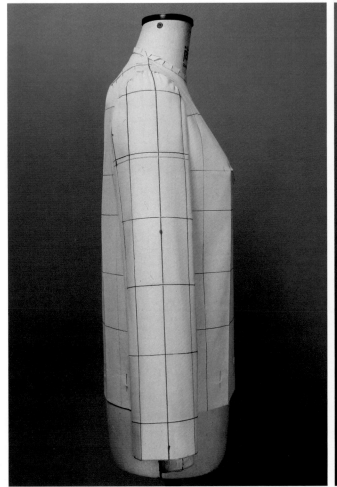

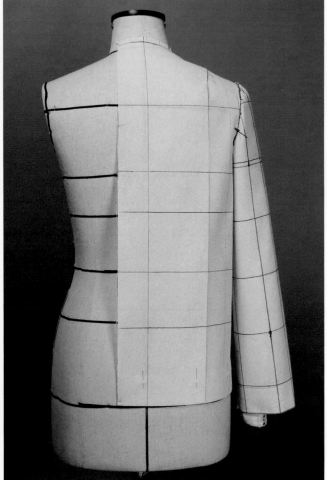

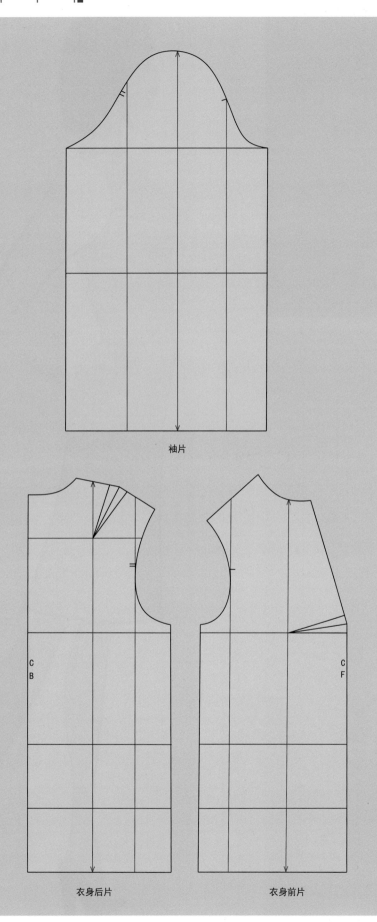

袖片

衣身后片　　　　　　　　　　衣身前片

款式描述

该款式为外（大）袖、内（小）袖两片袖，袖型的弯曲
程度与手臂相近；略收袖口，肩端点、前后袖窿拐点及
腋下点均为人体臂根正常分界位置。

练习重点

- 内（小）袖袖山底弯、前后小袖缝的绘制方法。
- 大袖松量的确定。
- 袖弯势的操作方法。

材料准备

- 人台（与所使用的原型衣身相匹配）。
- 专业立裁针、剪刀、手臂。
- 3cm×22cm纯棉坯布直纱条。
- 约62cm×145cm纯棉坯布。
- 马克笔（或4B铅笔）、三色圆珠笔。
- 推版尺、多功能尺、缝纫线、手针。

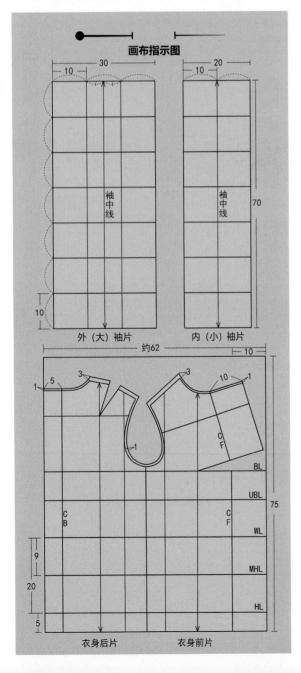

画布指示图

外（大）袖片　　内（小）袖片

衣身后片　　衣身前片

- **人台准备**

  与第49页"箱式上衣原型"相同。注：将手臂安装在人台上。

- **款式制作**

 步骤与第179～180页"圆装一片袖"中的 1 2 步骤方法形式相同。

小袖制作：如图所示，由前后袖窿拐点向下顺臂弯势对内外袖缝进行标线。

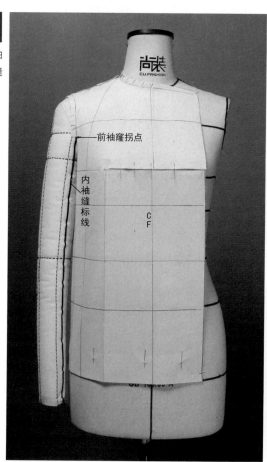

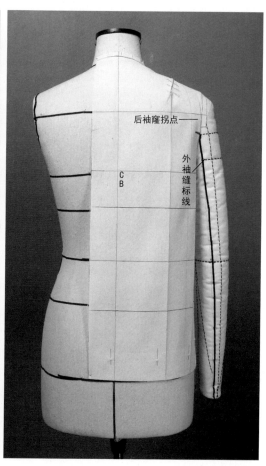

手臂弯曲抬起将内（小）袖基础布中间袖中线对准衣身侧缝线，用大头针固定袖山底弯（袖山底弯对应袖窿底弯）至前后袖窿拐点，并将其描点。

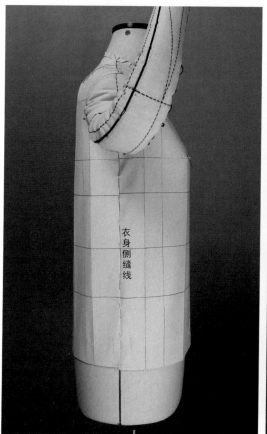

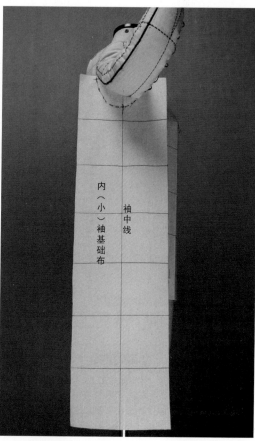

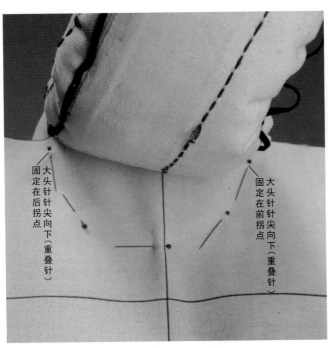

大头针针尖向下（重叠针）
固定在后拐点

大头针针尖向下（重叠针）
固定在前拐点

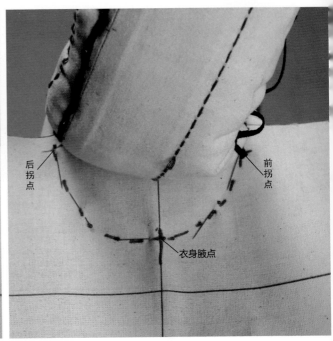

后拐点

前拐点

衣身腋点

5 在前袖肘处打剪口至内袖缝标线。

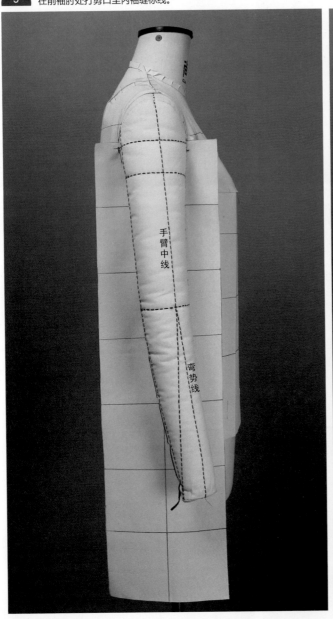

手臂中线

弯势线

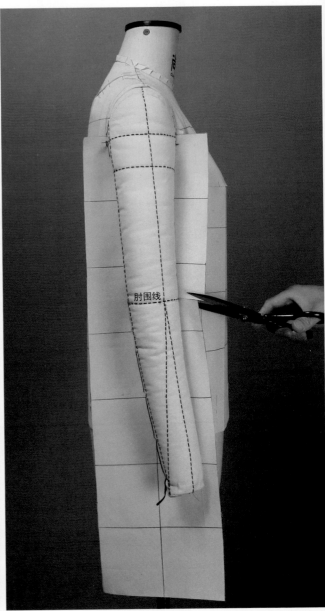

肘围线

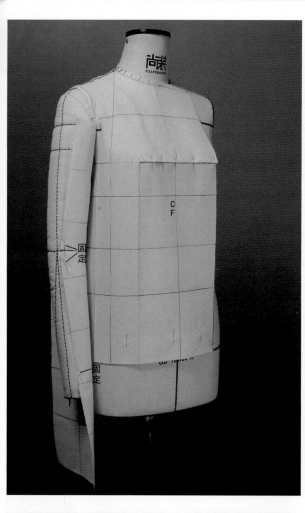

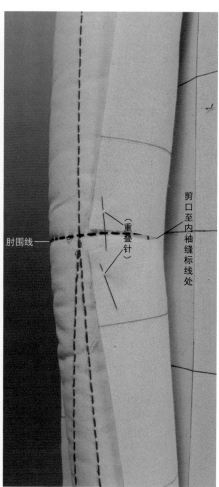

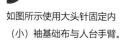

如图所示使用大头针固定内
（小）袖基础布与人台手臂。

肘围线——

（重叠针）

剪口至内袖缝标线处

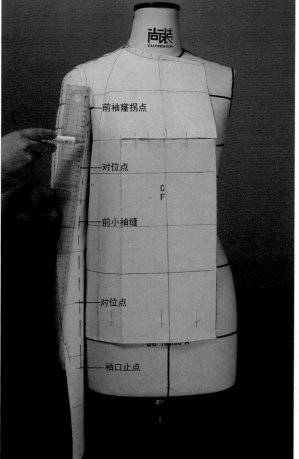

7

由前袖窿拐点起将内袖缝标线所对应的前小袖缝描点，
并在如图所示的区域标记对位点与袖口止点。

前袖窿拐点

对位点

CF

前小袖缝

对位点

袖口止点

固定

固定

CF

8 如图所示，将后小袖布片自然包裹人台手臂并用大头针固定（重叠针）；由后袖窿拐点起向下将外袖缝标线所对应的后小袖缝描点，并在如图所示区域标记对位点与袖口止点。

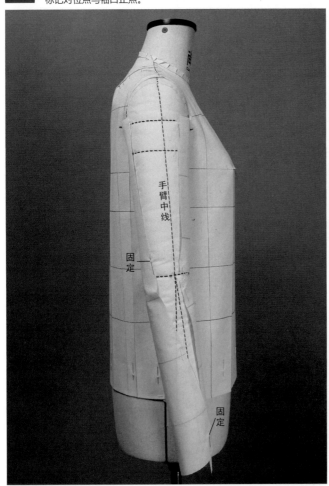

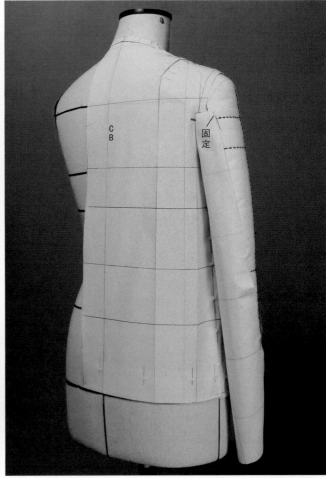

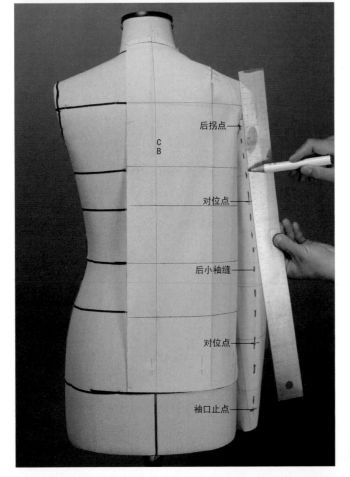

9 大袖制作：将外（大）袖基础布的袖中线对准手臂中线并保持布片横纱水平、直线垂直，由袖山头至袖口处沿袖中线如图固定大头针（重叠针）注意大头针所固定的位置。

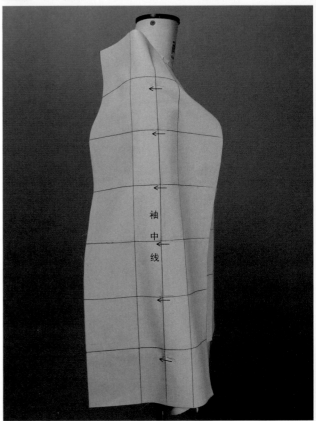

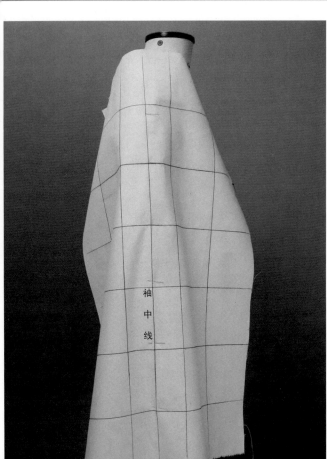

10

确定前袖肥、袖肘及袖口松量，并用大头针固定，在袖肘处打剪口至内袖缝标线处。

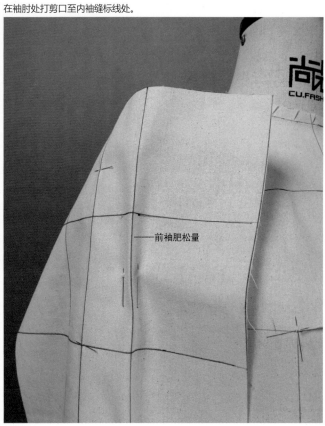

袖中线

←—前袖肥松量

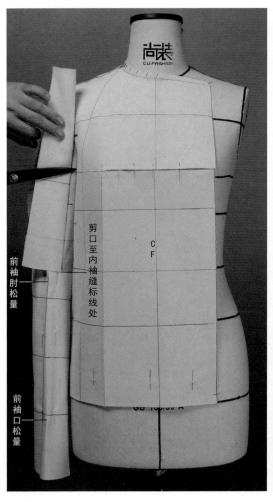

前袖肘松量

前袖口松量

剪口至内袖缝标线处

CF

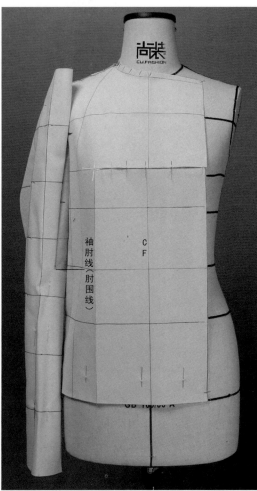

11

将袖肘线（肘围线）以上余布沿内袖缝向外翻折，并用剪刀刮折后清剪余布，留3cm缝边，用折叠针法假缝。

袖肘线（肘围线）

CF

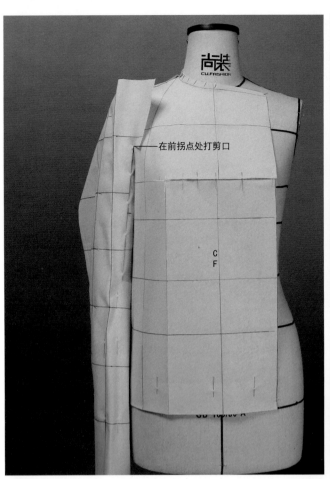

在前拐点处打剪口

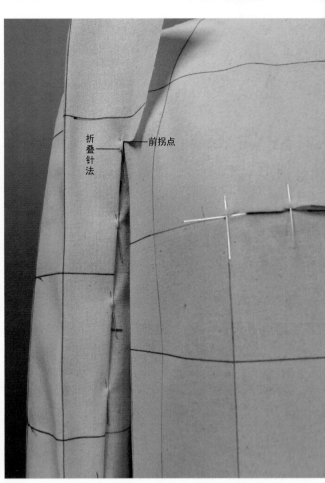

折叠针法　前拐点

尚装服装讲堂

12 对袖肘线（肘围线）以下部分清剪并进行刮别，假缝处理与上一步方式相同。

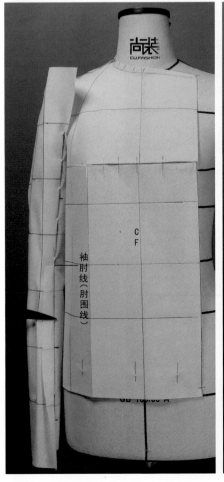

袖肘线（肘围线）

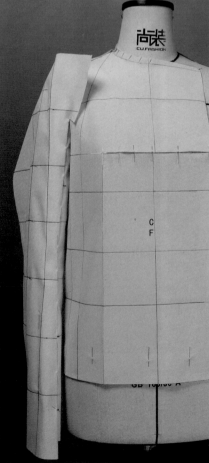

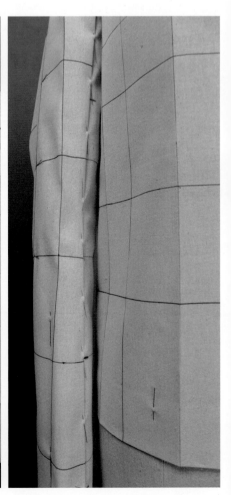

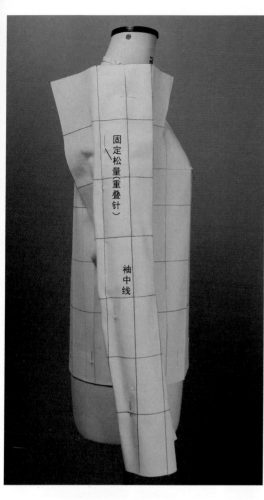
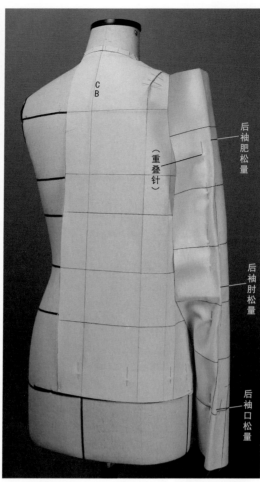

固定松量（重叠针）

袖中线

（重叠针）

CB

后袖肥松量

后袖肘松量

后袖口松量

13

确定后袖肥、袖肘及袖口
松量，并用大头针固定松
量（可看图自定）。

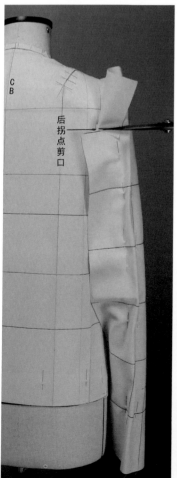
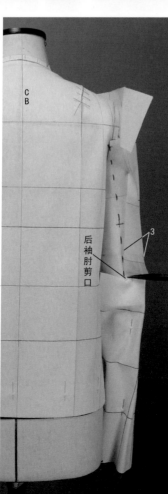
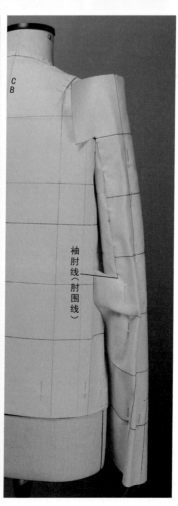

CB

后拐点剪口

CB

后袖肘剪口

3

CB

袖肘线（肘围线）

14

在后拐点与后袖肘处打剪口，
对袖肘线（肘围线）以上部分
进行刮折、清剪，并如图在后
袖缝上复制后小袖缝上的对位
点，假缝处理。

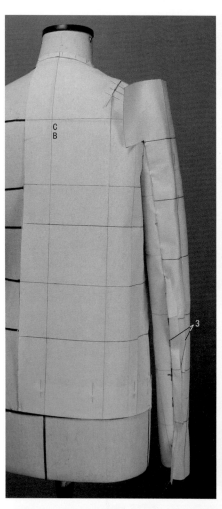

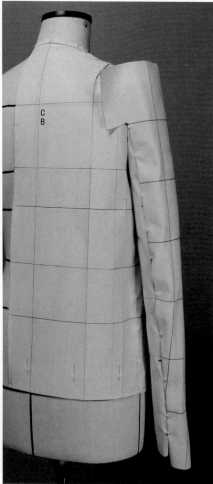

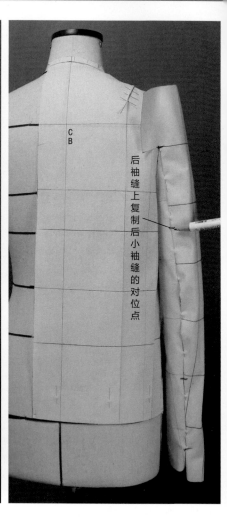

后袖缝上复制后小袖缝的对位点

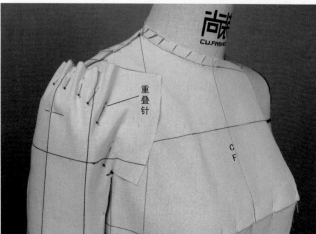

重叠针

15

制作袖山：将袖山部分余布立起，用大头针分配袖山吃势并固定袖山（重叠针）。

袖山吃势：前袖山少，后袖山多，两侧少，中间多，并对其袖山头弧线与手臂弯势线（袖弯势线）进行描点。

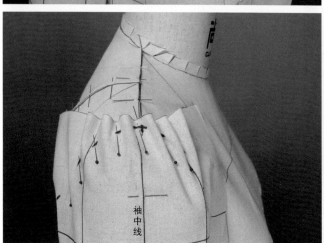

袖中线

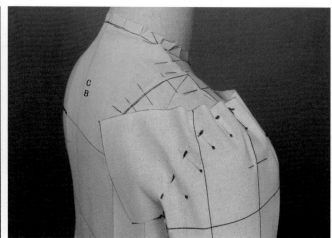

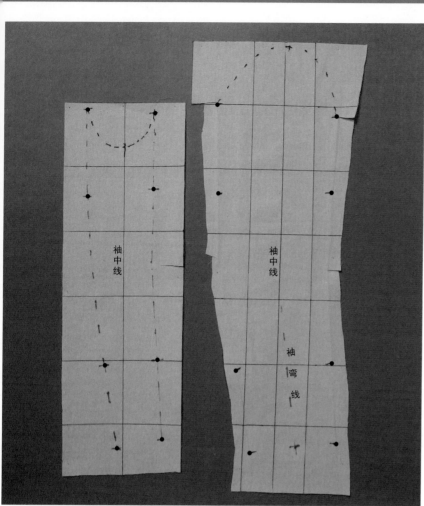

• 修顺线条、整烫、清剪余布及假缝

16

取下大小袖片，进行整烫，整烫时保持布片横纱水平直纱垂直。

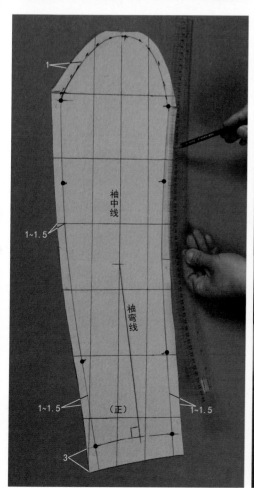

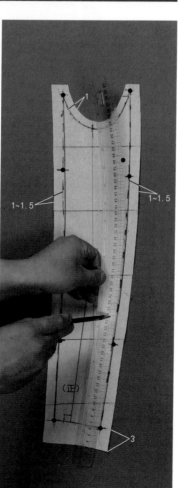

17

修顺各部分线条。

取下大小袖片，进行整烫，整烫时保持布片横纱水平

直纱垂直。

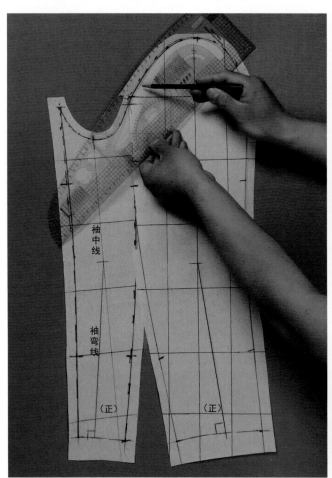

袖中线

袖弯线

（正）　　　（正）

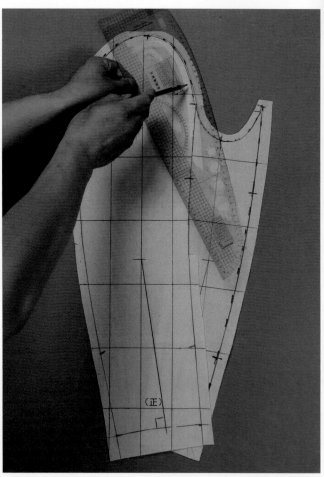

（正）

18

扣净大袖袖缝与袖口折边。

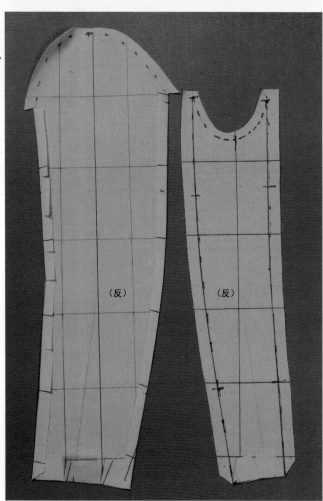

（反）　　　（反）

19 假缝外袖缝，外（大）袖缝压内（小）袖缝（折叠针）。

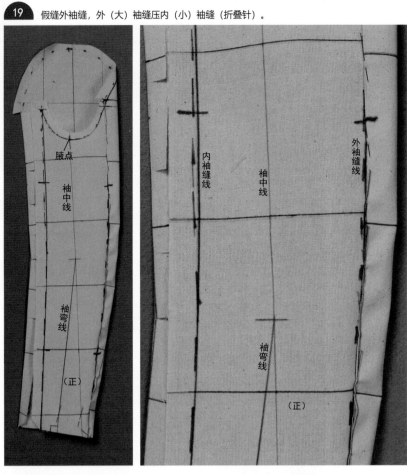

腋点
袖中线
袖弯线
（正）

内袖缝线
袖中线
外袖缝线
袖弯线
（正）

20 如图使用手针（或缝纫机）绷缝袖山头部位并抽小碎褶（袖山头吃势量）注：方法与"圆装一片袖"此部位相同。

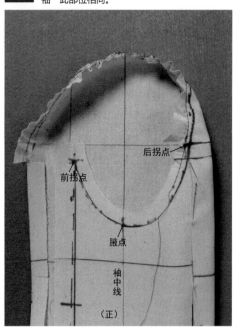

后拐点
前拐点
腋点
袖中线
（正）

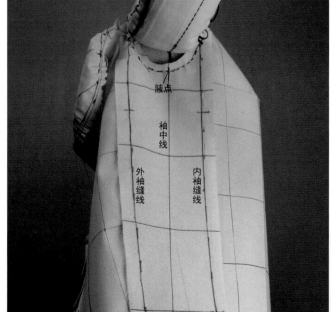

腋点
袖中线
外袖缝线
内袖缝线
（背） （反）

21 假缝袖底弯：袖山腋点与衣身腋点对齐重合；袖山底弯与相对应的袖窿底弯对齐；由前后袖窿与袖山拐点处起用大头针对底弯进行假缝（重叠针）。

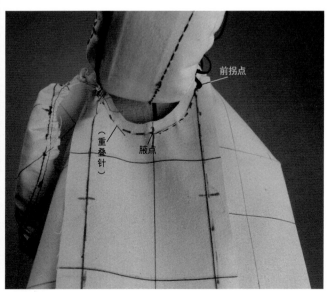

前拐点
（重叠针）
腋点

22 假缝袖内缝。

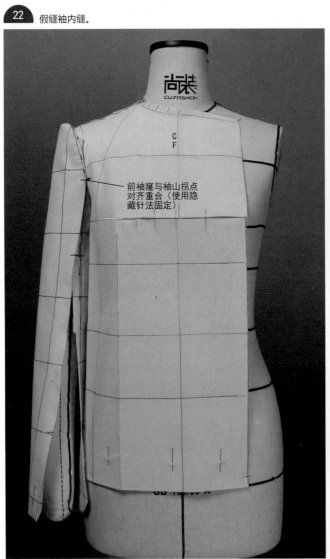

前袖窿与袖山拐点
对齐重合（使用隐
藏针法固定）

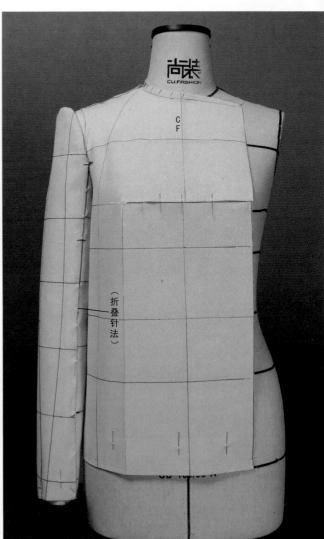

（折叠针法）

23

假缝袖山头：（与"圆装一
片袖"假缝袖山的方法相
同）。

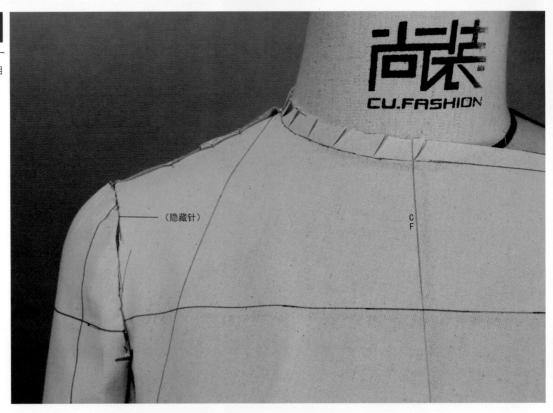

（隐藏针）

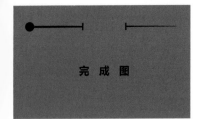

完成图

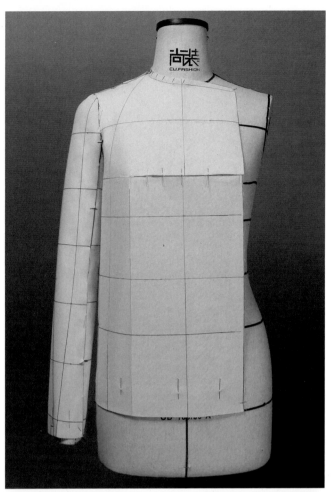

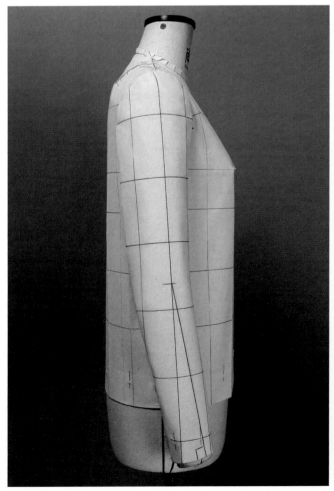

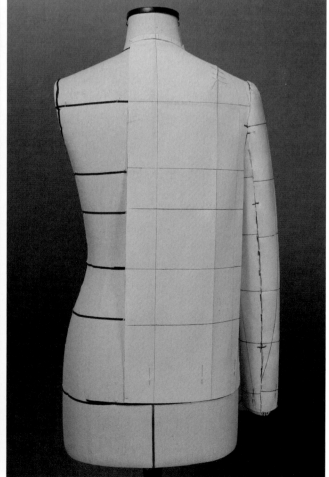

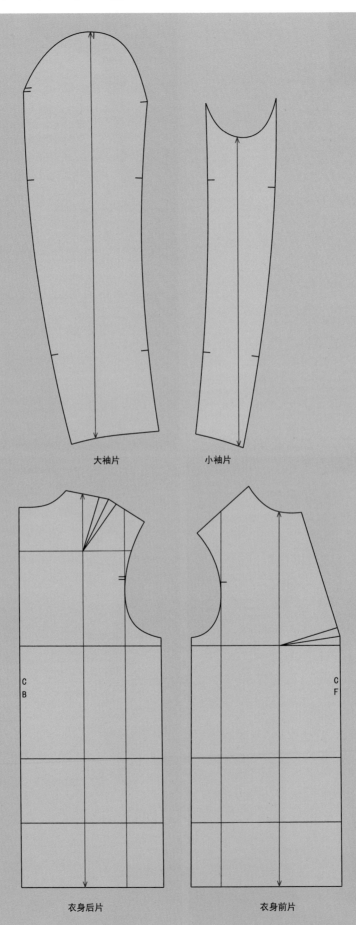

大袖片　　　　　小袖片

衣身后片　　　　　衣身前片

款式描述

此款袖肥松量适中，肩袖缝与袖中弧线有断缝；分为内袖、前袖、后袖三片结构。

练习重点

● 插肩袖衣身剖断线的绘制。

● 袖山头部位与衣身肩头部位的吻合对接方法。

● 插肩袖肩袖缝与袖中弯线的确定方法。

材料准备

● 人台（与所使用的原型衣身相匹配）。

● 宽0.3cm纯棉织带。

● 专业立裁针、剪刀、手臂。

● 3cm×22cm纯棉坯布直纱条。

● 约70cm×235cm纯棉坯布。

● 马克笔（或4B铅笔）、三色圆珠笔。

● 推版尺、多功能尺、缝纫线、手针。

画布指示图

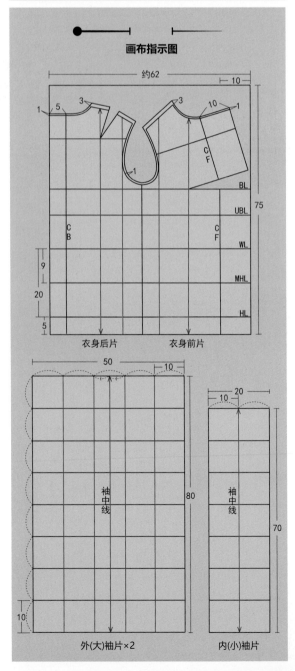

- **人台准备**

与第49页"箱式上衣原型"相同。注：将手臂安装在人台上。

- **款式制作**

①② 步骤与第179~180页"圆装一片袖"中的 **①②** 步骤方法形式相同。

③

如图所示，过前后袖窿拐点作前后插肩剖断线并确定对位点。

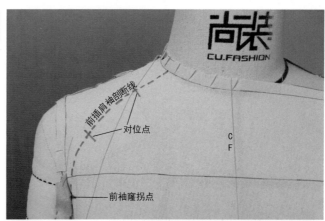

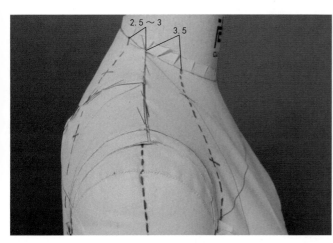

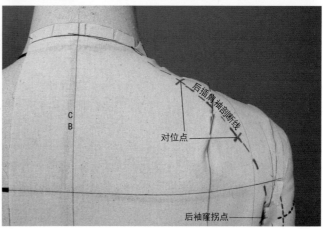

④ 小袖制作：如图所示将内（小）袖与衣身进行立裁，并将小袖布用立裁针固定在手臂上，由前后袖窿拐点向下沿前后小袖内外袖缝描点（操作方法同"圆装两片袖"，请参考第193~196页中的 **③④⑤⑥⑦⑧** 步骤方法进行操作）。

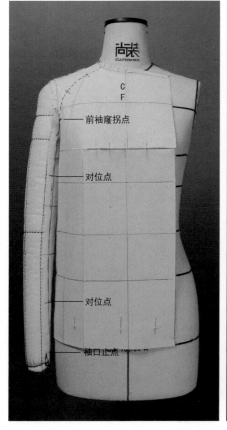

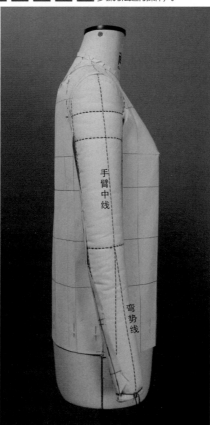

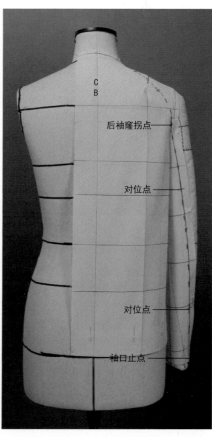

5 外大袖制作：将外（大）袖片基础布的袖中线对准人台手臂中线，保持横纱水平，直纱垂直。由袖山头向下至袖口处沿袖中线用大头针均匀固定（重叠针），注意大头针所固定的位置。

6 确定前袖肥松量，并在前袖肘线与前袖缝的交点处打剪口，以刮别方式留3cm缝边，清剪余布，扣净假缝袖肘以下部分的袖缝。

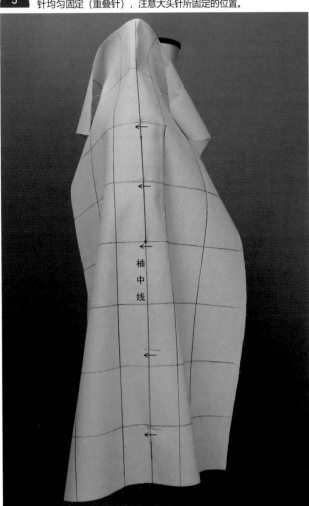

袖中线

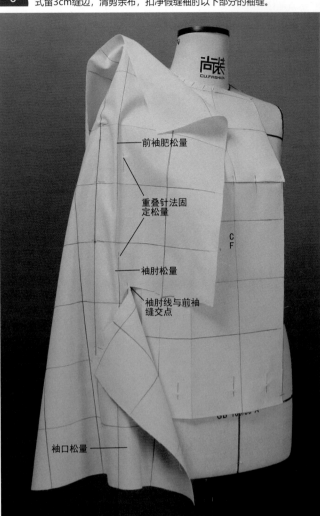

前袖肥松量

重叠针法固定松量

袖肘松量

袖肘线与前袖缝交点

C F

袖口松量

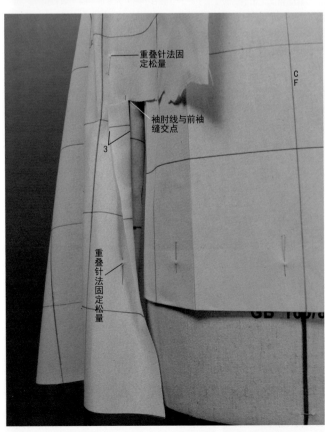

重叠针法固定松量

C F

袖肘线与前袖缝交点

3

重叠针法固定松量

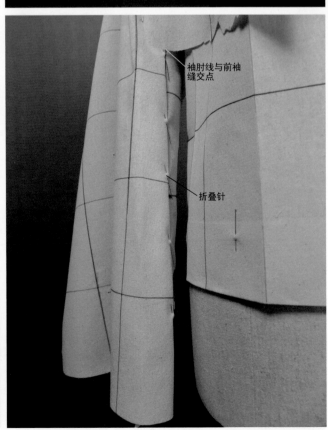

袖肘线与前袖缝交点

折叠针

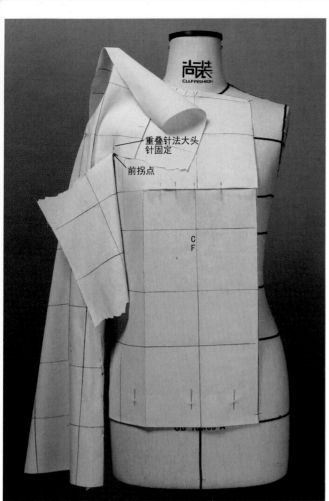

在前拐点部位打剪口，用大头针固定，以刮别方式留3cm缝边，清剪余布，扣净假缝袖肘以上部分的袖缝。

重叠针法大头针固定

前拐点

C
F

211

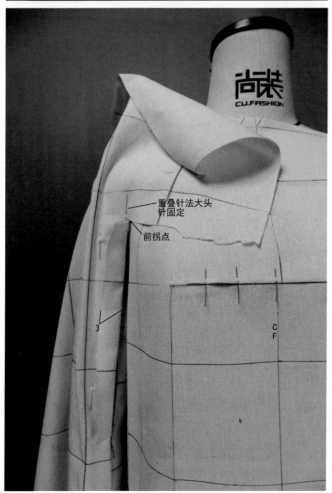

重叠针法大头针固定

前拐点

3

C
F

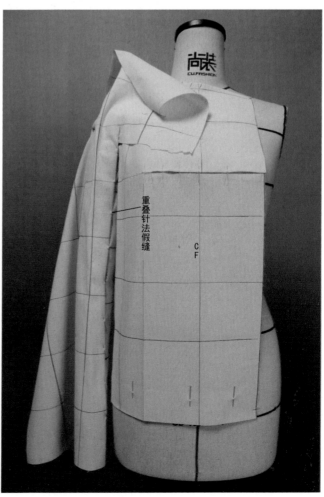

重叠针法假缝

C
F

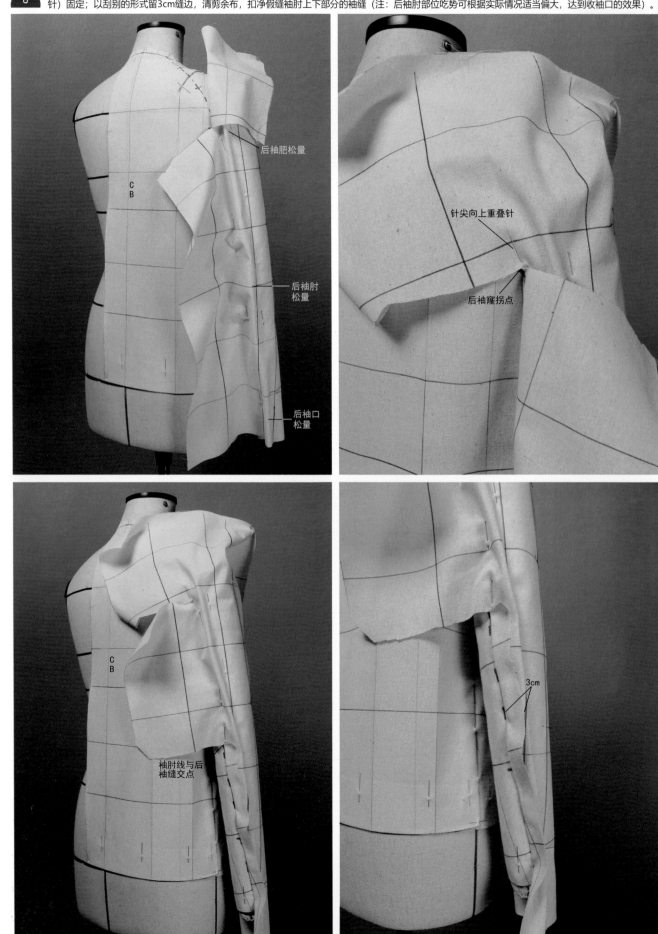

确定后袖松量：如图所示，确定后袖肥、后袖肘、后袖口的松量并用重叠针法固定，在后袖窿拐点和袖肘线与后袖缝线交点处打剪口，并用大头针（重叠针）固定；以刮别的形式留3cm缝边，清剪余布，扣净假缝袖肘上下部分的袖缝（注：后袖肘部位吃势可根据实际情况适当偏大，达到收袖口的效果）。

后袖肥松量

后袖肘松量

后袖口松量

针尖向上重叠针

后袖窿拐点

C B

C B

袖肘线与后袖缝交点

3cm

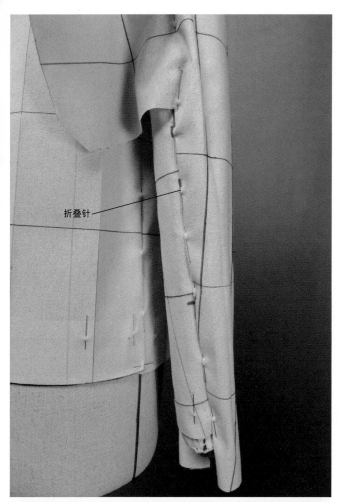

折叠针

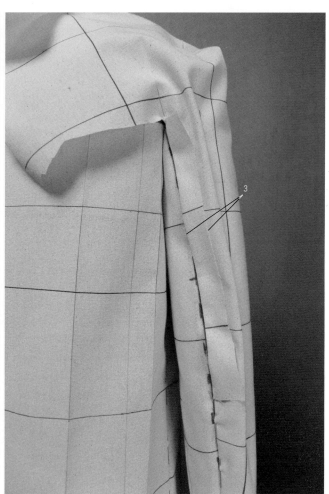

3

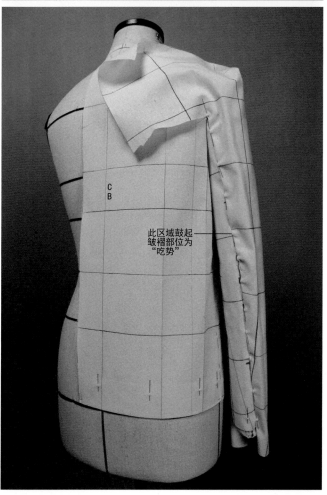

C
B

此区域鼓起
皱褶部位为
"吃势"

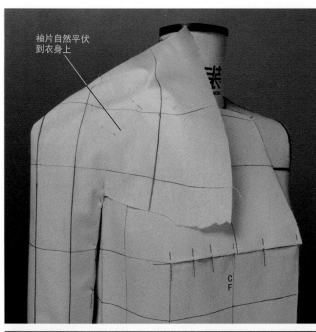

袖片自然平伏
到衣身上

将固定前后袖肥、袖肘、袖口松量的大头针取下使袖布自然松弛，将前袖上半部分的袖布自然平伏到衣身上，并用重叠针固定袖布与衣身，如图所示：袖布在插肩剖断部位均匀打剪口。

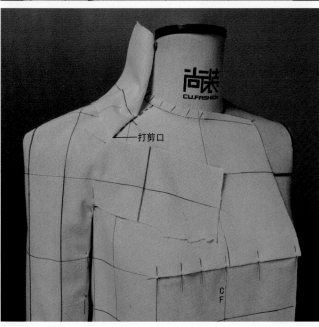

打剪口

CF

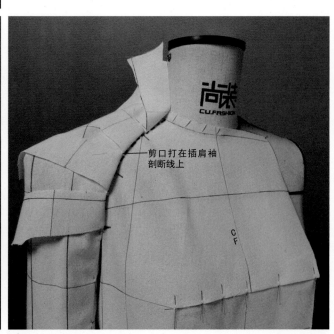

剪口打在插肩袖
剖断线上

CF

10　清剪插肩剖断位置的缝边，以刮别的形式余留2cm缝边，扣净假缝前插肩剖断线。

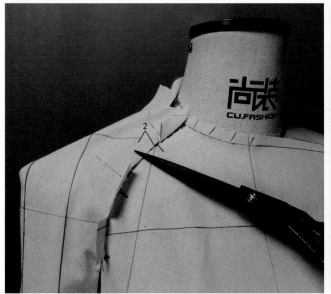

2

袖片自然平伏
到衣身上

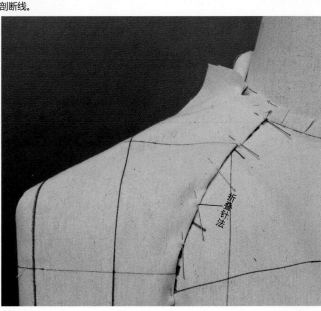

折叠针法

11 后片插肩剖断位置假缝方式同前片。

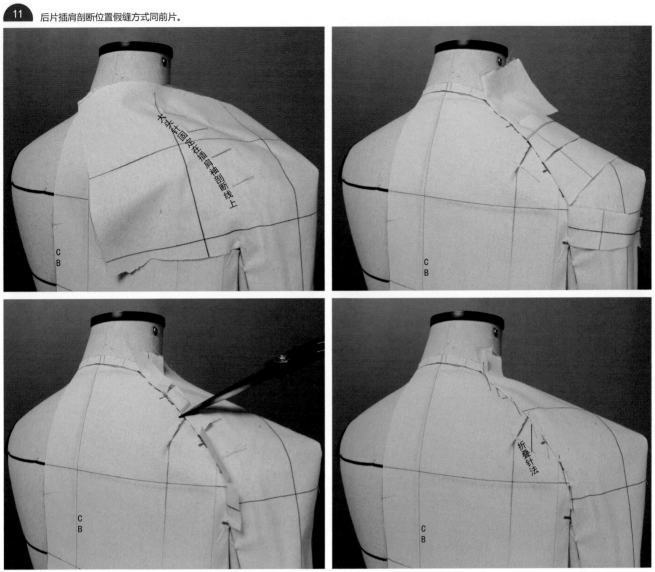

将肩头余布沿小肩方向剪开断缝，清剪前小肩余布留3cm缝边，使其皱褶量均匀平伏并用大头针（重叠针）随小肩方向固定，对小肩进行描点；刮别假
12 缝后小肩，用大头针（折叠针法）固定。

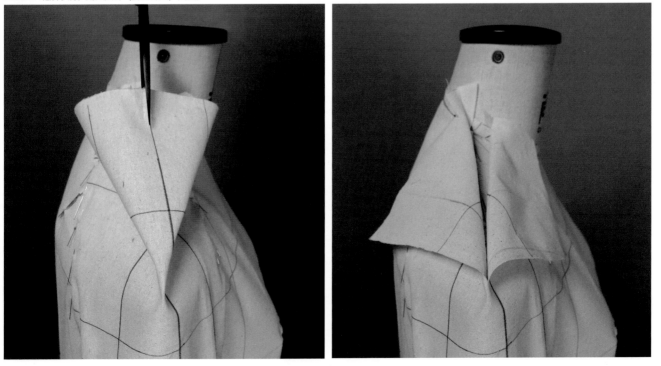

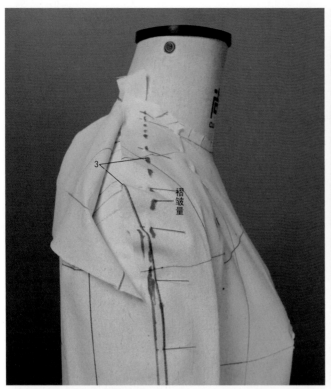

3

褶皱量

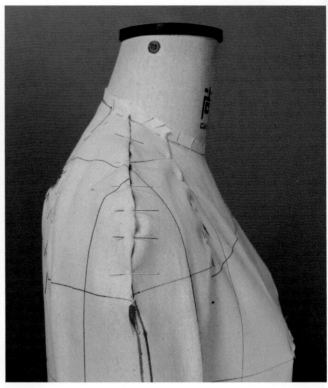

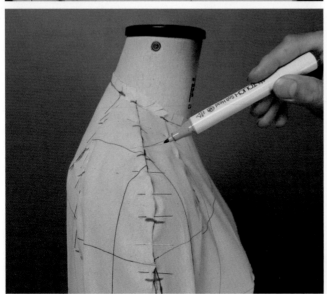

C
F

前袖窿与前袖山
对应的拐点

● 描点

13

如图所示对肩颈点、小肩、肩端点、插肩剖断线、前后袖缝线、袖口线及袖弯势线进行描点。

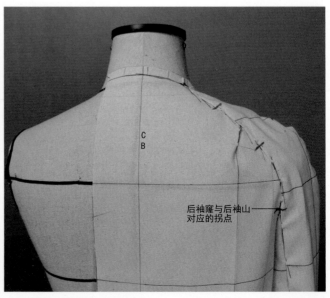

C
B

后袖窿与后袖山
对应的拐点

14 对前袖缝、前肩缝及后袖缝、后肩缝部位进行修顺，并清剪余布。

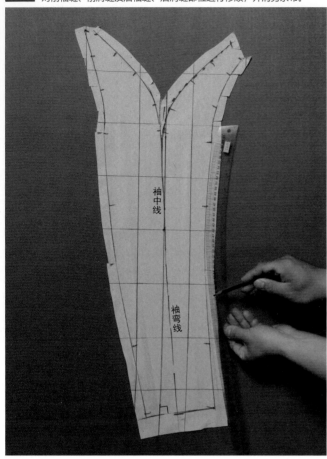

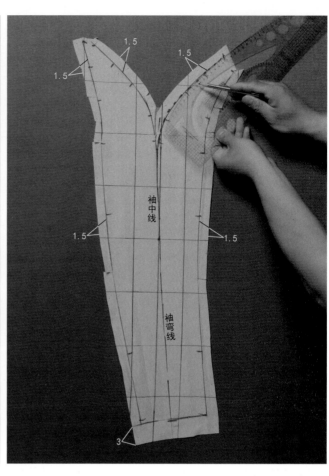

15 将外袖与内袖的内袖缝对齐重合后修顺前袖山弧线；将外袖与内袖的外袖缝线对齐重合后修顺后袖山弧线。

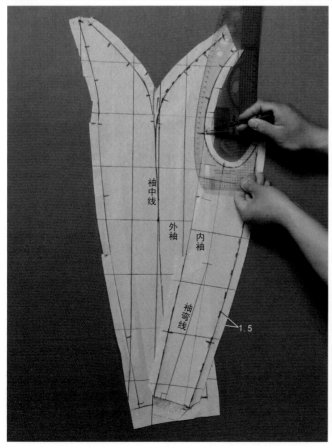

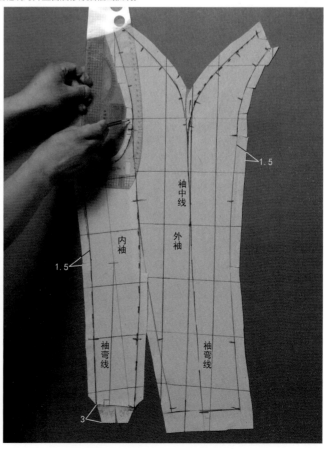

16 对内、外袖口部位进行修顺，并清剪余布。

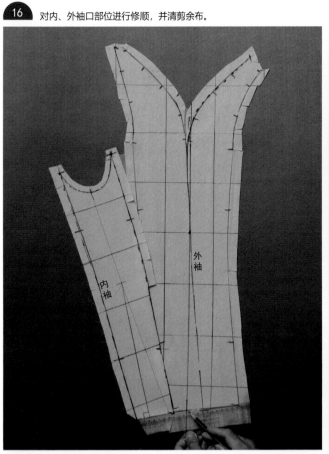

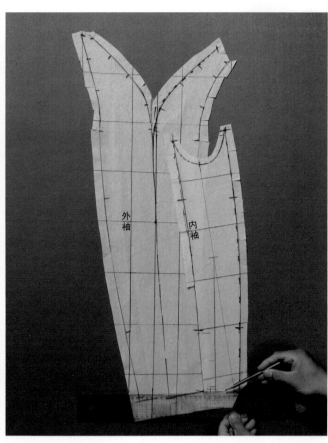

17 修顺前后衣身插肩剖断线，并清剪余布（前后衣身侧缝可连接成为一体）。

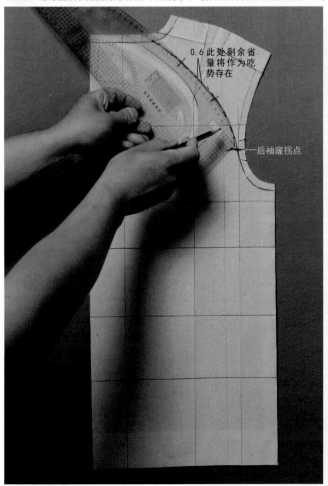

0.6此处剩余省量将作为吃势存在

后袖窿拐点

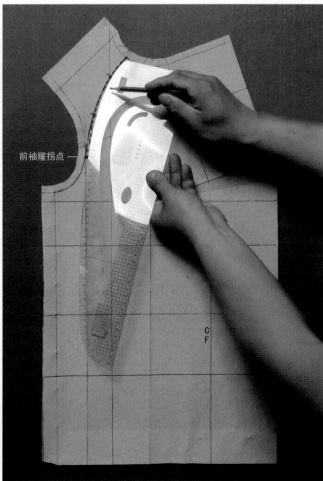

前袖窿拐点

● 熨烫整理与假缝

18 如图所示，将各片丝道调整为垂直、水平后熨烫平整，对图中部位进行扣烫处理。

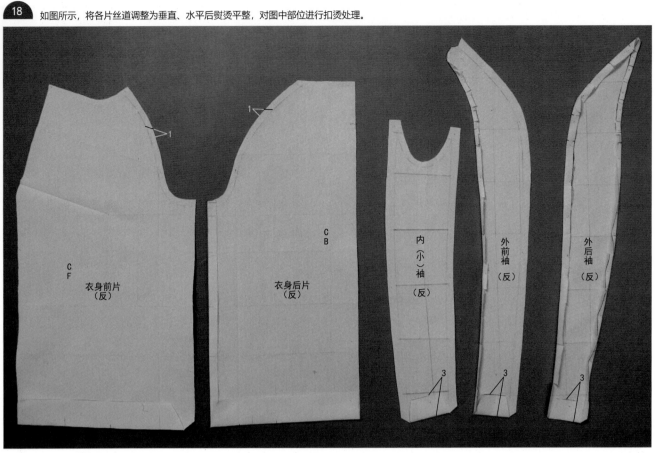

19 衣身侧缝假缝（折叠针）。

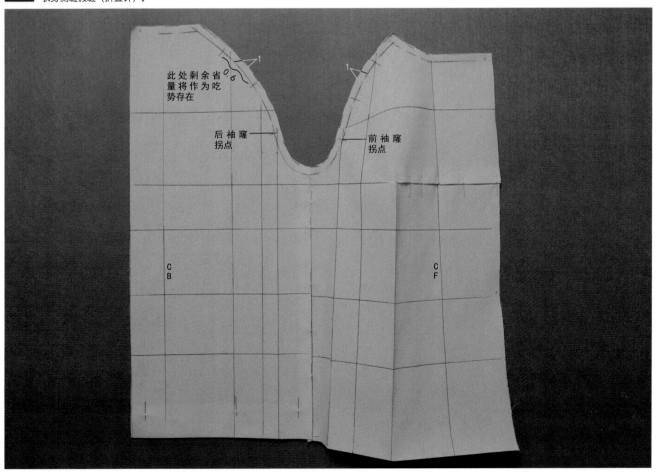

20 如图所示，将假缝好的衣身重新放置于人台上（注意"箭头"所指位置为固定部位，点针）。

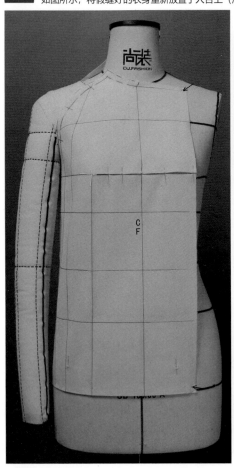
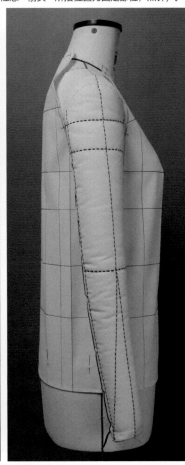
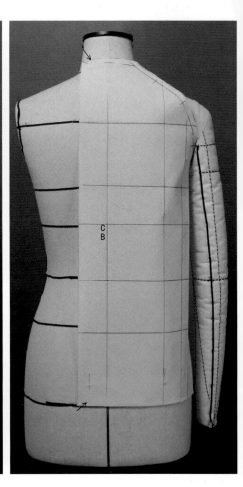

21 假缝内袖底弯，注意大头针的使用方法（重叠针）。

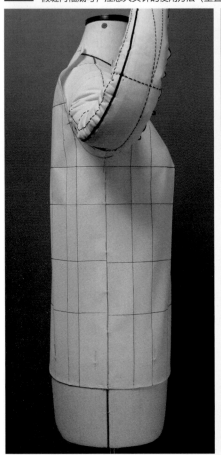
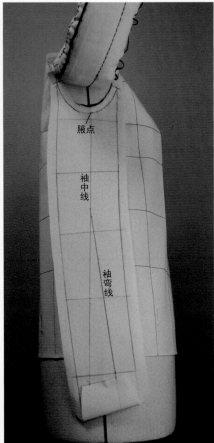
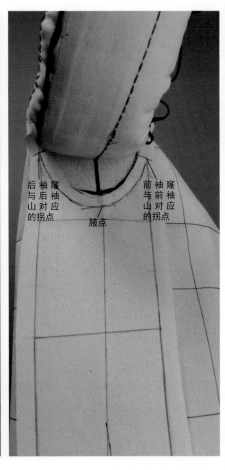

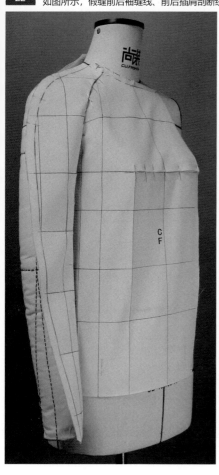
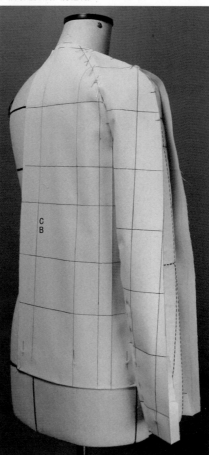
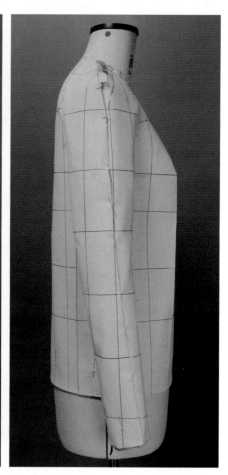

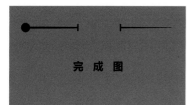

完成图

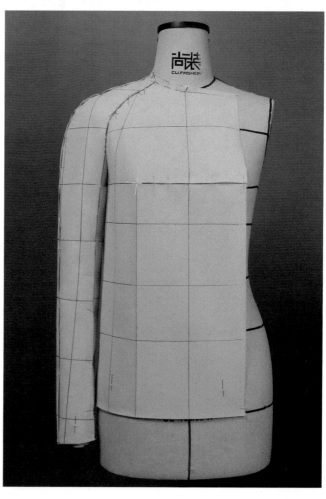

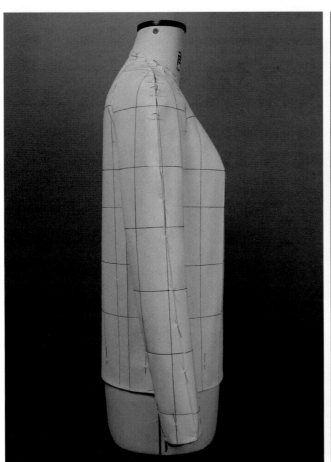
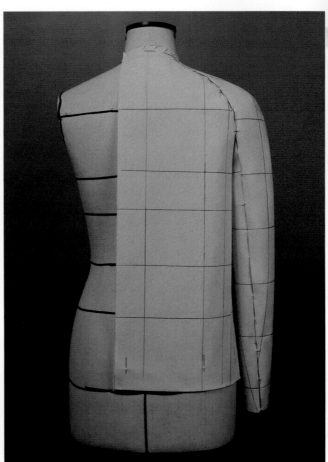

立裁样版图

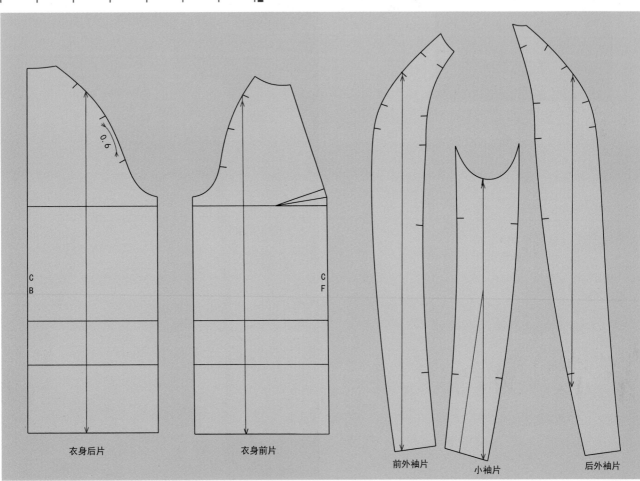

0.6

C
B

C
F

衣身后片　　　　　　　　　衣身前片　　　　　　　前外袖片　　　小袖片　　　后外袖片

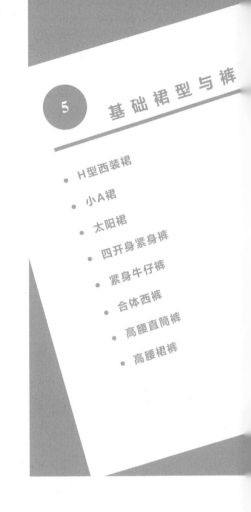

5 基础裙型与裤

- H型西装裙
- 小A裙
- 太阳裙
- 四开身紧身裤
- 紧身牛仔裤
- 合体西裤
- 高腰直筒裤
- 高腰裙裤

款式描述

廓型为H型中腰直腰款式，合体松量，前、后1/2各有两个腰省，属于半裙基本款式之一。

练习重点

● 掌握西装裙加放松量的方法。

● 前后1/2各两个腰省造型的分配与平衡。

● 前后侧三个面的直纱垂直、横纱水平。

材料准备

● 人台（不限定号型）。

● 宽0.3cm纯棉织带。

● 专业立裁针、剪刀。

● 75cm×75cm纯棉坯布。

● 马克笔（或4B铅笔）、三色圆珠笔。

● 推版尺、多功能尺、皮尺、1m长的直尺。

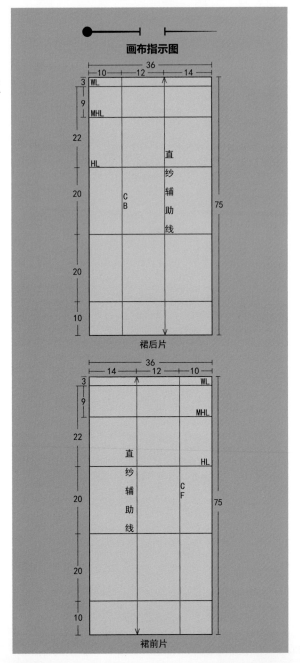

画布指示图

裙后片

裙前片

- **人台准备**

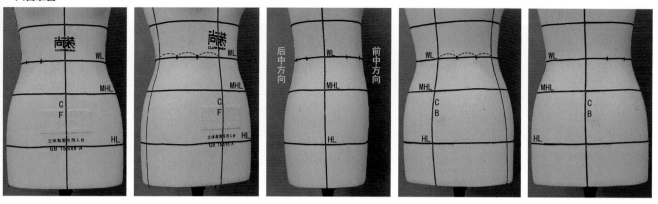

- **款式制作**

前片制作：将裙前片基础布的CF、WL、MHL、HL与人台所对应的标
线对齐并使直纱垂直，横纱水平，如图所示在前腰中点、臀腹部位与人
台底摆部位使用大头针固定。

1-1

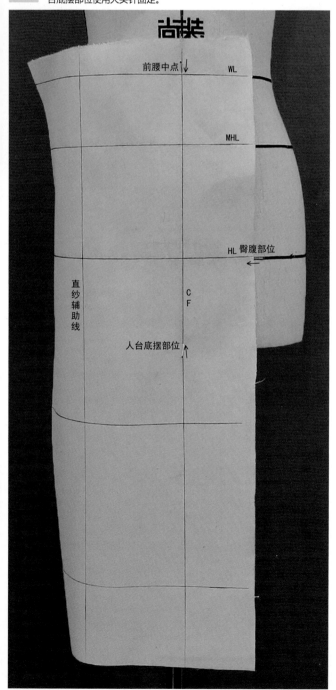

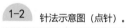

1-2 针法示意图（点针）。

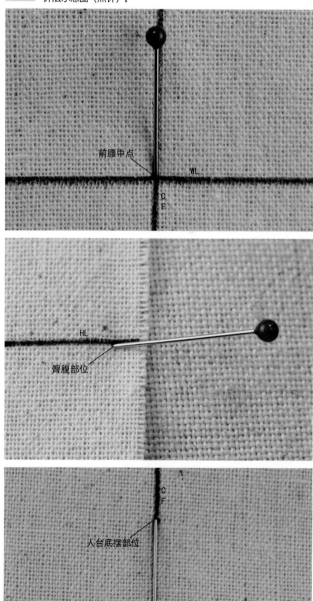

2-1 保持臀围辅助线水平的基础上，将余布往侧缝方向围裹，并在前臀围保留适度的松量（如图所示用大头针固定松量，大头针固定在侧缝余布边缘处，注意保持直纱辅助线的垂直状态）。

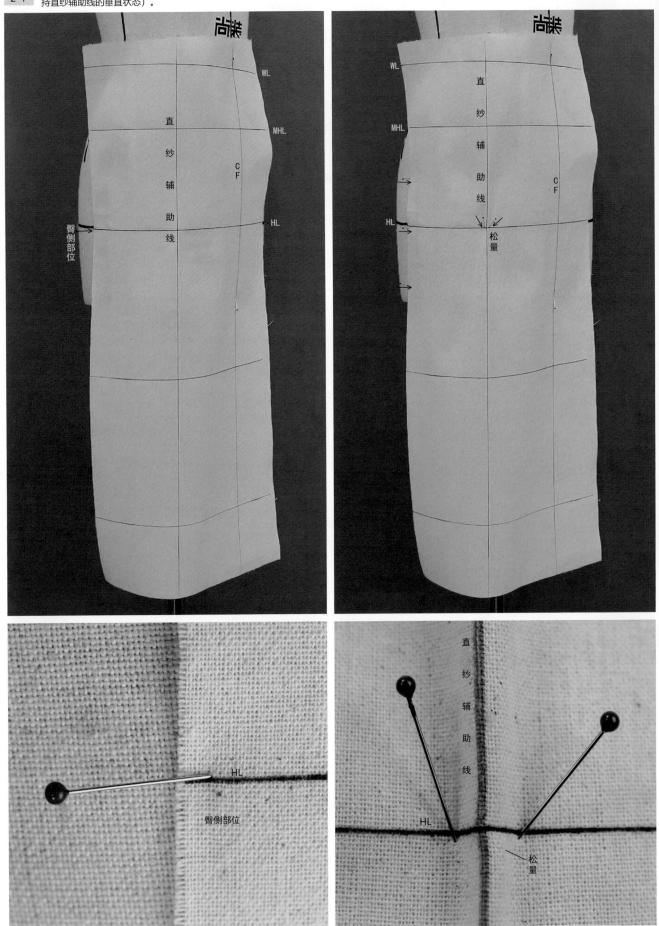

2-2 针法示意图（点针）。

3 在各辅助线处于水平、垂直的前提下，用大头针顺势固定侧缝余布边缘处，然后将前侧固定松量的针取下。

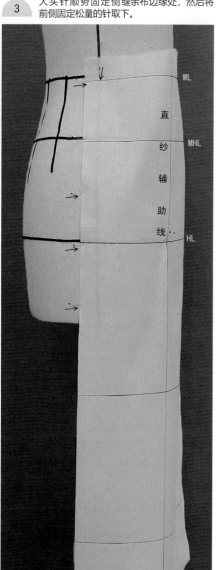

4-1 如图所示用大头针将前片腰部余量平均分成三份。

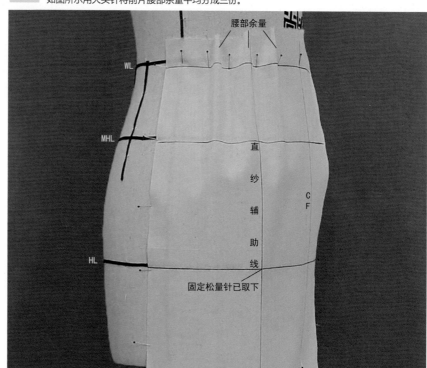

腰部余量

WL

MHL

直纱辅助线

C F

HL

固定松量针已取下

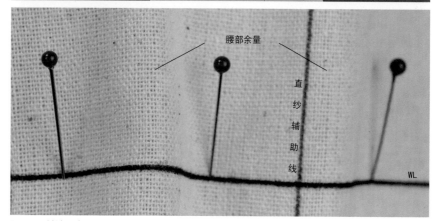

腰部余量

直纱辅助线

WL

4-2 针法示意图（点针）。

5 如图所示取下大头针，取其中的一份余量向侧缝方向推平（形成前腰侧缝省），并用大头针将面料与人台固定。

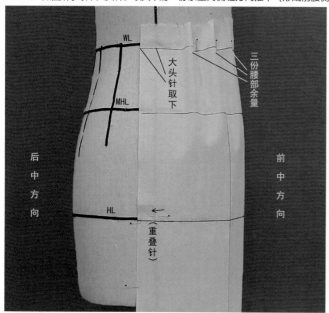

WL

大头针取下

三份腰部余量

MHL

后中方向

前中方向

HL

（重叠针）

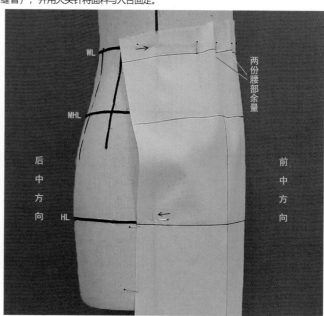

WL

两份腰部余量

MHL

后中方向

前中方向

HL

6 将剩余的两份腰部余量做成腰省，并用大头针固定，注意用针方式（折叠针）。

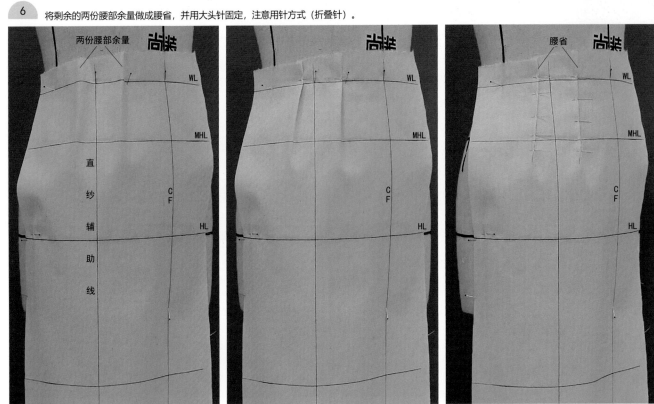

7-1 将侧缝余布处大头针紧贴人台扎到底，使整个侧缝线呈现平伏状态，注意"箭头"所示标注的位置为大头针固定位置。

7-2 针法示意图（点针）。

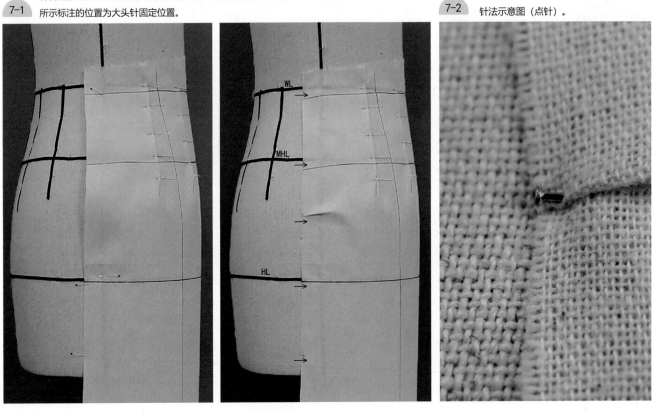

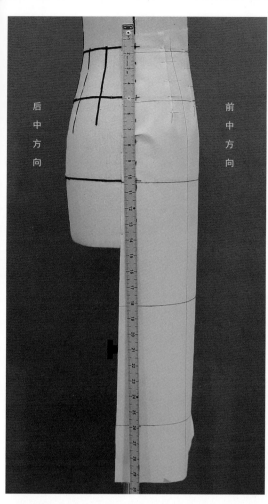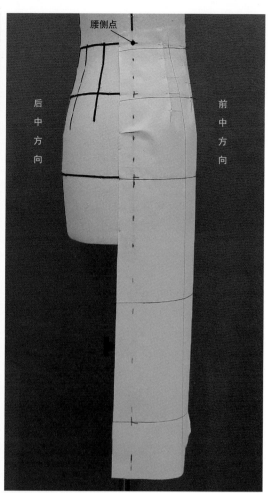

後中方向

前中方向

後中方向

前中方向

腰側点

8

如图所示对侧缝线进行描点（侧缝线由腰侧点垂直于地平线）。

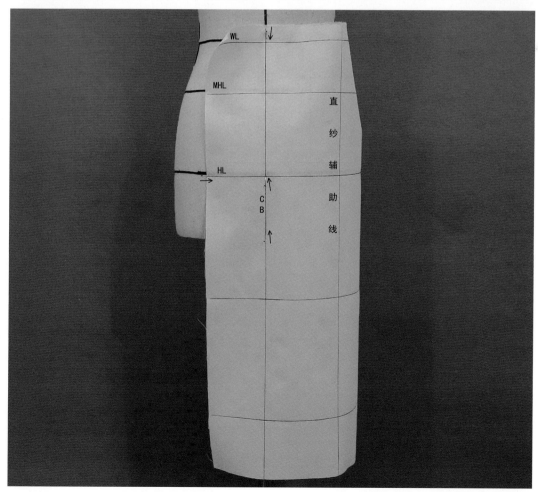

WL

MHL

HL

C
B

直

纱

辅

助

线

9

后片制作：将裙后片基础布的CB、WL、MHL、HL与人台所对应的标线对齐，并使直纱垂直，横纱水平，如图所示按箭头所标注的位置使用大头针固定（点针）。

10

在保持臀围辅助线水平的基础上，将余布往侧缝方向围裹，并在后臀围保留适度的松量，如图所示将松量用大头针固定在HL线附近，注意保持直纱辅助线的垂直状态。

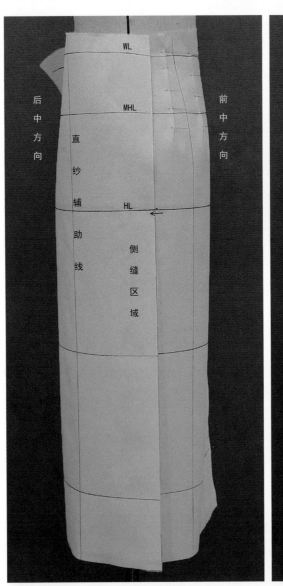
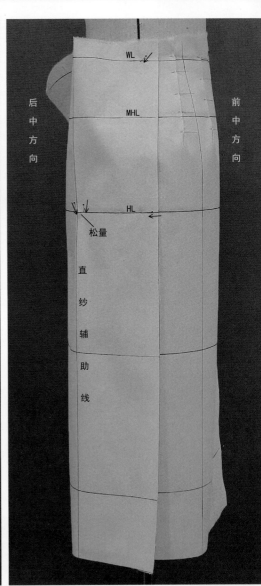

11

用大头针将后片腰部余量平均分成三份。

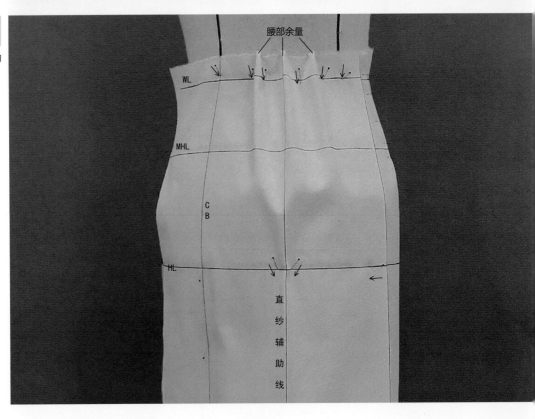

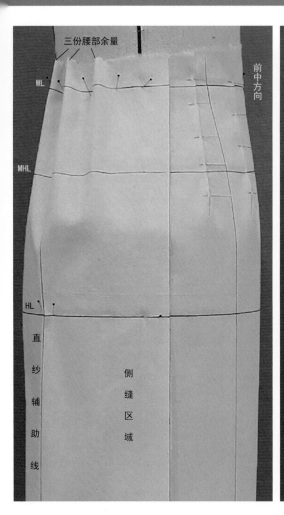

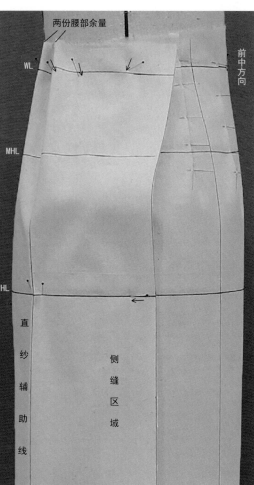

12

取其中的一份向侧缝方向推
平，并用大头针将面料与人
台固定（操作方法与前片相
同部位一致）。

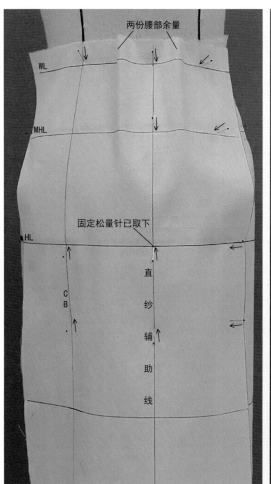

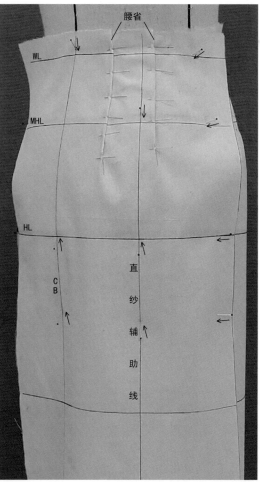

13

将剩余的两份余量做成腰省，
并用大头针固定，注意用针
方式（固定腰省使用折叠针
法）。

14 在臀侧点打剪口并对齐侧缝线，以刮折的方式留3cm缝边清剪余布，扣净后用大头针假缝（折叠针）。

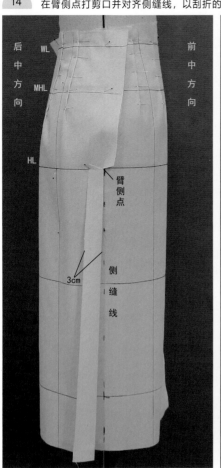
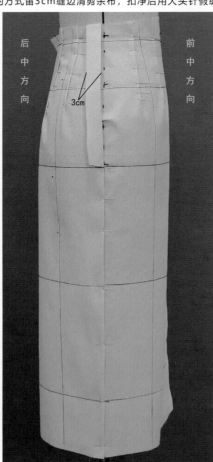
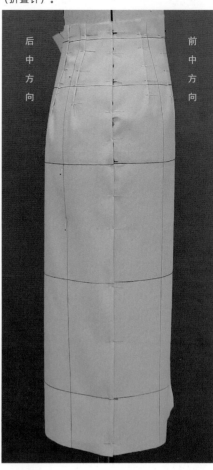

15 如图对腰围线描点，注意在WL线后中部位向下降1cm并向前中侧缝方向弧顺实际WL线；使用1m长的直尺垂直于地平线，确定裙长底摆位置（此线平行于地平线）并描点，对侧缝线与前后腰省线进行描点。

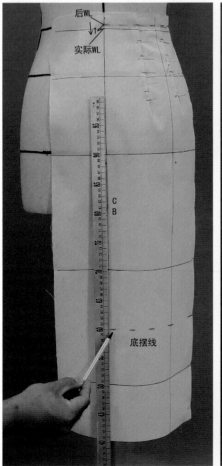
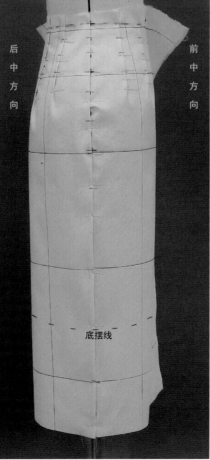
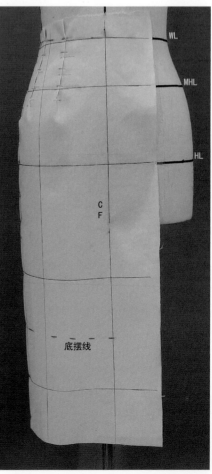

尚装服装讲堂

- **熨烫、清剪及线条修顺** 16 将裁片取下后，参照描点修顺线条，修完腰省线后，将腰省和侧缝线假缝对齐修顺腰口和底摆结构线。

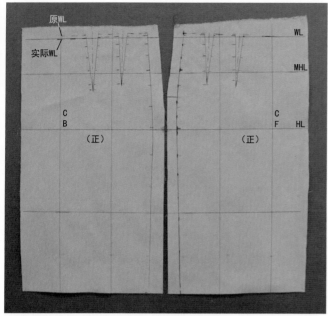

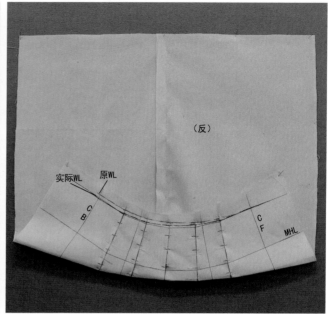

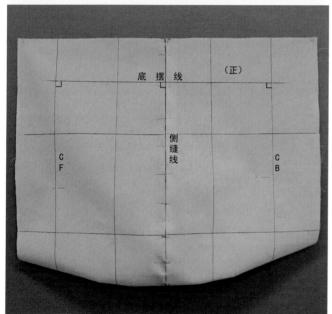

17 对裁片进行熨烫整理，测量腰围尺寸，制作一条腰带并配好扣子。

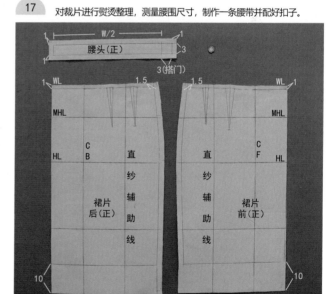

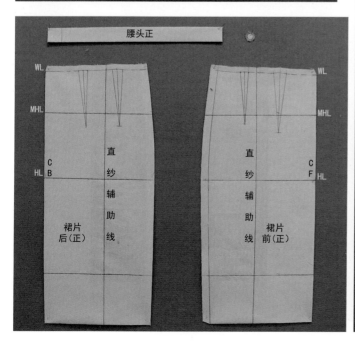

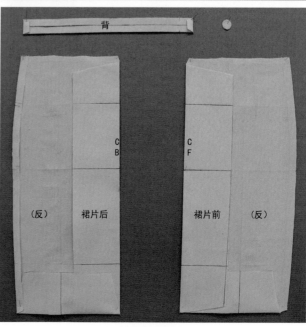

● **半身完成效果** 先将裙身假缝放置于人台上后，将腰头与裙身用大头针假缝（折叠针或隐藏针）。

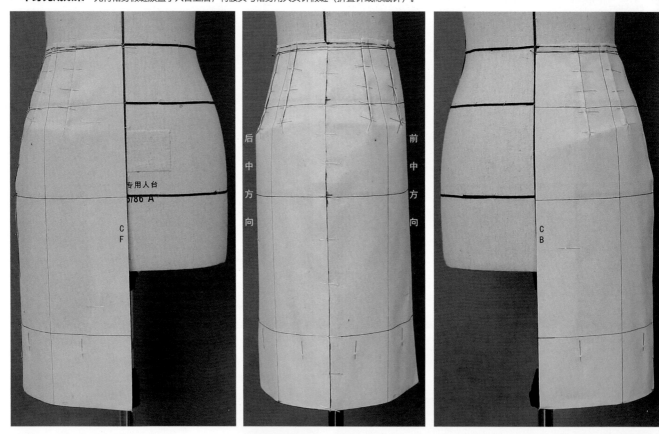

完 成 图

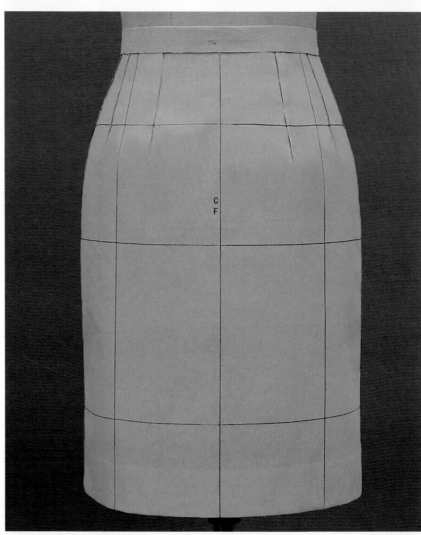

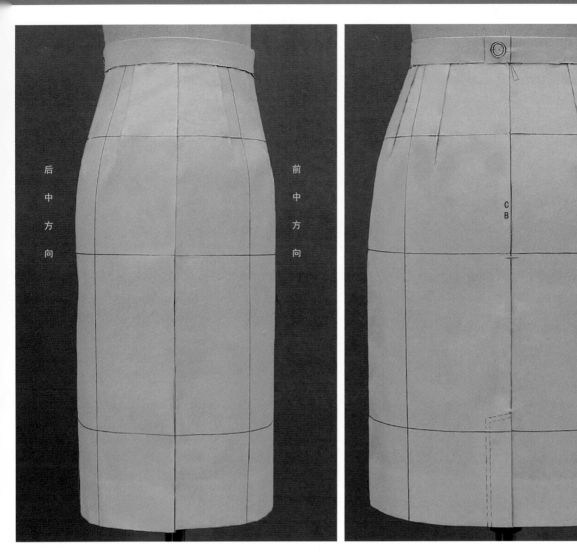

立裁样版图

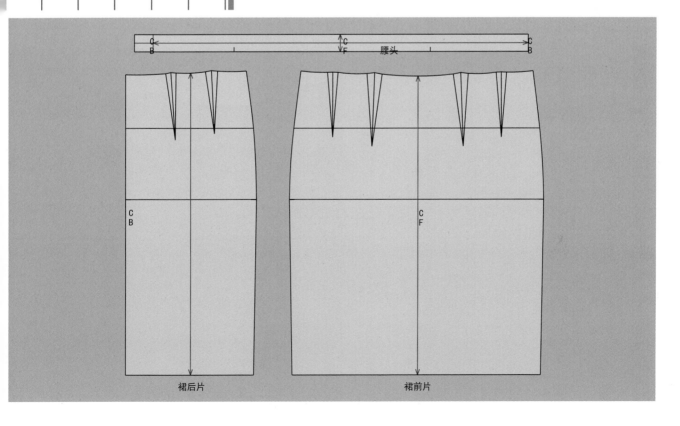

裙后片　　　　　　　　　　　　裙前片

款式描述

中腰直腰款式，腰部合体，小A廓型，前、后1/2处各一个腰省，臀围及下摆为自然荡褶，裙摆略宽松，属于半裙基本款式之一。

练习重点

● 掌握小A廓型裙的立裁制作方法。
● 注意控制前后量感的平衡。

材料准备

● 人台（不限定号型），宽0.3cm纯棉织带。
● 专业立裁大头针、剪刀。
● 90cm×70cm纯棉坯布。
● 马克笔（或4B铅笔）、三色圆珠笔。
● 推版尺、多功能尺、1m长的直尺、皮尺。

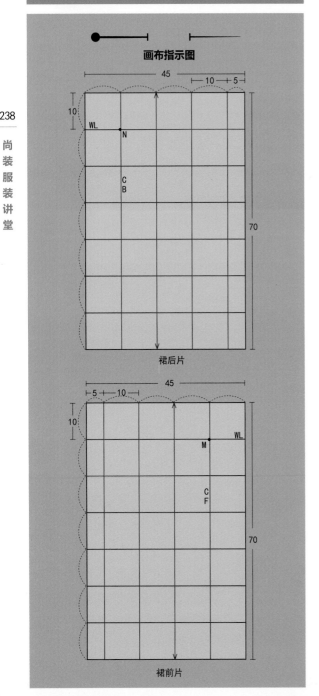

画布指示图

裙后片

裙前片

- **人台准备** 同第227页"H型西装裙"。

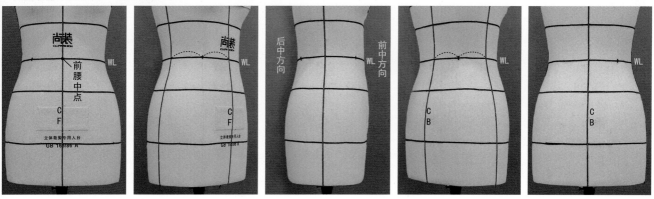

前片制作：确保各辅助线保持垂直、水平，将裙前片基础布的M点对准人台的前腰中点用大头针固定，使腰部贴合人台状态后往侧缝方向找出前腰省的位置并用大头针固定，参考图中所示在其他部位固定大头针。

1

在前腰省的位置竖向打剪口清剪余布，打完剪口后对白坯布进行操作并做出腰省造型，用大头针固定。

2

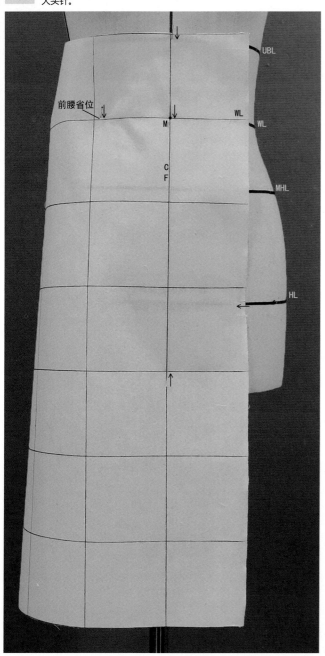

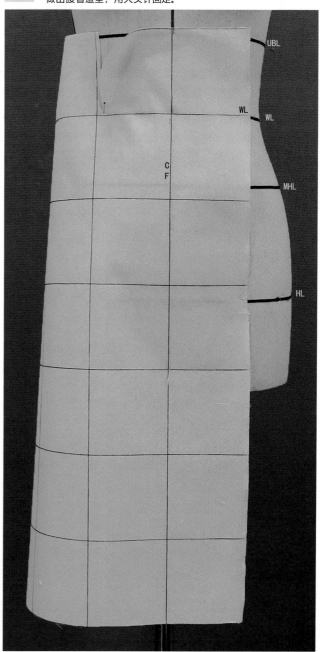

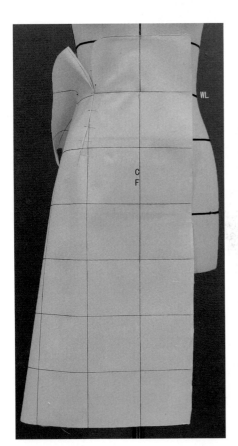

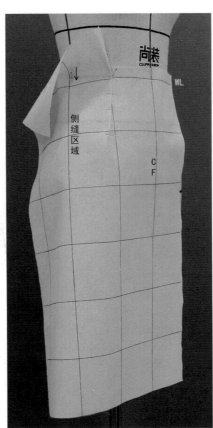

侧缝区域

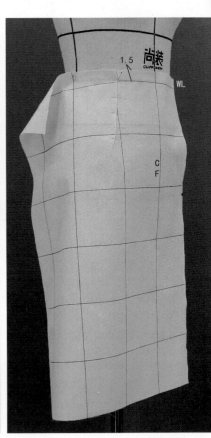

1.5

3 保持腰部平伏状态，在侧缝处用大头针将面料与人台固定，并对腰口余布进行清剪。

4 对侧缝进行描点并清剪余布，调整侧缝的用针状态（将大头针在余布边缘外完全扎入人台固定），准备做后片。

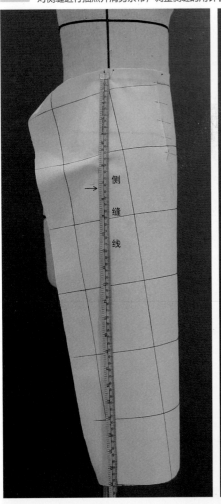

侧缝线

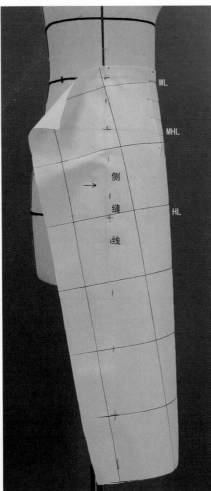

WL

MHL

HL

侧缝线

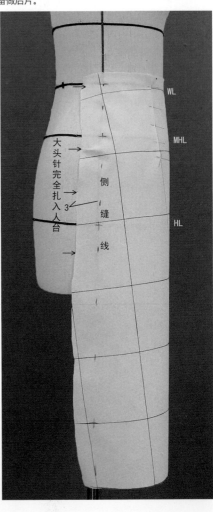

WL

MHL

大头针完全扎入人台

3

HL

侧缝线

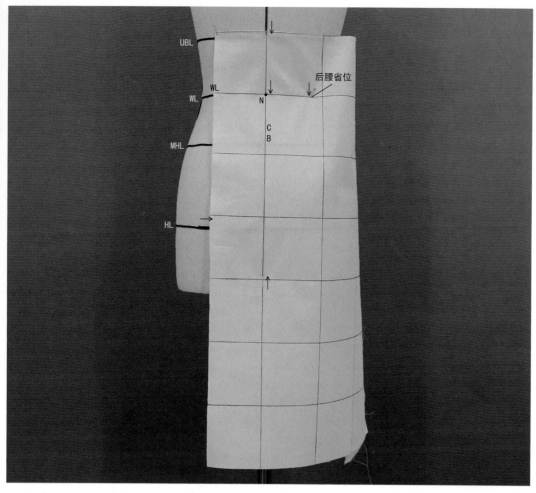

后片制作: 如图所示, 后片的
操作及用针方法同前片。

UBL

WL. WL

MHL.

HL

后腰省位

N

C
B

241

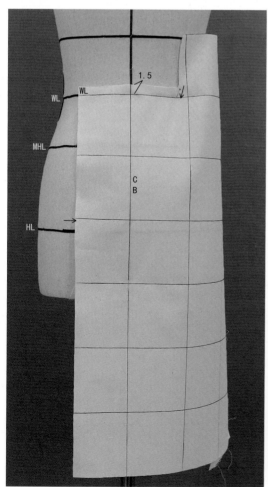

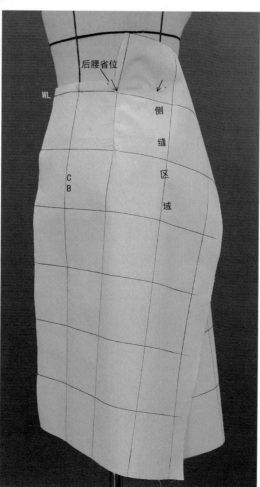

6

先剪掉一部分腰口上面的余布,
然后在后腰省的位置竖向打剪
口, 打完剪口后对白坯布进行
操作, 做出后腰省造型并用大
头针固定, 注意保持腰部的平伏
状态, 调整下摆的A型程度与
前片平衡, 并在侧缝与WL交界
区域用大头针将面料与人台固
定。

1.5

WL. WL

MHL.

C
B

HL

后腰省位

WL

侧
缝
区
域

C
B

7

对后片侧缝进行反向刮折并留3cm缝边内扣假缝操作（折叠针法）。

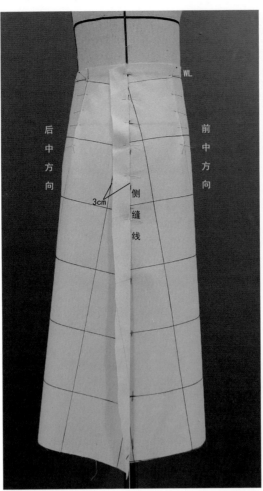
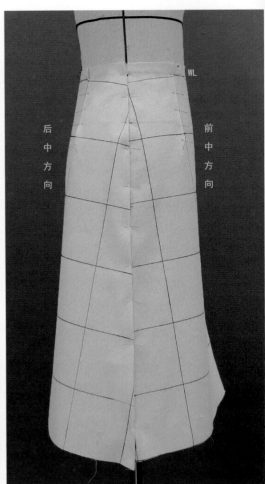

● 描点

8

对完成部分进行描点，描点部位：侧缝线、前后腰省、腰口线、底摆线。

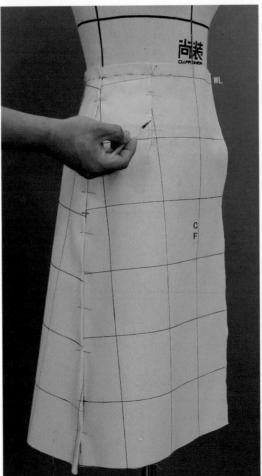
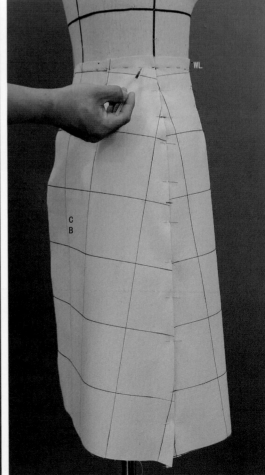

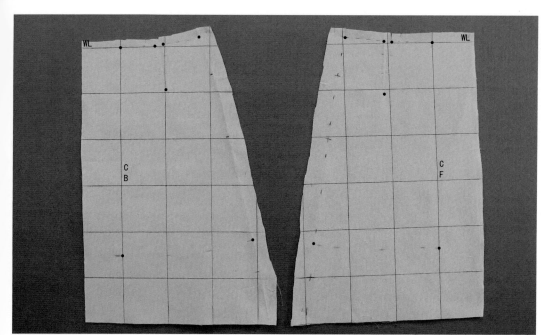

243

● **整烫及线条修顺**

9

将裁片取下后，参照描点及折印修顺线条（腰头线条的修顺方法参考西装裙的腰头修顺方法），清剪余布，对裁片进行熨烫整理后假缝，测量腰围尺寸后做腰带，并配好扣子。

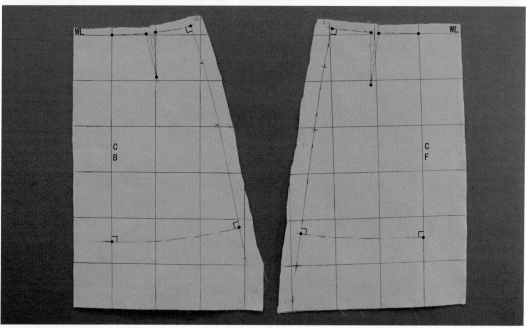

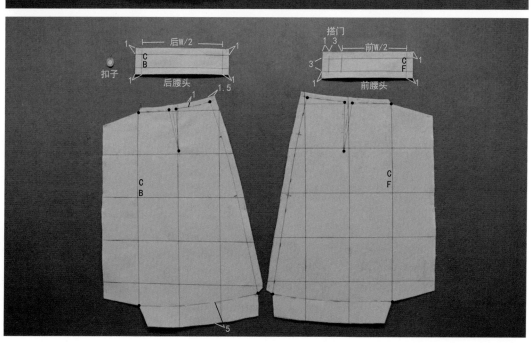

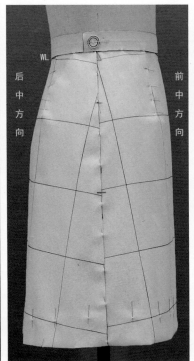

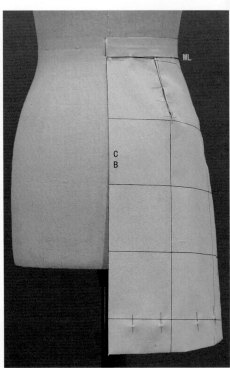

完 成 图

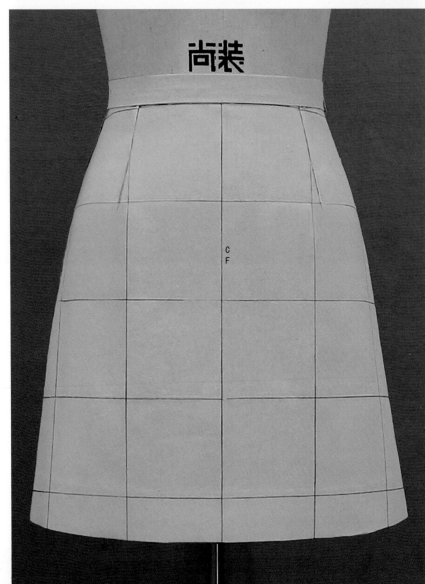

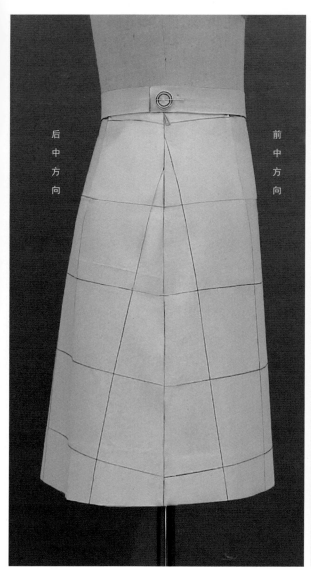

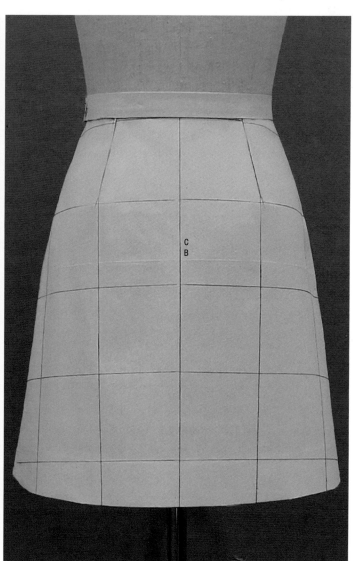

后中方向

前中方向

C
B

立裁样版图

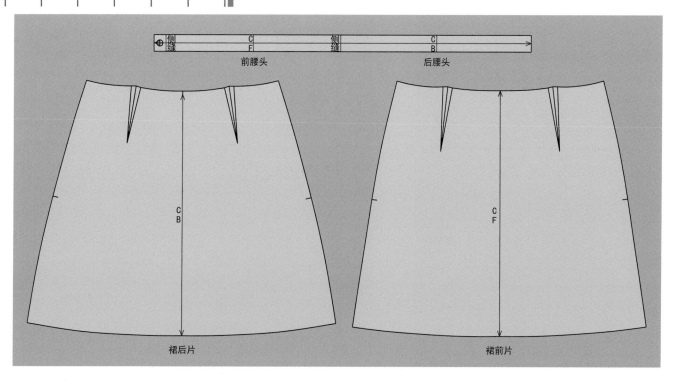

前腰头　　　　　　　后腰头

裙后片　　　　　　　裙前片

款式描述

中腰直腰款式；腰部合体；臀围及下摆为自然垂褶，松量较大。属于半裙基本款式之一。

练习重点

● 掌握定向活褶的立裁制作方法。
● 注意控制自然褶裙前后量感的平衡。

材料准备

● 人台（不限定号型）。
● 宽0.3cm纯棉织带。
● 专业立裁针、剪刀。
● 160cm×70cm纯棉坯布。
● 马克笔（或4B铅笔）、三色圆珠笔。
● 推版尺、多功能尺、皮尺、1m长直尺。

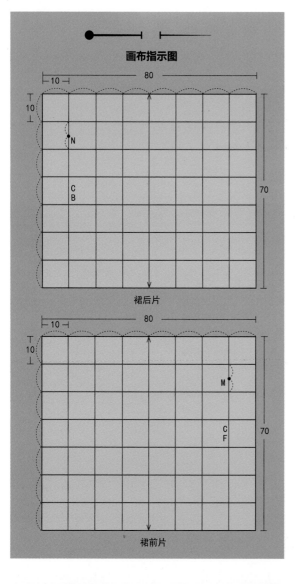

画布指示图

裙后片

裙前片

- **人台准备** 与第227页"H型西装裙"相同（注：西装裙中的"省"位在本款裙子中为褶位）。

- **款式制作**

1. 前片制作：将裙前片基础布上的M点对准人台前腰中点用大头针针尖向下固定，使各部位直纱垂直，横纱水平，如图所示用大头针固定其他部位。

2. 保持腰部贴合人台状态后往侧缝方向找出第一个活褶消失的位置并用大头针交叉固定。

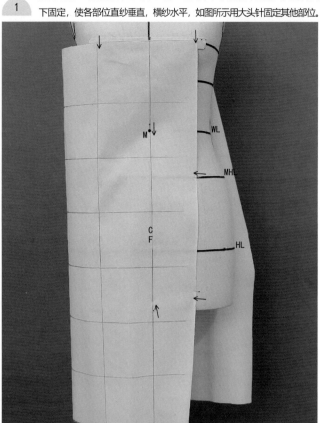

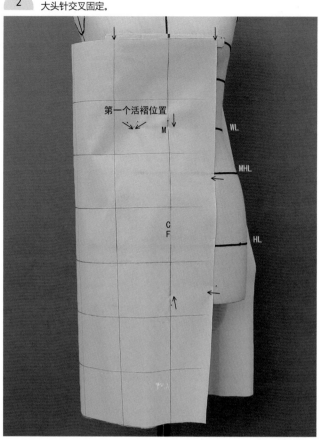

3. 剪掉一部分腰口上面的余布，然后在预定的褶位竖向打剪口，打完剪口后对白坯布进行操作，做出第一个活褶，确认褶量无误后用两根大头针在褶的两边固定（点针）。

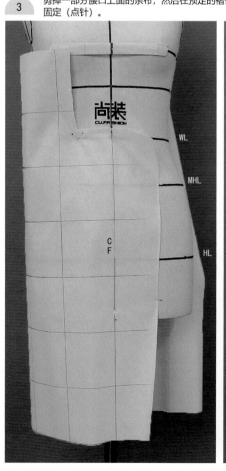

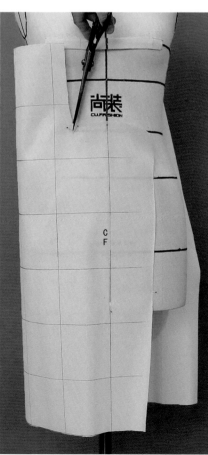

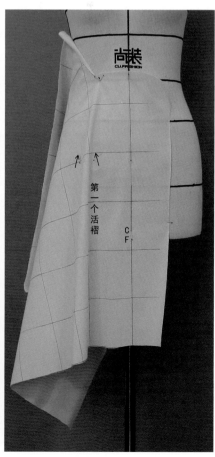

4 将褶量调整到理想大小后，在第二个活褶消失点用大头针交叉固定，同样需要注意保持腰部平伏状态。

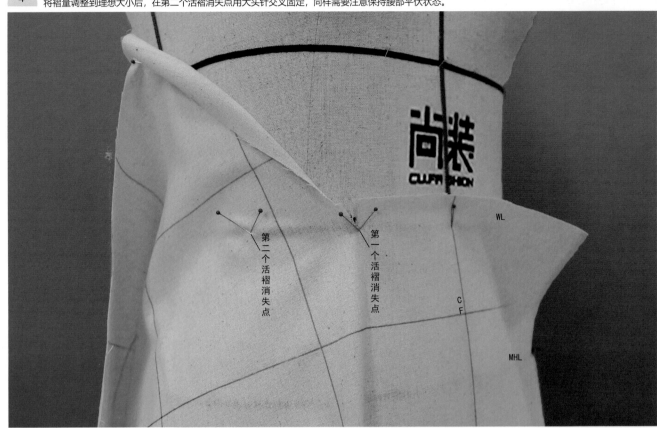

尚装服装讲堂

5 做出第二个活褶造型，并在侧缝处用大头针将面料与人台固定。

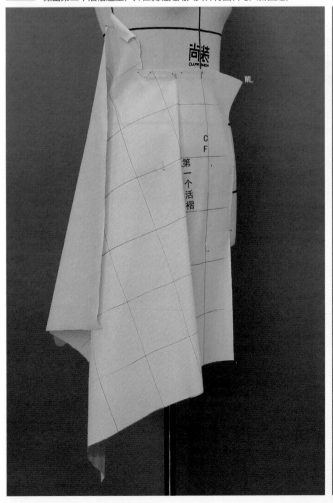

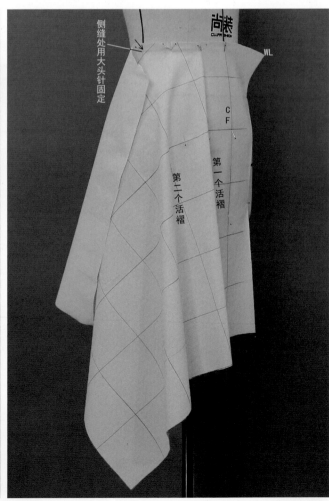

6 对侧缝线进行描点（侧缝垂直于地平线）并清剪余布；大头针如图全部扎入人台固定坯布边缘。

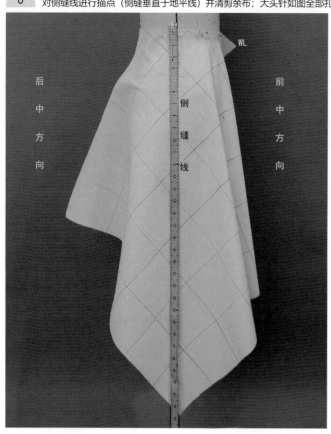

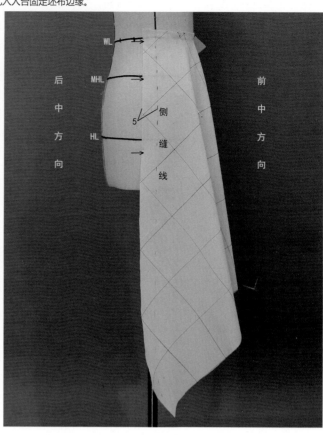

7 后片制作：将后片基础布上的N点对准人台后腰中点用大头针向下固定。使各部位直纱垂直、横纱水平，如图所示用大头针固定其他部位。

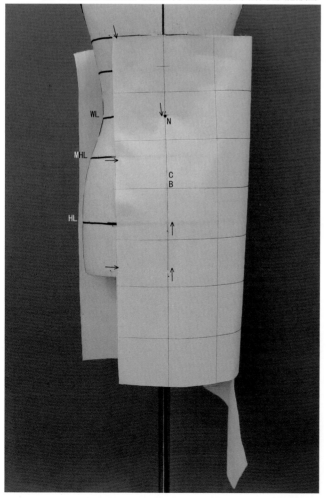

8 参照前片活褶制作方法做出后片两个活褶的造型并用大头针固定。

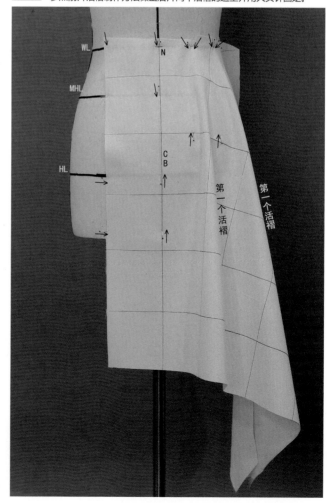

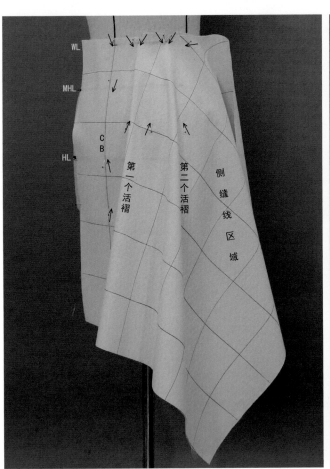

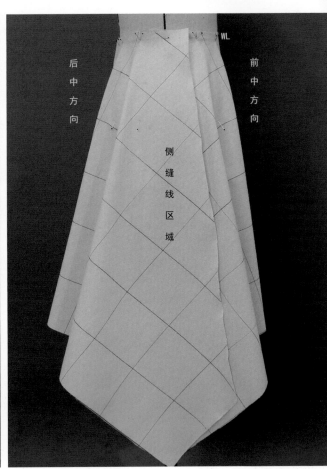

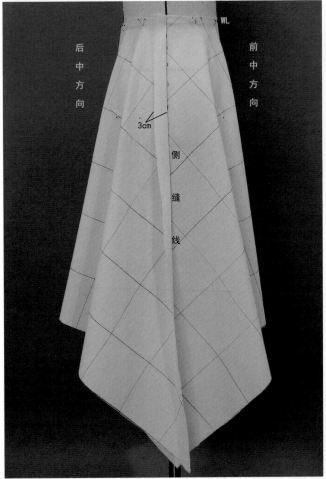

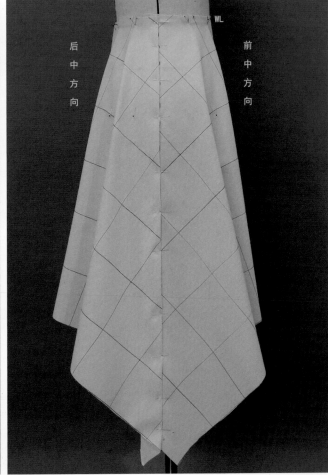

9　对侧缝线进行反向刮折并内扣做假缝处理。

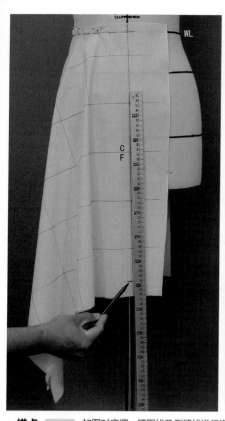
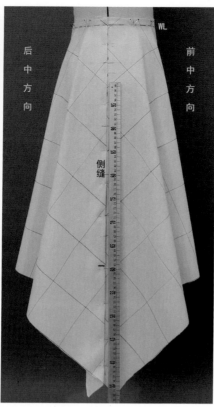
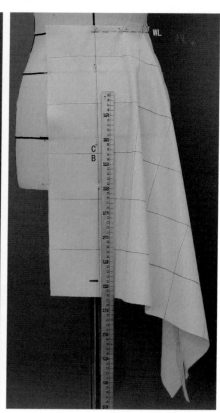

- **描点** 10 如图对底摆、腰围线及侧缝线进行描点。

- **熨烫与修顺线条** 11 将裁片取下后，参照描点及折印修顺线条。

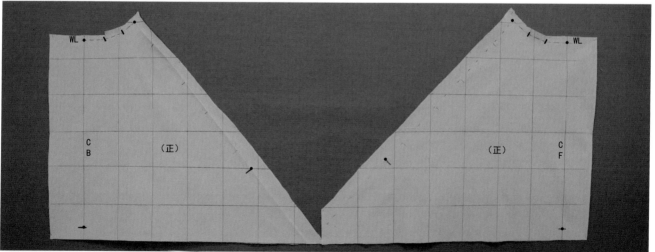

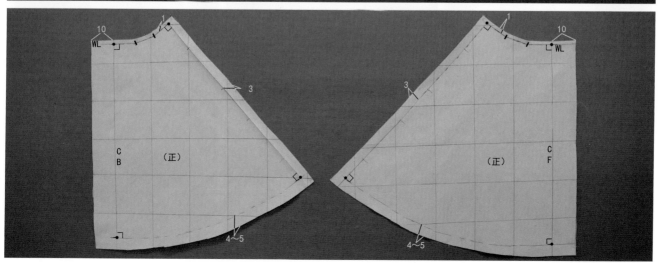

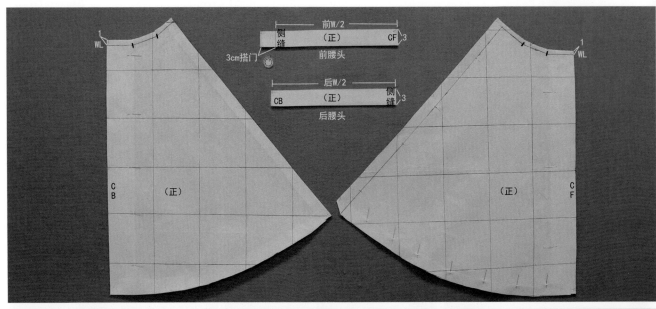

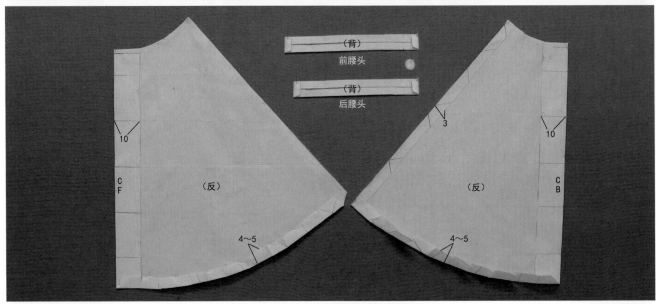

12 对裁片进行熨烫整理，并测量腰围尺寸，制作两条腰带；对裙片与腰带扣烫整理（注意扣烫的部位）。

• 太阳裙半身完成效果

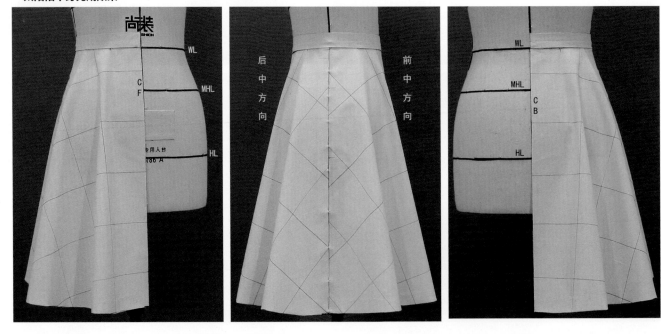

完 成 图

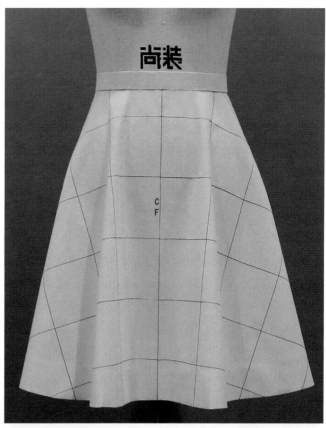

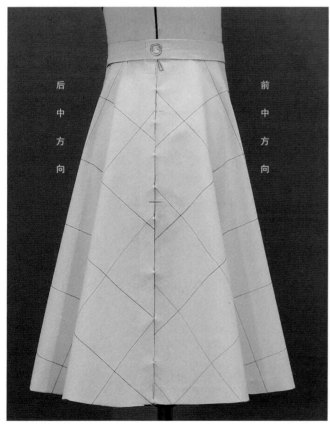

后中方向

前中方向

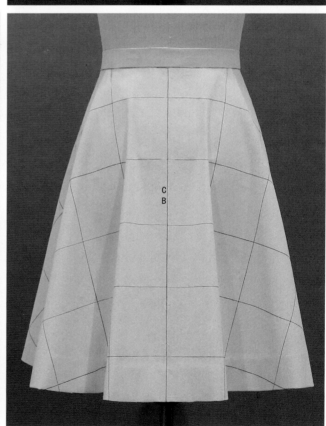

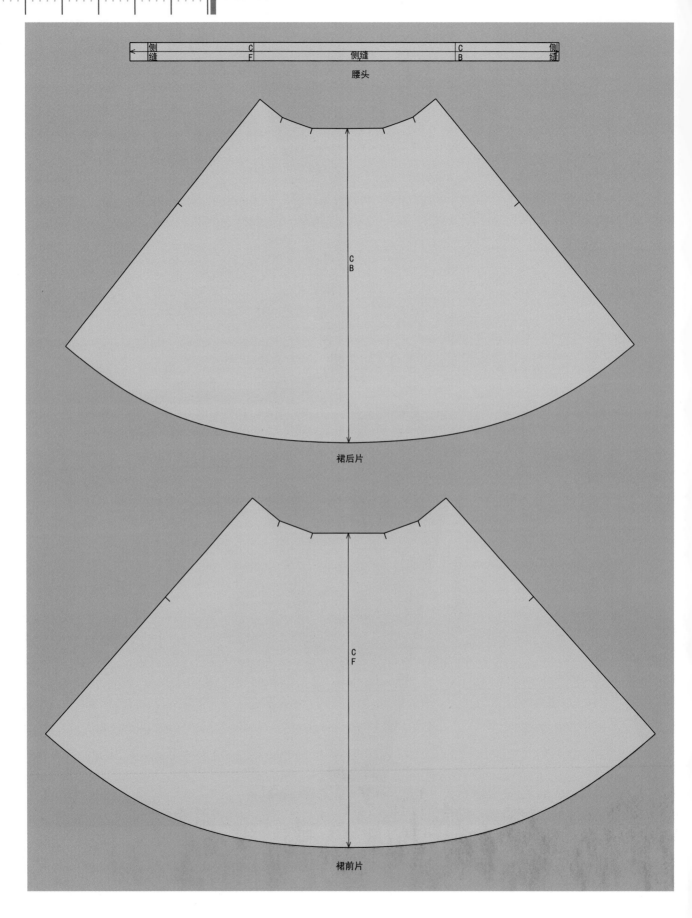

侧缝 | C | 侧缝 | C | 侧缝
缝 | F | | B | 缝

腰头

CB

裙后片

CF

裙前片

尚装服装讲堂

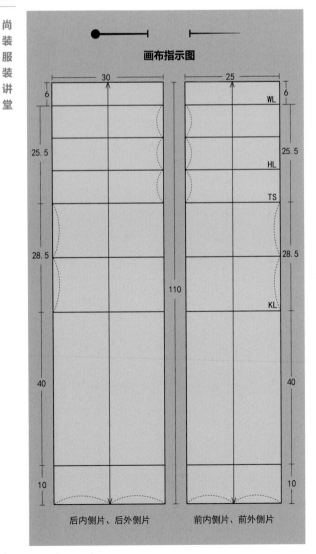

款式描述

此款裤子是以前、后裤中线为分割线的四开身结构，紧身无松量。

练习重点

了解人体腿部的结构特点，观察三维立体形态与二维平面样版的转换关系。

材料准备

- 人台（不限定号型）。
- 宽0.3cm纯棉织带。
- 专业立裁大头针、剪刀。
- 90cm×70cm纯棉坯布。
- 马克笔（或4B铅笔）、三色圆珠笔。
- 推版尺、多功能尺、皮尺。

画布指示图

后内侧片、后外侧片

前内侧片、前外侧片

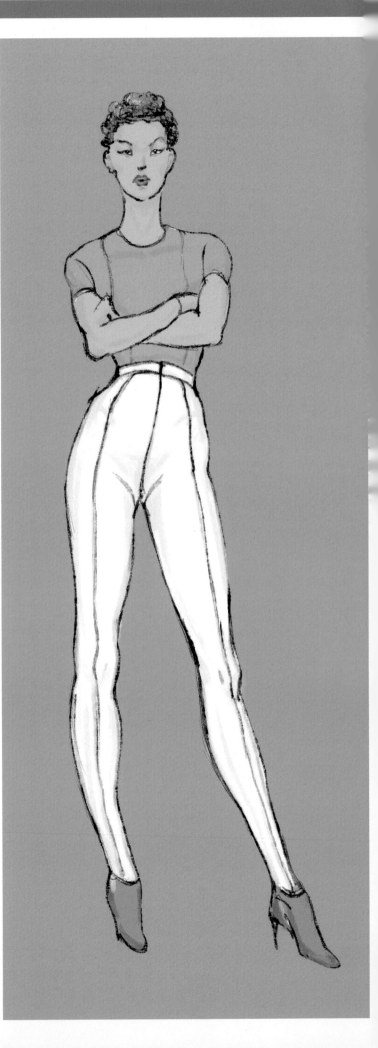

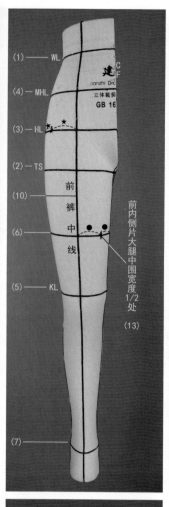

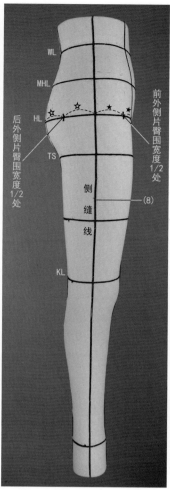

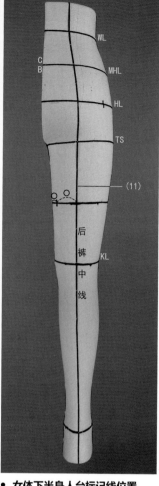

（1）—— WL
（4）—— MHL
（3）—— HL
（2）—— TS
（10）——
前裤中线
（6）——
（5）—— KL
（7）——

前内侧片大腿中围宽度1/2处
（13）

后外侧片臀围宽度1/2处
前外侧片臀围宽度1/2处
侧缝线
（8）
（13）

后裤中线

• 人台准备

标线部位：腰围线，腹围线，臀围线，横裆线（TS），大腿中围线，膝围线（KL），脚腕围线，前、后裤中线，侧缝线和内裆缝线。

女体下半身
人台标记线制作

微信扫码
观看视频讲解

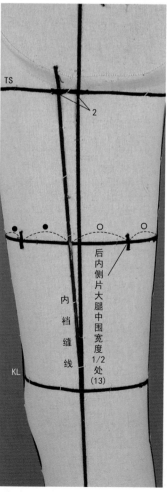

内裆缝线
后内侧片大腿中围宽度1/2处
（13）

• **女体下半身人台标记线位置**

以160/84/66A号型为例，女体下半身人台标记线位置确定如图所示。

（1）腰围线（WL）在腰围最细处，距地面高98cm。

（2）横裆线（TS）即大腿根围线距腰围线24.5cm。

（3）臀围线（HL）在腰围线与横裆线的下1/3处，距腰围线16~17cm。

（4）中臀围线（MHL）在腰围线与横裆线的上1/3处。

（5）膝围线（KL）在膝盖骨上沿处距地面2/7身高，约46m。

（6）大腿中围线在横裆线与膝围线的1/2处。

（7）脚踝高距地面7cm。

（8）外侧缝线上边自半臀围的1/2处开始向下过半臀的1/2偏前1cm的位置，然后向下过人体正侧面膝围线1/2偏前0.2~0.3cm的位置，再向下过脚踝正侧面的1/2处。横裆线以下的线条要随人体腿形自然弯曲，线条顺畅。

（9）内缝线由膝围线以上逐渐向前弧出至横裆线向前偏移2cm。

（10）前裤中线由正面腿的中心在臀围线前中心线8.5cm的位置垂直向下这条线的位置稍大于人体臀围处体宽的1/4。臀围线以上逐渐向前中心线倾斜，到腰围线处距前中心线约7.5~8cm。

（11）后裤中线由臀围线距中心线8.5cm的位置垂直向下与前裤中线相对应臀围线以上的裤中线是变形的，事先无法准确定位，可以先不贴，待立体裁剪完成后，再按裁片的裤中线贴线。此线在腰围线处距后中心线的距离约为4.5cm。

注：以上"女体下半身人台标记线位置"的确定方法，参考自《服装结构原理与原型工业制板》，刘建智著——北京：中国纺织出版社.2009.6（2018.6重印）。

257

● 款式制作

1-1

前内侧片制作：如图所示，将基础布大腿中围线与直纱辅助线的交点对准前内侧片大腿中围宽度1/2处，用交叉针固定。人台以横档为转折线分为上、下立体面，分别观察布片状态并确保直纱铅垂于地面，各辅助线与人台标线相对应，用大头针固定直纱丝道线（此款裤子的立裁手法、针法、操作流程与本书106页的五开身紧身立裁相似，可作参考）。

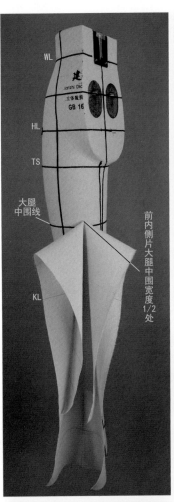

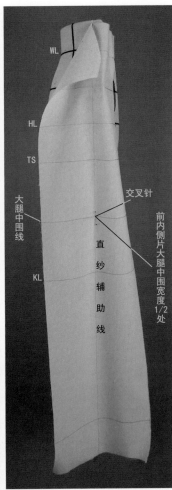

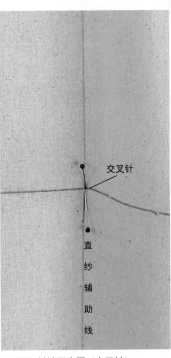

尚装服装讲堂

1-2 针法示意图（交叉针）。

1-3 针法示意图（点针）。

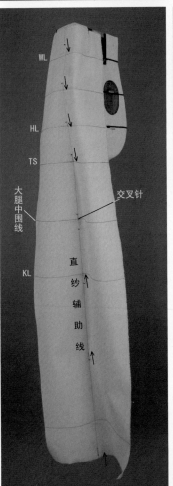

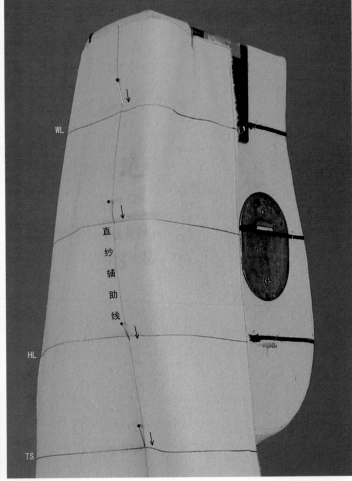

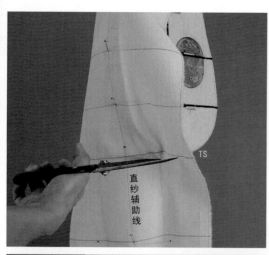

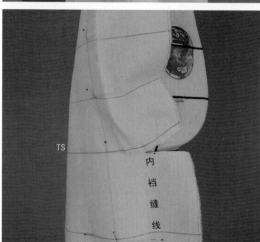

直纱辅助线

内裆缝线

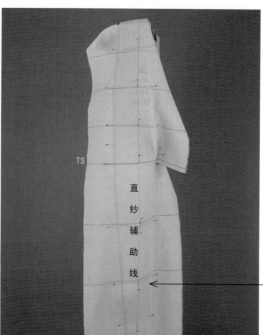

直纱辅助线

2-1

由下而上以刮丝道针法固定前内侧片造型，在横裆线与内裆缝线交点处打剪口，使前裆处坯布贴合人台，整体造型要求平整、伏贴，无多余松量。

2-2 针法示意图（点针）。

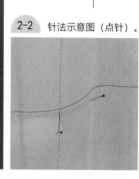

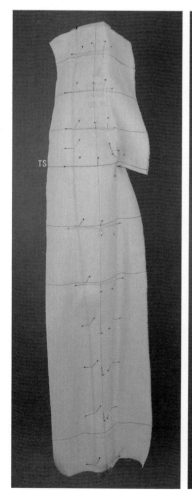

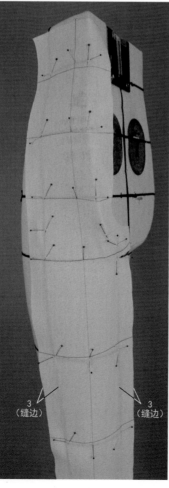

3
（缝边）

3
（缝边）

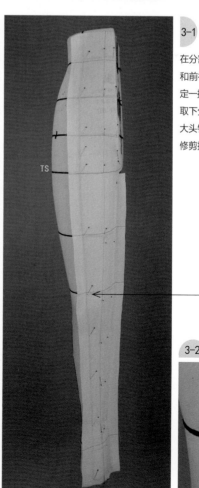

3-1

在分割线(前裤中线、内裆缝线和前裆弯弧线) 内侧沿标线固定一排立裁针（重叠针法）后，取下分割线外侧刮丝道固定的大头针，预留缝边（3cm）并修剪掉多余的布料。

3-2 针法示意图（重叠针）。

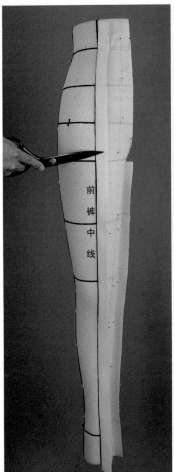

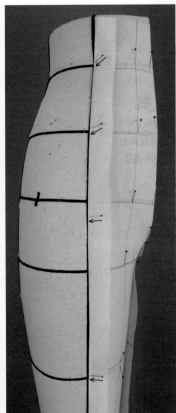

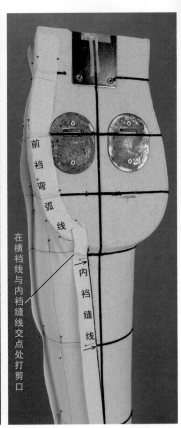

4

沿标线将缝边进行反向刮折并用点针固定，以便后续操作。

前裤中线

前档弯弧线

在横档线与内档缝线交点处打剪口

内档缝线

5

前外侧片制作：在基础布片臀围线与直纱辅助线的交点处下针，对准前外侧片臀围宽度1/2处后用交叉针固定，确保直纱铅垂于、横纱水平状态，点针固定直纱丝道线，并用刮丝道针法将前外侧片造型固定，在分割线（前裤中线、侧缝线）内侧沿标线固定一排立裁针（重叠针法）。

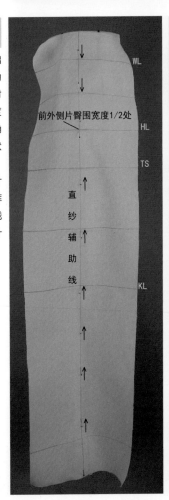

WL

前外侧片臀围宽度1/2处

HL

TS

直纱辅助线

KL

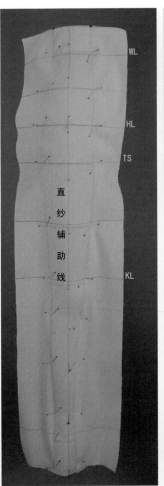

WL

HL

TS

直纱辅助线

KL

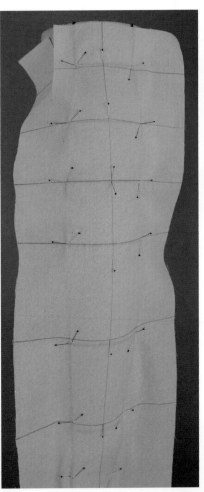

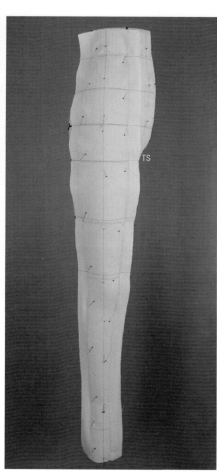
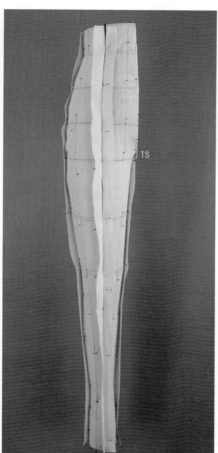
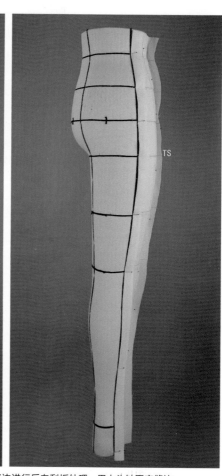

6 确定造型后，取下分割线外侧刮丝道固定的大头针，修剪掉多余布边，对前裤中线和侧缝的缝边进行反向刮折处理，用大头针固定缝边。

7 参考立裁前片的方法固定后外侧片造型，腰围线处可打剪口使布片平伏，对后裤中线和侧缝的缝边进行处理，完成后外侧片的制作。

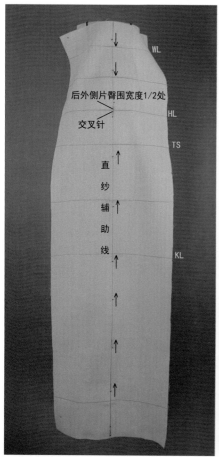
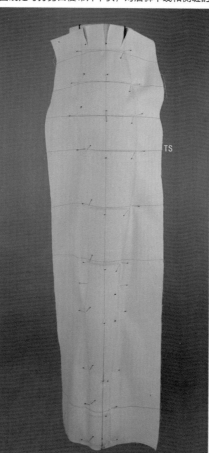
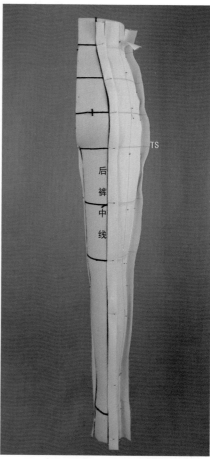

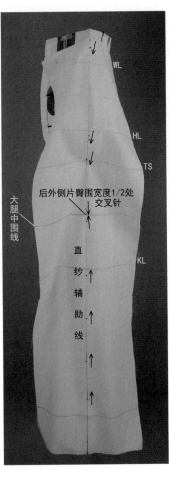

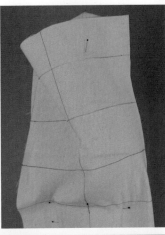

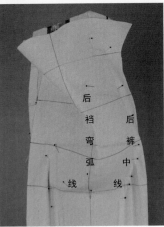

8

后内侧片制作：在基础布片大腿中围线与直纱辅助线的交点处下针，对准后内侧片大腿中围宽度1/2处后用交叉针固定，确保直纱铅垂于地面并用点针固定直纱丝道线。

9

用刮丝道针法固定后内侧片横裆线以下的后裤中线和内裆缝线，将横裆线以上坯布抚平，将余量推向后裆弯，增大后裆缝困势，使坯布贴合人台臀部，继续用大头针刮丝道将后裤中线和后裆弯弧线固定完整。

10 在后裤中线、后裆弯弧线和内裆缝线内侧用重叠针法固定，修剪掉多余的布料，在横裆与内裆缝线的交点处打剪口，将缝边反向刮折并用大头针固定。

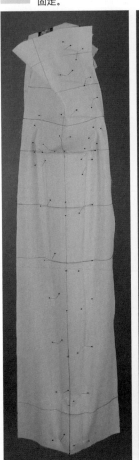

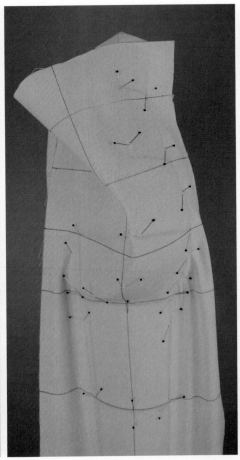

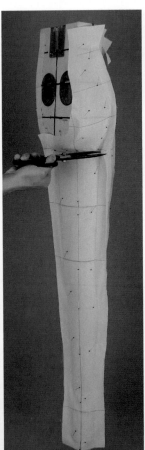

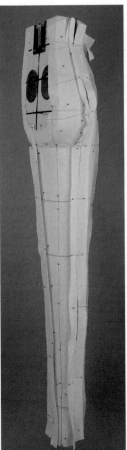

确认造型制作完成后，可对关键部位缝边打剪口做对位标记，需要描点的部位：腰围线，前、后裆弯弧线，前、后裤中线，侧缝线，内裆缝线和裤口线。

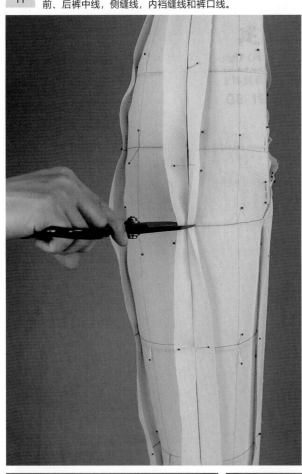
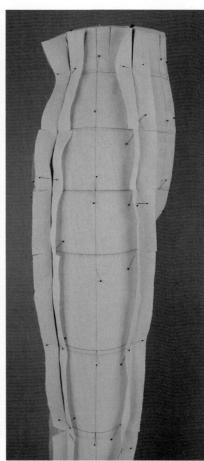
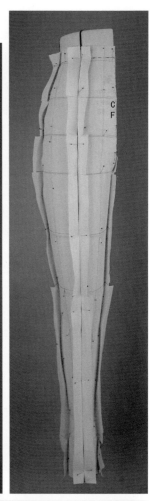

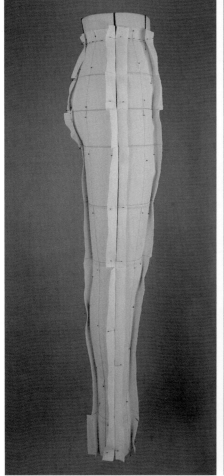
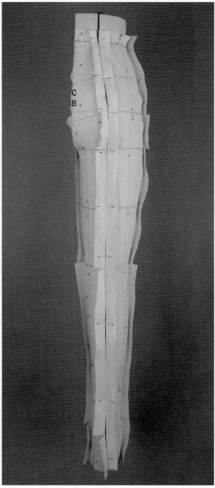
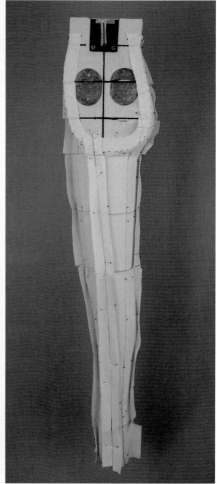

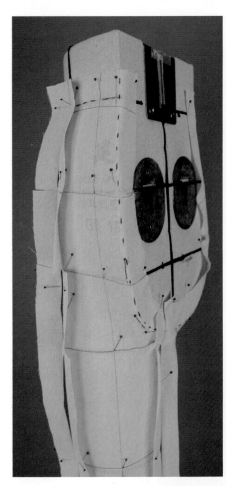
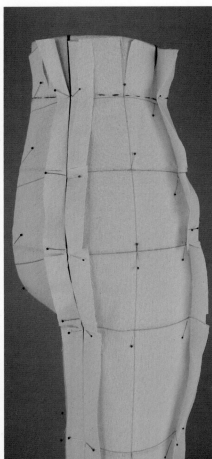
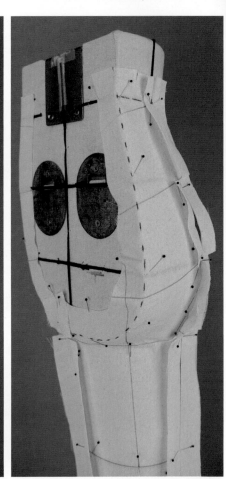

12

将各裁片取下并铺平，熨烫平整，根据刮折的折痕为参考修顺所有样版线条。

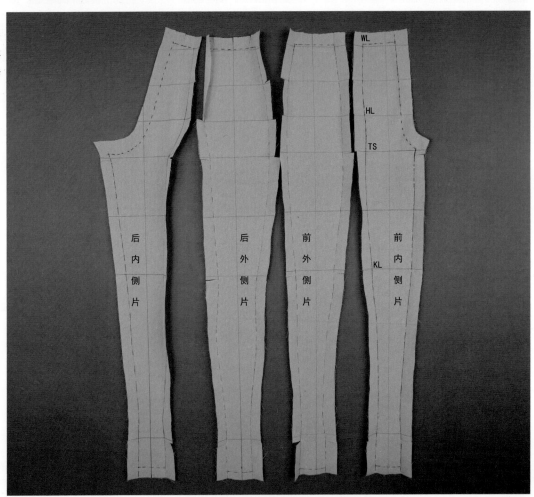

后内侧片　　后外侧片　　前外侧片　　前内侧片

WL

HL

TS

KL

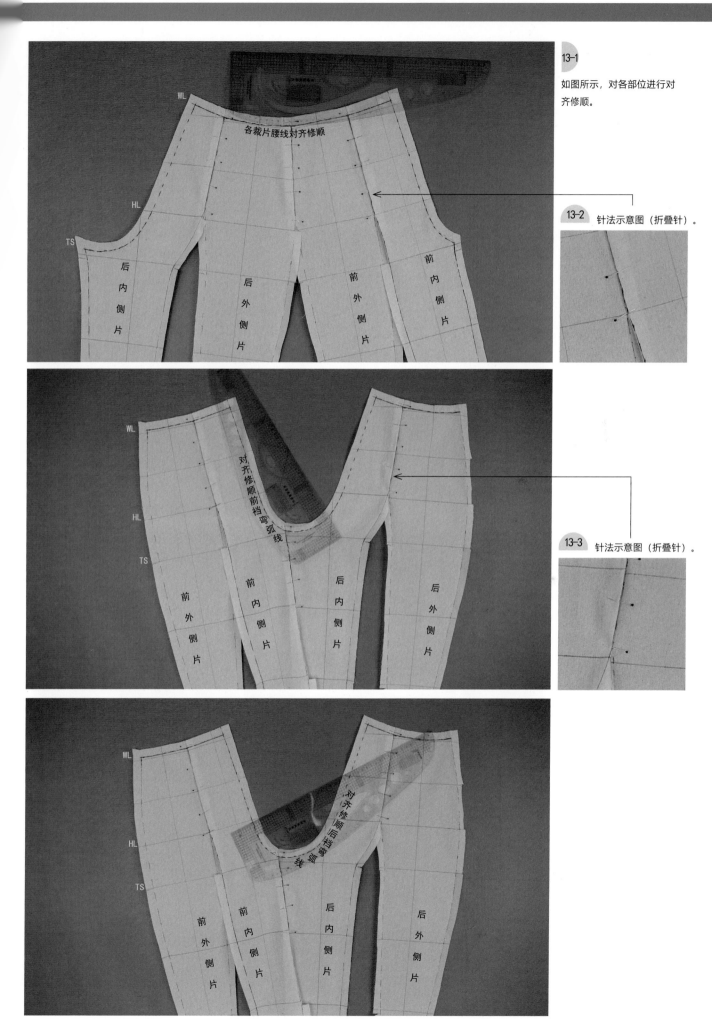

13-1

如图所示，对各部位进行对齐修顺。

各裁片腰线对齐修顺

WL

HL

TS

后内侧片

后外侧片

前外侧片

前内侧片

13-2 针法示意图（折叠针）。

WL

HL

TS

对齐修顺前前裆弯弧线

前外侧片

前内侧片

后内侧片

后外侧片

13-3 针法示意图（折叠针）。

WL

HL

TS

对齐修顺后后裆弯弧线

前外侧片

前内侧片

后内侧片

后外侧片

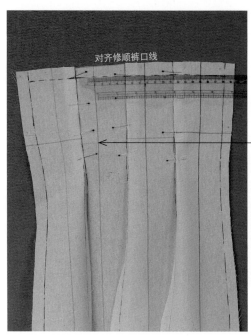

对齐修顺裤口线

对整理好的裁片，用大头针进行半身二次假缝，并重新穿于人台，检查裤型、裤样片的正确性，可根据需要再次修正调整。

13-4　针法示意图（折叠针）

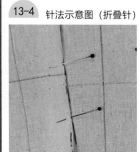

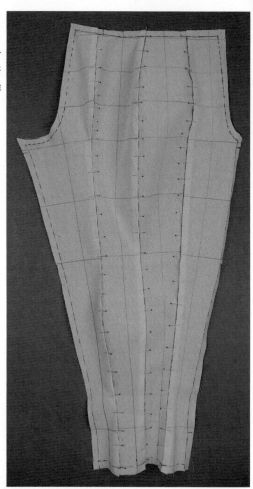

尚装服装讲堂

15　半身假缝效果。

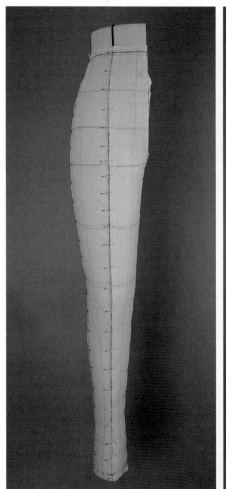

对齐修顺裤口线

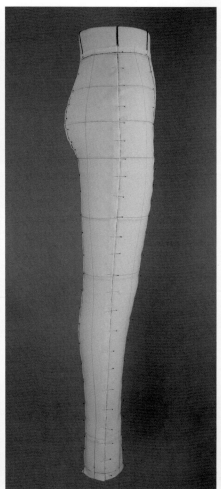

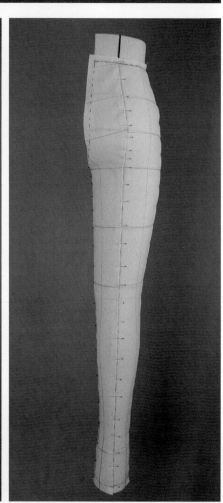

完
成
图

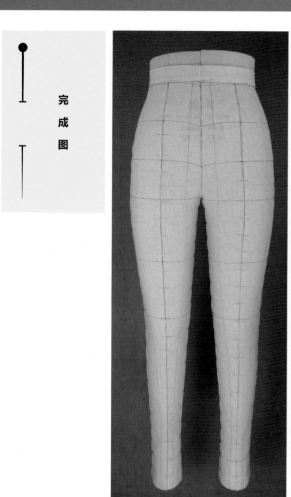
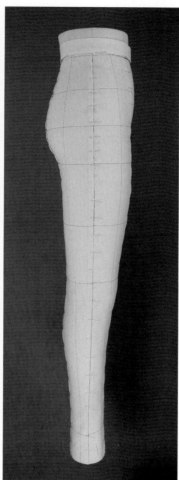
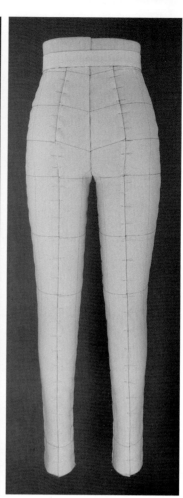

267

立裁样版图

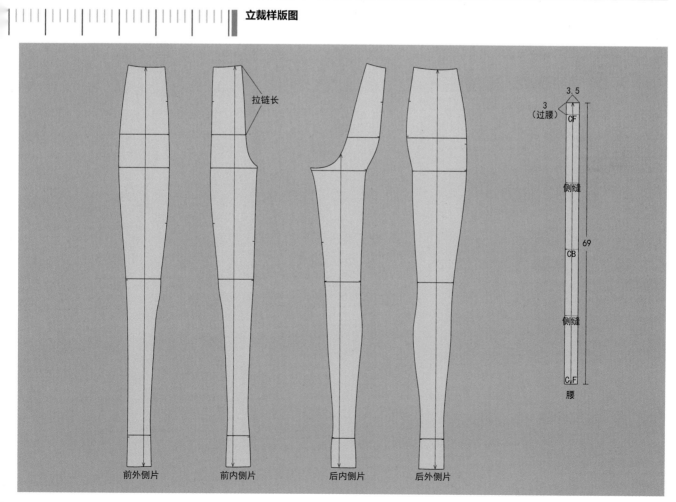

拉链长

3.5

3
（过腰） CF

侧缝

CB

69

侧缝

C F

腰

前外侧片　　前内侧片　　　　后内侧片　　后外侧片

款式描述

弧腰紧身牛仔裤，前门襟装拉链，前片插口袋，后片育克分割，有明贴袋。

练习重点

- 插口袋的立裁方法。
- 紧身裤的立裁技巧。

材料准备

- 人台（不限定号型）。
- 宽0.3cm纯棉织带。
- 专业立裁大头针、剪刀。
- 纯棉坯布。
- 马克笔（或4B铅笔）、三色圆珠笔。
- 推版尺、多功能尺、皮尺。

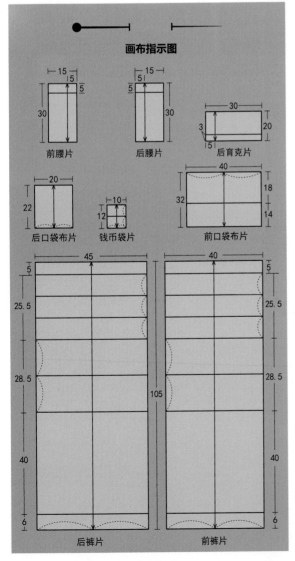

画布指示图

前腰片

后腰片

后育克片

后口袋布片

钱币袋片

前口袋布片

后裤片

前裤片

● 人台准备

需要提前标线的部位：前、后腰线，后育克分割线，前口袋线，钱币袋线和后口袋线。

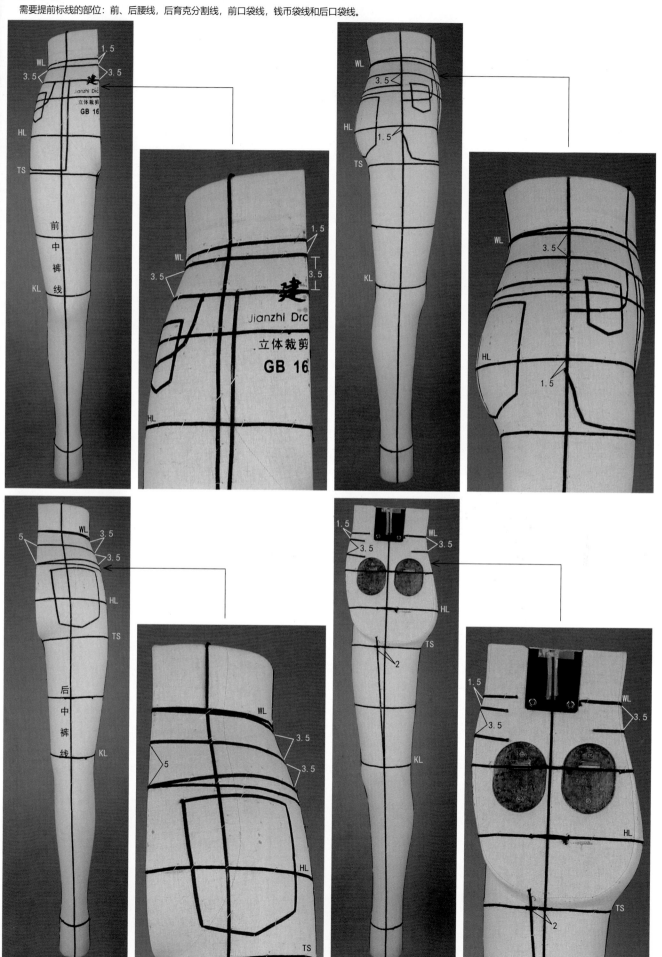

1-1

前口袋制作：将前口袋基础布辅助线的交点对准人台前裤中线与臀围线的交点，用交叉针固定，确保各辅助线与人台标线相对应。

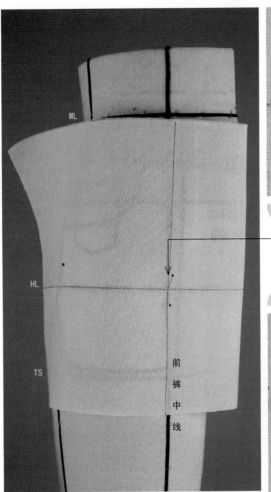

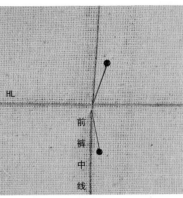

1-2 针法示意图（交叉针）。

1-4 针法示意图（重叠针）。

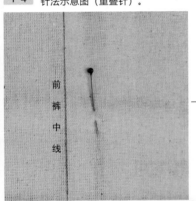

1-3

抚平布片自然围裹人台至侧面，用重叠针沿口袋布翻折线固定，腰节处多余量为腰省量，保留小部分腰省作为腰节松量，将大部分量先转入臀侧，臀侧区域放出0.3cm的起空量，再将剩余量推至口袋下方，松开交叉针并将布片抚顺。

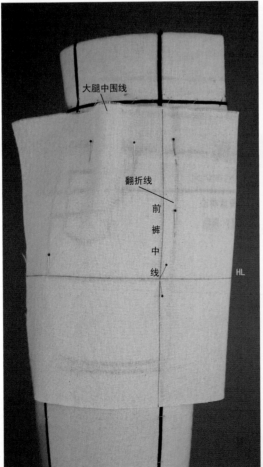

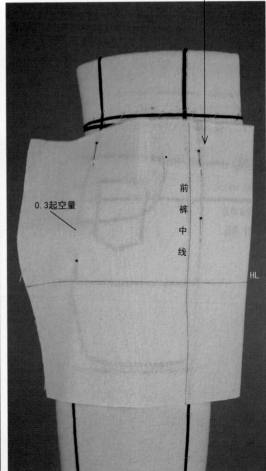

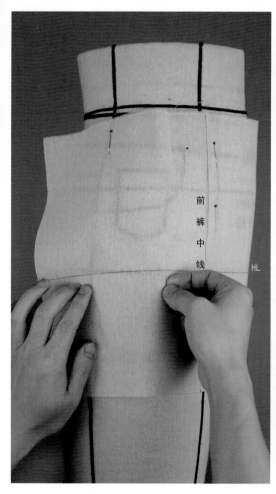
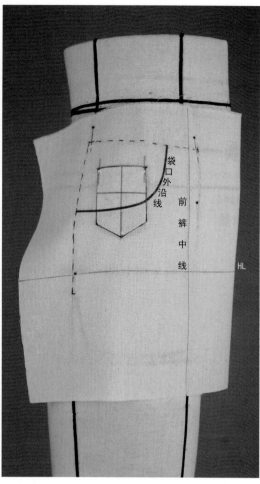

如图所示，可用大头针针尖在臀围处挑起0.4~0.5cm的松量，并用重叠针在臀侧固定，确定口袋布状态后对其上口线和侧缝线进行描点。将钱币袋扣烫完整后沿标线与口袋布进行假缝，用标示线标记出袋口外沿线。

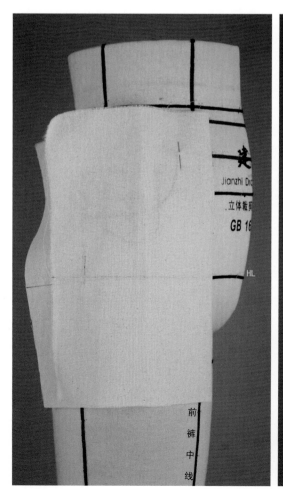
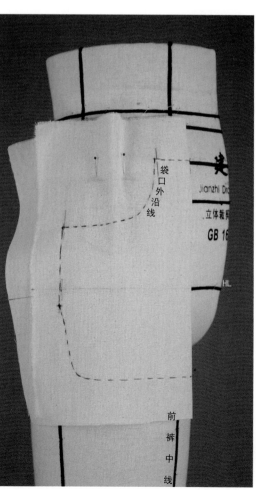

3

按照口袋布翻折线将上层袋布翻折至正面，并与下层袋布的纱向和空间维度保持一致，用重叠针将上、下两层布片固定。上层袋布的腰省量作为插手松量，用大头针将省量在腰节处固定，对完成部分进行描点，预留1.5cm缝边并清剪布边。

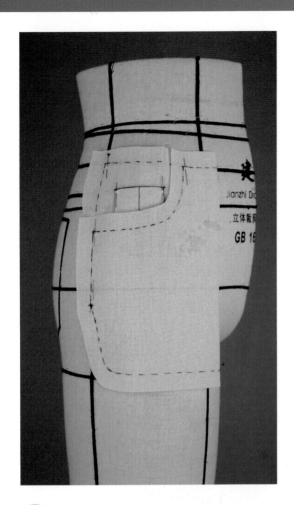

4-1

前裤片制作：在膝围线与前裤中线的交点处下针固定直纱丝道线，确保各辅助线的水平与垂直状态，并与人台标线相对应。

4-2 针法示意图（交叉针）。

5 确定前裤片膝围和裤脚口尺寸（注意裤中线两侧尺寸相同），用大头针固定并做好标记。

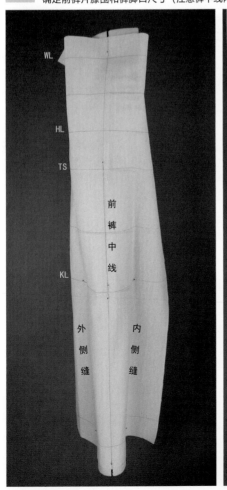

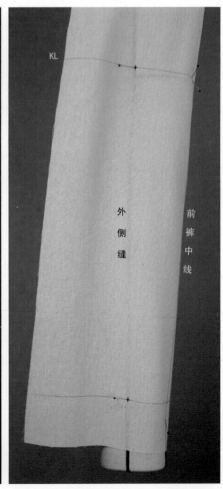

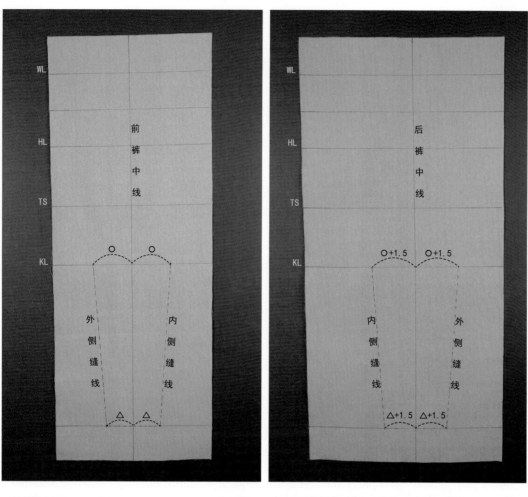

6

将前裤片取下后铺平于桌面，连接膝围和裤口处的标记点，画出中裆以下的内、外侧缝线，根据裤片图示确定出后裤片的中裆肥和裤口肥。

273

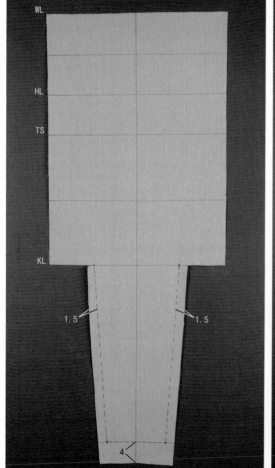

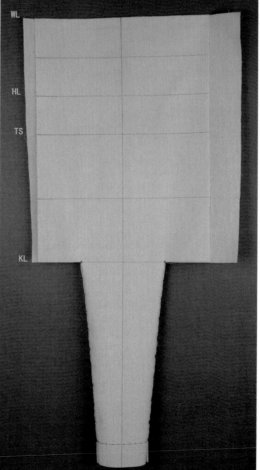

如图所示，预留缝边（前后片缝边相同），修剪掉多余的布料，沿内、外侧缝线对裁片进行假缝。

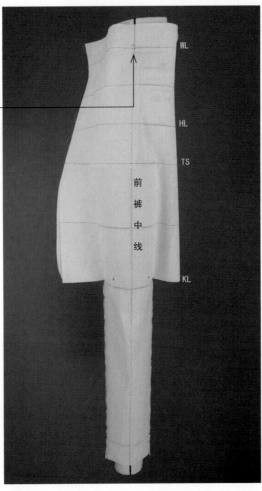

8-1

将假缝好的裤片重新固定于人台上，注意各辅助线与人台标线对齐，将布片捋顺。

WL

HL

TS

前裤中线

KL

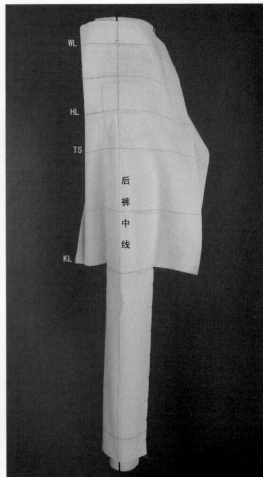

WL

HL

TS

后裤中线

KL

8-2 针法示意图（点针）。

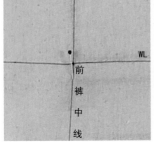

WL

前裤中线

9-1

在前裤片膝围部位用重叠针将坯布与人台表布固定，防止后续操作使中裆以下布片发生偏斜。

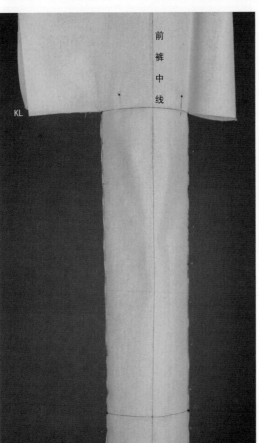

前裤中线

KL

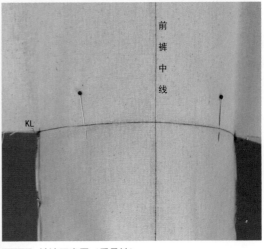

前裤中线

KL

9-2 针法示意图（重叠针）。

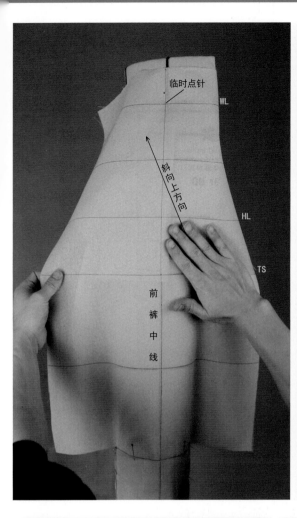

临时点针

斜向上方向

前裤中线

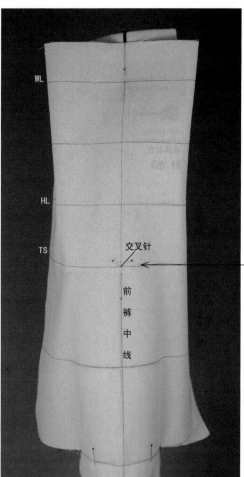

WL

HL

TS

交叉针

前裤中线

10-1

前腰节处的临时点针根据操作需要随时拔针或固定，将手贴在前裆弯部位使布片贴合人台，此处的凹曲面使前裤中线向右偏斜从而形成前中困势，斜向上方向将顺布片并重新用大头针固定，在横裆线与前裤中线的交点处用交叉针固定。

10-2 针法示意图（交叉针）。

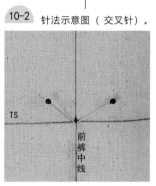

TS

前裤中线

275

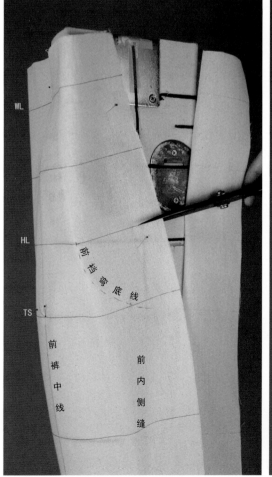

WL

HL

TS

前裆弯底线

前裤中线

前内侧缝

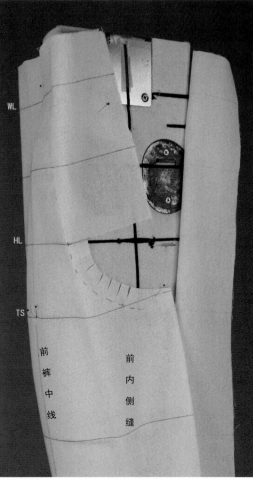

WL

HL

TS

前裤中线

前内侧缝

11

抚平布片顺势围裹人台，描绘出前裆弯底线，从布边沿臀围线辅助线剪开坯布至臀围线与前裆弯弧线的交点，预留缝边、修剪掉多余布料，沿描绘线均匀地打剪口，并在前裆弯部位拔开适当的量，如图所示用重叠针对其进行固定。

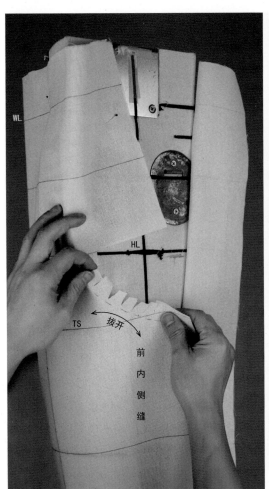

WL

HL

拨开

TS

前内侧缝

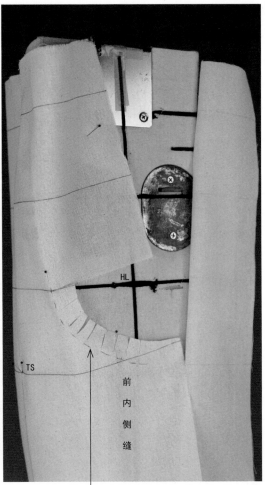

HL

TS

前内侧缝

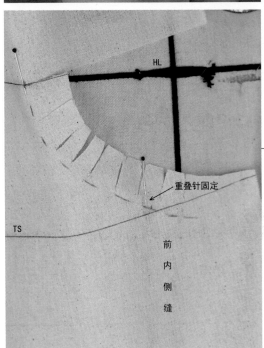

HL

重叠针固定

TS

前内侧缝

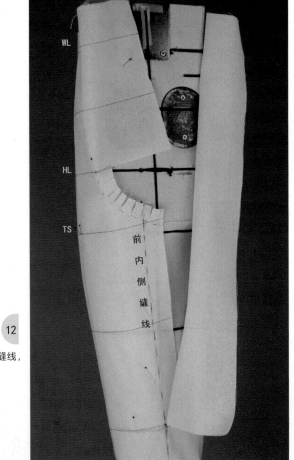

WL

HL

TS

前内侧缝线

12

根据人台标线确定出内侧缝线，
预留缝边、清剪布边。

在原始立裆深基础上向下加深
0.5cm，弧顺新裆弯底线，使前
裆缝部位坯布贴合人台，对多余
量进行捏褶处理，描绘出完整的
前裆弯弧线，修剪掉多余布料。

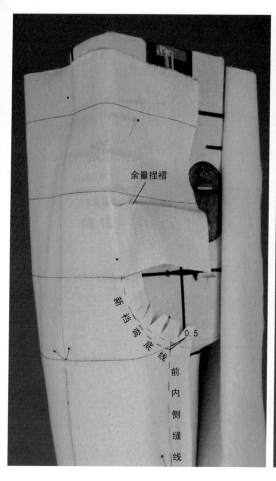

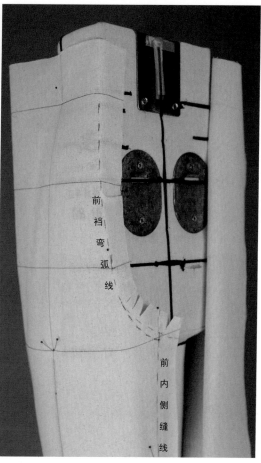

取下固定膝围的大头针并松开横裆线（TS）与前裤中线交点处的交叉针，抒顺外侧缝部位的坯布并固定，使裤片袋口外沿线处空间量与上层口袋布的相同，用重叠针沿口袋布上口线和袋口外沿线固定裤片，对完成部位进行描点，描点部位：上口线，袋口外沿线和外侧缝线。

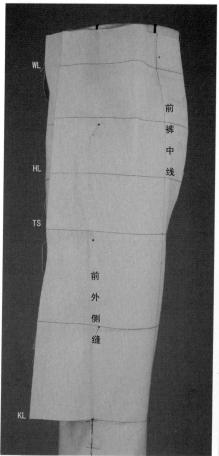

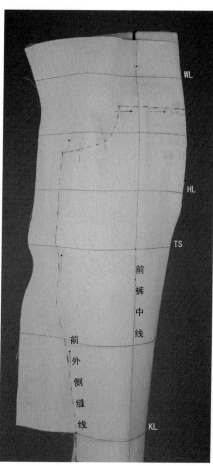

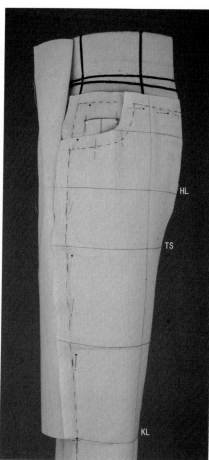

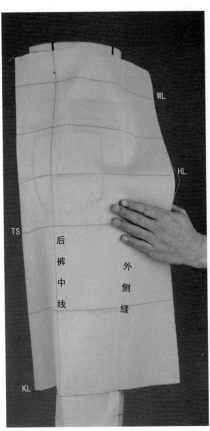

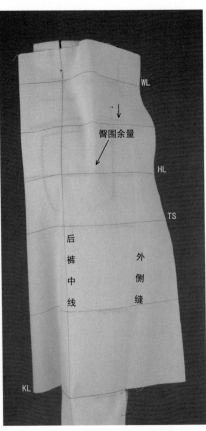

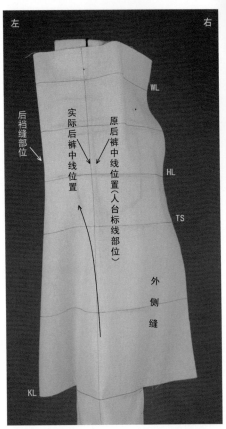

15 后裤片制作：从后裤片中裆处沿外侧缝部位自下而上抚平布片，用点针针尖向下固定坯布。

16 将臀围处多余的量推向后裆缝部位，后裤中线会向左偏斜，向上将顺布片并重新固定。

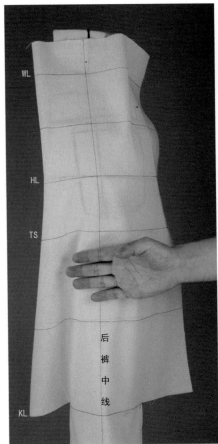

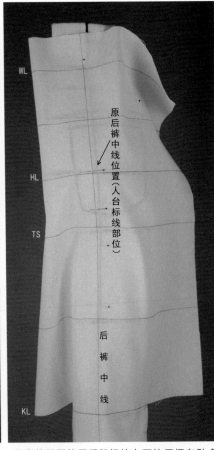

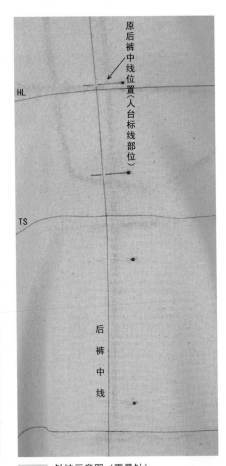

17-1 如图所示，在后裤中线与横裆线（TS）交点的凹面处用手轻轻地向下按压坯布贴合人台，并沿后裤中线用别针将布片与人台表布重叠针固定。

17-2 针法示意图（重叠针）。

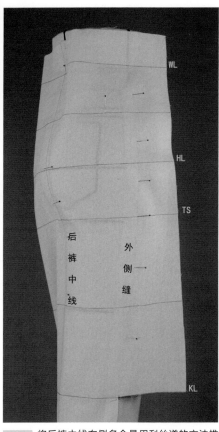

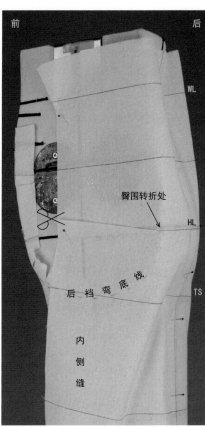

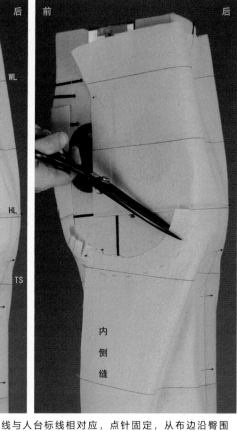

18　将后裤中线右侧多余量用刮丝道的方法推向外侧缝，要求从横裆（TS）开始先下后上，坯布与人台基本无松量，造型平伏。

19　布片自然围裹人台，使各辅助线与人台标线相对应，点针固定，从布边沿臀围（HL）辅助线剪开布片至转折处，向上提下部分布片使后裆弯部位坯布贴合人台，对后裆弯底线进行描点，修剪出后裆弯底部造型并打剪口。

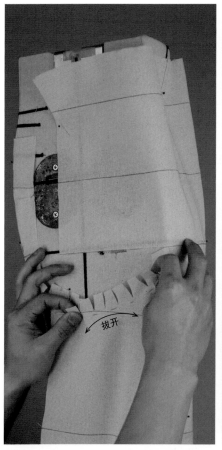

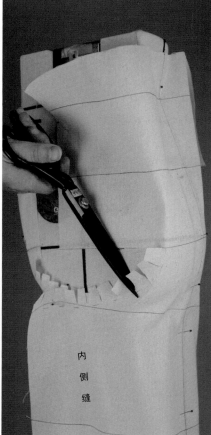

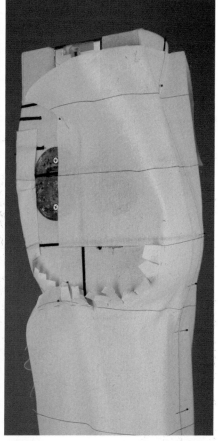

20　如图所示，适当拔开后裆弯底部的布片，观察后裆弯底部的造型状态，如果有余量，可加深剪口并加大拔开量，使后裆弯底部坯布完全贴合人台。

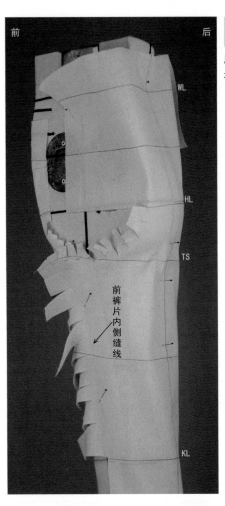

前　　　　后

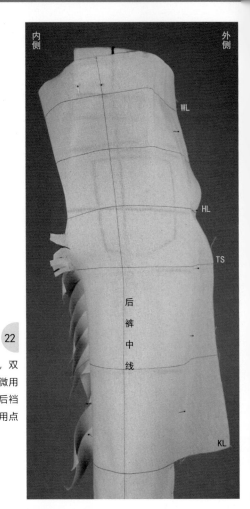

内侧　　　　外侧

21

用重叠针沿前裤片内侧缝线固定
布片，并对布边打剪口。

22

取下固定后裤中线的大头针，双
手分别拽住裤片上、下端，微用
力使裤片绷直并保持臀部到后裆
的凹曲面造型，确定效果后用点
针在腰节处固定布片。

23

观察后裤片整体造型，要求平伏且美观，如果后裆弯部位有余量，可推入内侧缝，完成调整后对后裤片内侧缝进行描
点，修剪掉多余布边，扣折缝边，适当拔开使前、后片内侧缝线长度相等并假缝固定。

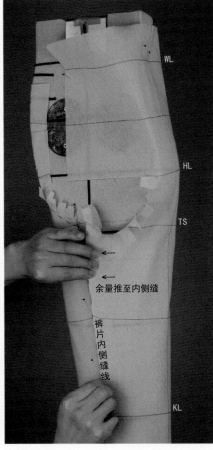

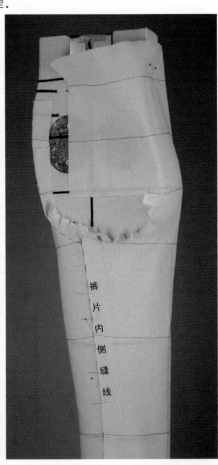

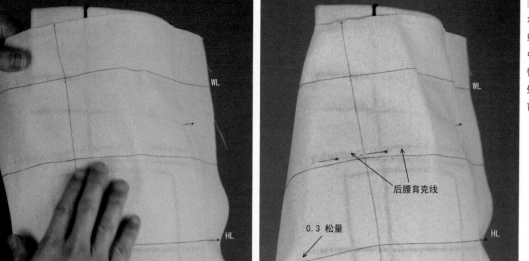

24

将大部分腰省量推入后裆缝，加大后困势，顺着后裤中线由下而上捋顺坯布，在臀围线与后裆弯弧线的交点处产生0.3cm的松量，沿后育克线别针固定布片。

后腰育克线

0.3 松量

WL

HL

TS

后裤中线

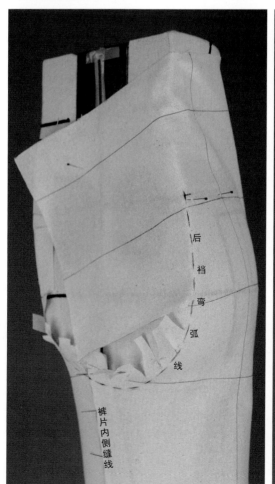

后裆弯弧线

裤片内侧缝线

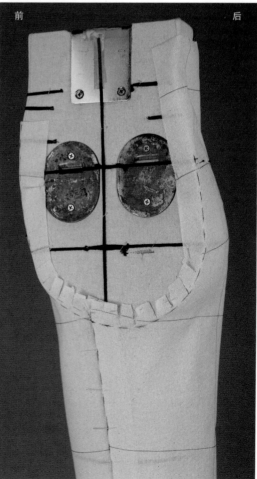

前　　　　后

25

布片自然围裹人台，描绘出后裆弯弧线，清剪余布。

26 保留0.5cm省量作为后育克的缩缝量，将剩余量转化至外侧缝，重新固定外侧缝线并对其进行描点。

27 用大头针将缩缝量固定，描绘出后育克线。

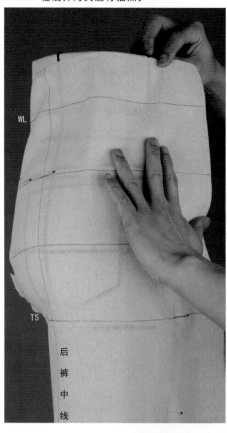

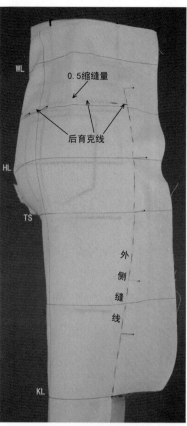

0.5缩缝量

后育克线

WL

HL

TS

外侧缝线

KL

后裤中线

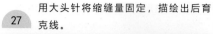

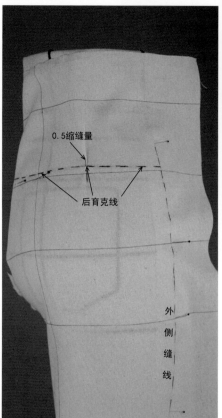

0.5缩缝量

后育克线

外侧缝线

28 修剪掉后育克线和外侧缝线处多余布边，从中裆线（KL）至横裆线（TS）对缝边均匀地打剪口，如图所示适当拔开此区域布料使后片外侧缝线与前片外侧缝线长度相同，扣折缝边并假缝固定外侧缝。

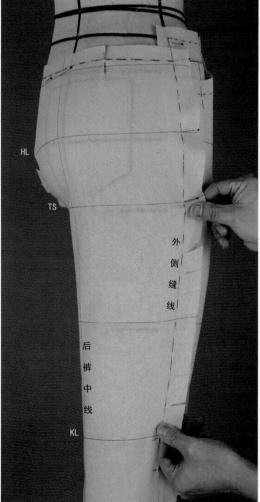

HL

TS

外侧缝线

后裤中线

KL

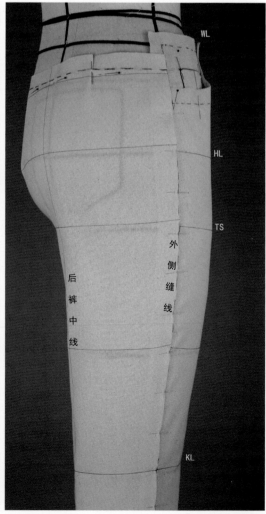

WL

HL

TS

外侧缝线

后裤中线

KL

29 如图所示，在后中与后育克分割线交点处下针固定布片，沿后育克分割线用别针固定，打剪口使坯布贴合人台，对完成部分进行描点，清剪余布，扣净缝边并假缝。按上述操作方法完成对前、后腰片的立裁，在此以图片展示，不作表述。

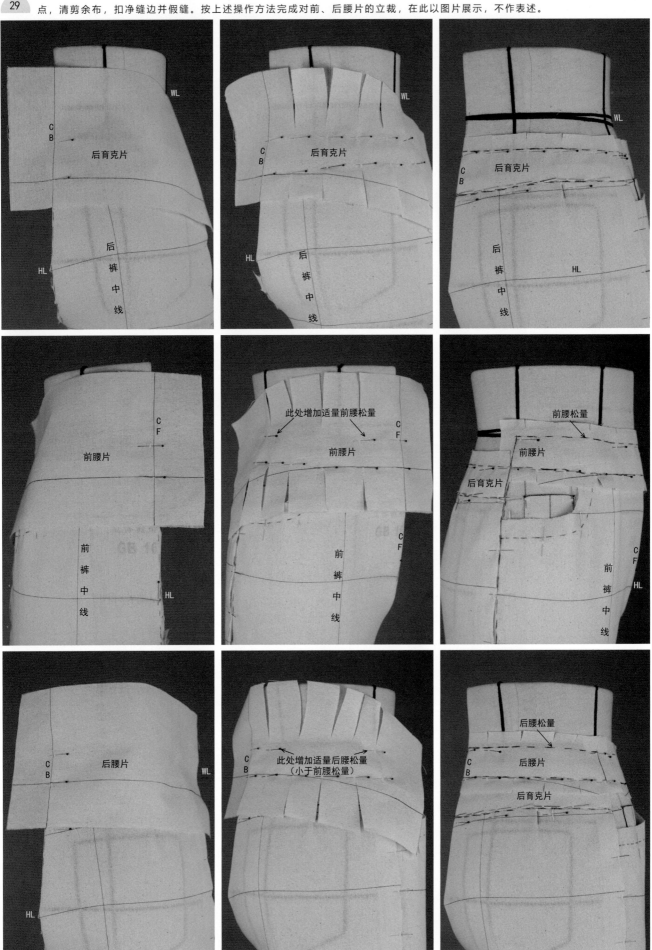

将前、后腰片取下，修顺线
条，画出后口袋形状，清剪
余布，扣烫黏合衬。

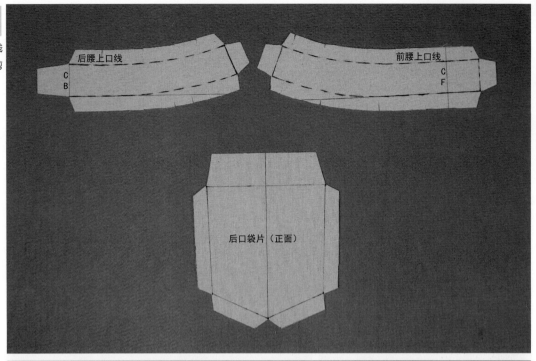

尚
装
服
装
讲
堂

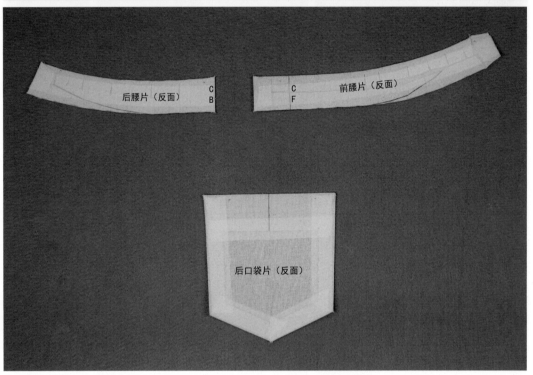

将各部件与裤子大身进行假缝组装，完成后观察半身造型效果，确定后做好各部分对位标记。

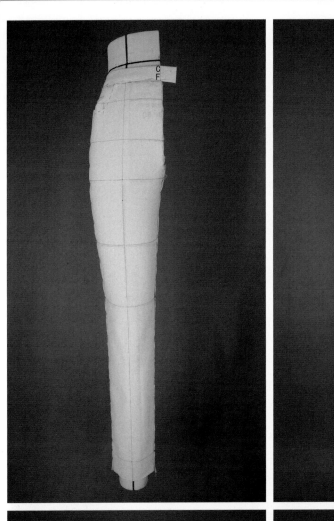

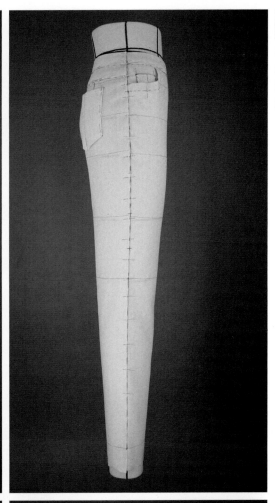

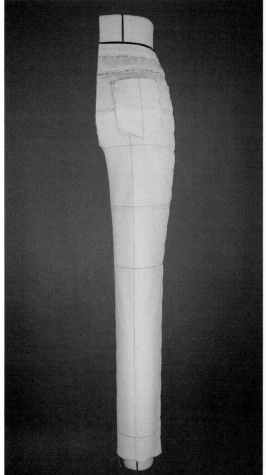

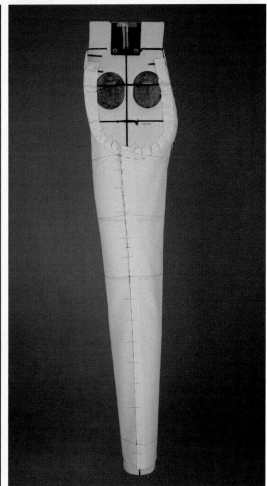

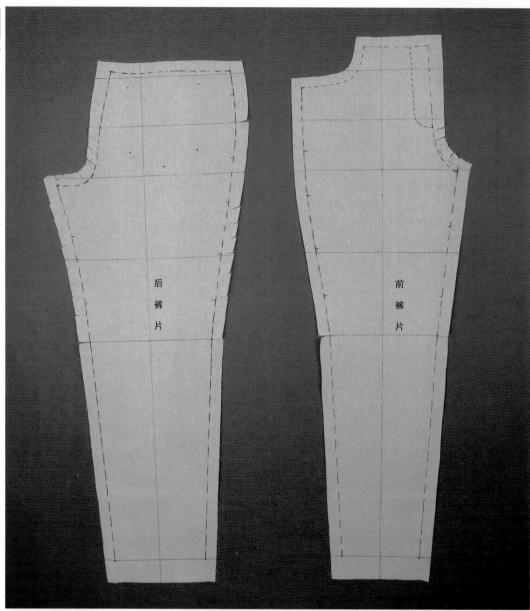

后裤片

前裤片

尚装服装讲堂

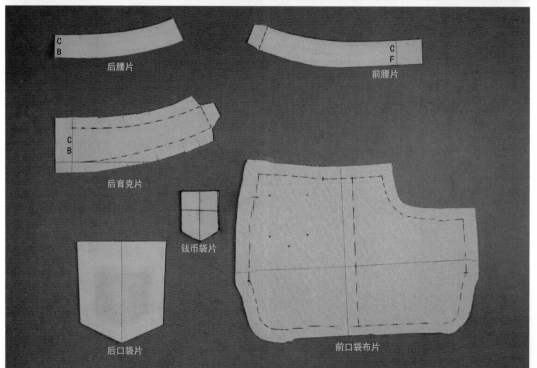

C
B

后腰片

C
F

前腰片

C
B

后育克片

钱币袋片

后口袋片

前口袋布片

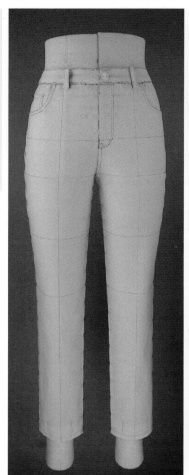
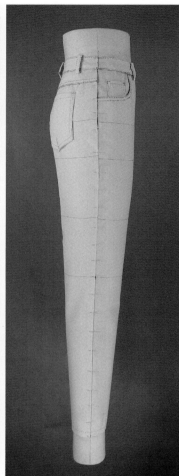
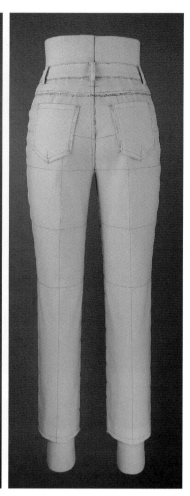

完 成 图

立裁样版图

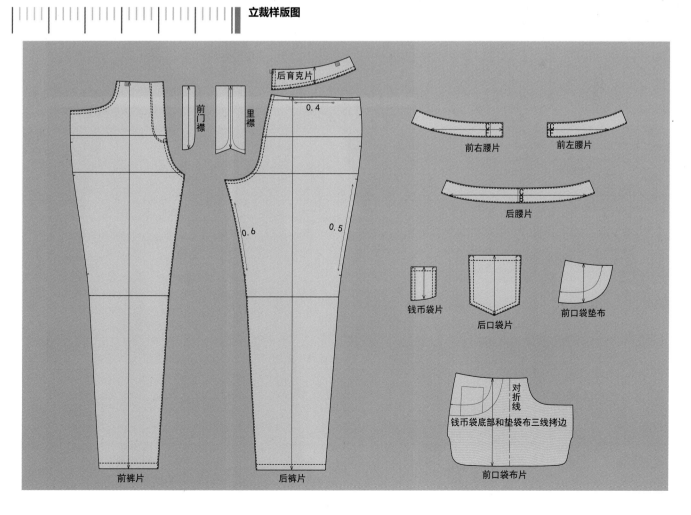

前门襟

里襟

后育克片

0.4

0.6　0.5

前裤片　　后裤片

前右腰片　　前左腰片

后腰片

钱币袋片　后口袋片　前口袋垫布

对折线

钱币袋底部和垫袋布三线拷边

前口袋布片

款式描述

直腰西服裤，合体松量，前片右斜插口袋，前门襟装拉链，后有单开线口袋。

练习重点

- 合体裤型增加松量的方法。
- 前、后裆造型的塑造技巧。

材料准备

- 人台（不限定号型）。
- 宽0.3cm纯棉织带。
- 专业立裁大头针、剪刀。
- 纯棉坯布。
- 马克笔（或4B铅笔）、三色圆珠笔。
- 推版尺、多功能尺、皮尺。

微信扫码查看
此款电子页面

尚装服装讲堂

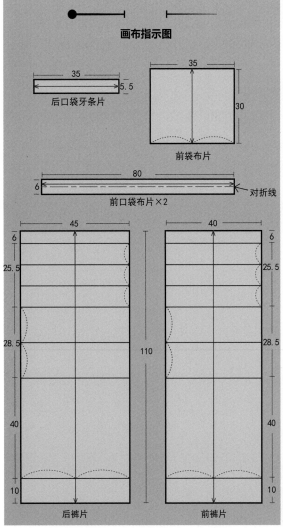

画布指示图

后口袋牙条片 35 5.5

前袋布片 35 30

前口袋布片×2 80 6 对折线

后裤片 45 6 25.5 28.5 40 10 110

前裤片 40 6 25.5 28.5 40 10

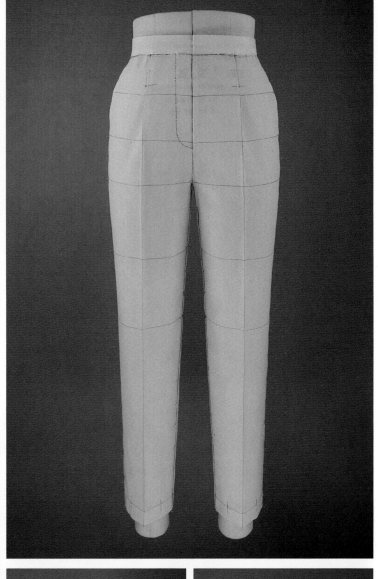

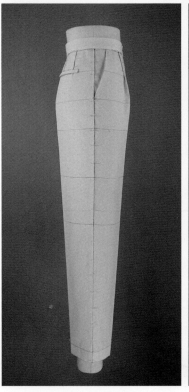

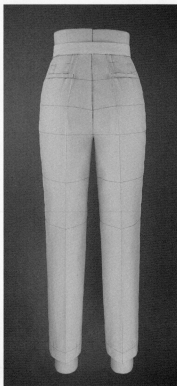

高腰直筒裤

款式描述

此款为高腰直筒裤，前片有一个活褶，配有斜插口袋，后片有两个腰省，前门拉链。

练习重点

掌握直筒裤型空间量感的控制手法。

材料准备

- 人台（不限定号型）。
- 宽0.3cm纯棉织带。
- 专业立裁大头针、剪刀。
- 纯棉坯布。
- 马克笔（或4B铅笔）、三色圆珠笔。
- 推版尺、多功能尺、皮尺。

微信扫码查看
此款电子页面

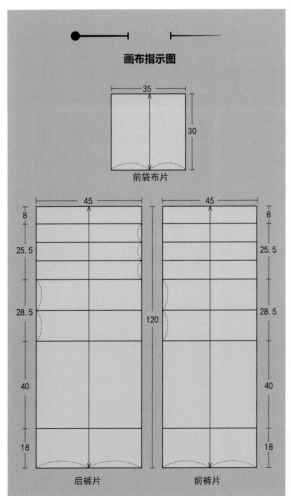

画布指示图

前袋布片

35

30

45 45

8 8

25.5 25.5

28.5 28.5

120

40 40

18 18

后裤片 前裤片

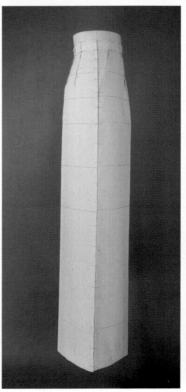

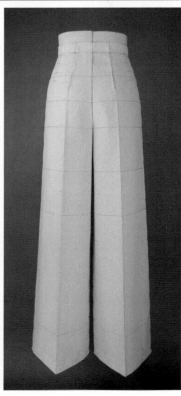

款式描述

高腰连腰裙裤，A字廓形，前片有一个活褶，斜插口袋，后片有一个腰省，前门襟装拉链。

练习重点

掌握内裆缝外斜裤型的造型方法。

材料准备

- 人台（不限定号型）。
- 宽0.3cm纯棉织带。
- 专业立裁大头针、剪刀。
- 纯棉坯布。
- 马克笔（或4B铅笔）、三色圆珠笔。
- 推版尺、多功能尺、皮尺。

微信扫码查看
此款电子页面

尚装服装讲堂

画布指示图

40
45

前口袋布片

70
16
25.5
28.5
110
40

后裤片

65
16
25.5
28.5
40

前裤片

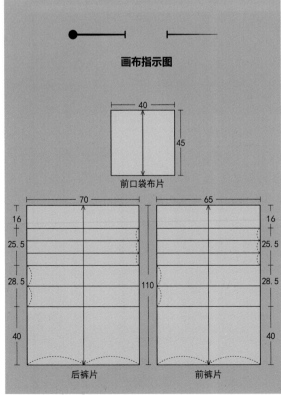

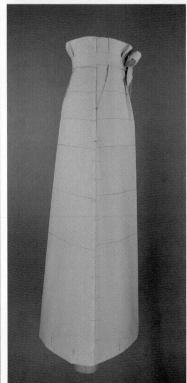

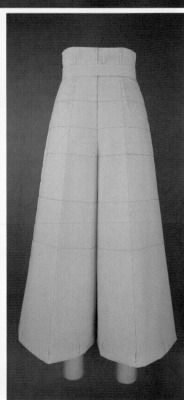

致 谢

　　时至今日，中国的服装立体剪裁技术日渐成熟，我想这是一代又一代从业者们的共同付出才会有今日的成就。

　　《尚装服装讲堂·服装立体裁剪Ⅰ·Ⅱ·Ⅲ》这套书自著作之初就得到了很多前辈与同行的帮助与支持。尤其要感谢尚装服装讲堂的各位教师，从款式制作、拍照、文字编写、图片修改、排版到时装画的绘制等，都是他们在背后落实与推动。

　　此书的成形决非一人之力，而是一个团队所有成员心血的结晶。

　　同时更加感谢东华大学出版社的谢未编辑，因她的帮助此书才得以出版。

崔学礼

2023年12月18日